分布式系统实战派

实战派

从简单系统到复杂系统

张伟洋◎著

U0281467

电子工业出版社·
Publishing House of Electronics Industry
北京·BEIJING

内 容 简 介

许多开发者掌握了 Java、Spring Boot 和 MySQL 等基础知识后，能够搭建一个简单的单体系统，但面对复杂系统的构建和管理时，往往感到迷茫和力不从心：对于高性能、高可用、高并发的分布式系统一头雾水，束手无策。

本书首先介绍从单体架构到微服务架构的演化过程，帮助读者开阔技术视野。然后带领读者摆脱单体架构的束缚，深入领略集群、主从架构、分库分表、读写分离、微服务、API 网关、NoSQL 数据库、HDFS、分布式事务等分布式技术的无限魅力。此外，本书深入剖析了如何运用 Kafka、RabbitMQ、RocketMQ 等消息中间件和 Elasticsearch 搜索引擎来解耦应用，如何利用 Docker、Kubernetes 快速部署与隔离应用，以及如何借助冗余备份、高可用和异地多活策略保障系统稳定运行，让系统焕发新生。最后通过"支持 5000万用户同时在线的短视频系统设计"和"日均订单量 8000 万的外卖系统设计"两个实际项目将理论与实践结合，向读者展示如何将这些技术应用于真实的生产环境中，提升实际项目中的技术能力。

本书适合已经掌握 Java、Spring Boot、MySQL 等知识，能够开发一个简单的后端应用，却在单体系统的束缚中力不从心、对后续的技术学习感到迷茫、对复杂系统不知所措、迫切期待实现技术飞跃的读者。本书为他们提供了从简单到复杂的技术成长路径和解决方案。

图书在版编目（CIP）数据

分布式系统实战派 ： 从简单系统到复杂系统 / 张伟洋著. -- 北京 ： 电子工业出版社，2024. 11. -- ISBN 978-7-121-49043-9

Ⅰ. TP316.4

中国国家版本馆 CIP 数据核字第 2024LX3824 号

责任编辑：吴宏伟
文字编辑：李秀梅
印　　刷：三河市华成印务有限公司
装　　订：三河市华成印务有限公司
出版发行：电子工业出版社
　　　　　北京市海淀区万寿路 173 信箱　　邮编 100036
开　　本：787×980　　1/16　　印张：24.5　　字数：592 千字　　彩插：1
版　　次：2024 年 11 月第 1 版
印　　次：2025 年 2 月第 3 次印刷
定　　价：108.00 元

凡所购买电子工业出版社图书有缺损问题，请向购买书店调换。若书店售缺，请与本社发行部联系，联系及邮购电话：（010）88254888，88258888。

质量投诉请发邮件至 zlts@phei.com.cn，盗版侵权举报请发邮件至 dbqq@phei.com.cn。

本书咨询联系方式：faq@phei.com.cn。

前言

从简单系统到复杂系统，这不仅是一个技术演化的过程，也是我们每个技术人员成长的必经之路。本书正是为了满足大家在这个过程中的需求而诞生的。

本书主要解决的问题

（1）想象一下，如果我们一开始只是盖了一个平房，那么随着需求的增长和技术的演进，该如何将其扩展为十层的大楼呢？这就需要我们重新规划地基、增设楼梯、增强结构强度……本书将引导你完成这个系统的演化过程，让你的技术视野和能力得到质的飞跃。

（2）你是否还在使用过时的单体系统，束缚于单库单表的限制中，感觉就像驾驶着一辆老牛破车，力不从心？本书将带你走进集群、主从架构的世界，领略读写分离、微服务、API 网关等先进技术的魅力。我们将一起探讨消息中间件、搜索引擎的解耦应用，让你的系统焕发新的活力，运行得更加流畅。

（3）如果你已经掌握了 Java、Spring Boot、MySQL 等知识，能够开发一个简单的后端应用，却对后续的技术学习感到迷茫，不知道接下来的路该怎么走，那么本书将是你的指南针。我们将梳理后端技术的纷繁复杂，让你心中有数，不再手忙脚乱。

主要内容概述

本书分为几个核心部分，每部分都有详细的讲解和实际案例的展示。

（1）后端体系架构演变：从单体架构到微服务架构的演变过程，详细介绍单体架构、集群架构、微服务架构的优劣和适用场景，帮助读者理解架构选择的重要性。

（2）高并发处理：介绍应对高并发的各种技术，包括负载均衡、异步处理、缓存策略等，帮助读者构建高性能的系统。

（3）微服务架构：深入探讨微服务的设计、实现和维护，涵盖服务拆分、API 网关、服务发现、容错机制等核心内容。

（4）数据存储和管理：详细讲解分库分表、NoSQL 数据库、HBase 等技术，帮助读者解决大数据环境下的数据存储和访问问题。

（5）消息中间件：介绍 Kafka、RabbitMQ、RocketMQ 等消息中间件的使用和优化，为系统的异步处理和数据流转提供强有力的支持。

（6）高可用和冗余备份：讲解如何通过冗余备份和异地多活技术实现系统的高可用和容灾能力，确保系统在各种故障情况下的持续运行。

（7）实战项目：通过两个高并发分布式实战项目，深入讲解如何将书中所述的技术应用到真实的生产环境中。这些项目将帮助你更好地理解和掌握分布式系统的实际应用方法和技巧。

适合人群

本书适合以下人群阅读。

- **后端开发人员**：希望提升自身技术水平，掌握分布式系统的关键技术。
- **架构师**：需要设计和优化大规模分布式系统的解决方案。
- **技术经理**：希望了解分布式系统的技术原理，以便更好地管理开发团队和项目。
- **计算机专业学生**：对分布式系统有兴趣，希望深入了解相关技术和应用场景。

如何阅读本书

为了让你更好地吸收和应用本书的内容，建议按以下方式进行阅读。

（1）循序渐进：按照章节顺序阅读，每一章都是后续内容的基础。

（2）动手实践：本书提供了大量的实战案例和代码示例，建议读者在阅读过程中亲自实践，以加深理解。

（3）结合实际项目：将书中的技术和方法应用到实际项目中，解决实际问题，才能真正掌握这些知识。

联系作者

如果你在阅读过程中遇到问题或有任何疑问，欢迎关注我的公众号"奋斗在 IT"。在这里，你可以找到更多关于分布式系统和其他技术的相关内容，获取更多的技术支持。

致谢

感谢那些在我写作过程中给予我宝贵意见和建议的朋友们，他们的专业知识和独到见解，为本书的内容增添了更多的深度和广度。特别感谢电子工业出版社的吴宏伟编辑，他的细心指导和耐心修正，使我的文字更加流畅，逻辑更加严密。

希望本书能够帮助你在分布式系统领域不断进步，成为一名优秀的技术专家。祝你阅读愉快，学有所成！

张伟洋

2024 年 6 月

目录

第1篇 后端体系架构认知

第 2 篇　分布式技术专项

第3篇 高可用与数据安全策略

第 4 篇　分布式系统项目设计

第 1 篇
后端体系架构认知

第1章

从单体架构到微服务架构的演变过程

随着互联网应用的不断发展，在某些情况下，单体架构已经无法满足业务需求，微服务架构诞生并迅速崭露头角，因为它提供了一种更加灵活、可伸缩、可维护的方式来构建和管理大型软件系统。

本章将介绍"单体架构→集群架构→微服务架构"的演变过程，读者能够更好地理解各种架构的优势和适用场景，为解决实际的软件工程问题奠定基础。

1.1 什么是单体架构

许多传统应用采用单体架构，即将所有的业务逻辑和功能都封装在一个独立的单元中。这种设计具有很多优点，如开发的简单性和部署的方便性。

1.1.1 一张图看懂单体架构

早期的计算机程序就像一个包含多功能的瑞士军刀：所有功能都集中在一起。这就是单体架构。

这听起来有点像玩具积木盒，所有的积木都放在一个盒子里，想玩哪个，从里面挑出来就行。方便吧？但是，当这盒子里的积木越来越多时，你可能就开始懊恼——为何当初不买个分隔板来组织一下盒子里的结构呢？随着时间和功能的增加，有时单体架构就会遇到这种情况。

> **提示** 单体架构，将所有的功能模块都放在一个代码库中，并作为一个系统进行开发、部署和扩展。在许多应用的早期，单体架构是首选，因为它简单、易于开发和测试。但随着时

间的推移和业务的发展，单体架构会逐渐显得臃肿，代码间的依赖关系复杂，维护和扩展变得困难。

单体架构如图 1-1 所示。

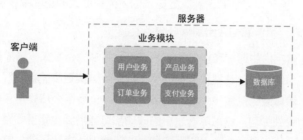

图 1-1　单体架构

看上去是不是很整齐？所有的业务都在一个"大房子"（服务器）里。用户业务、产品业务、订单业务、支付业务都有自己的"小房间"。而所有的数据都住在"地下室"（数据库）里。而这整个"大房子"坐落在服务器的"土地"上。

但别忘了，这只是开始。随着业务变得火爆，这个"大房子"可能会逐渐变得不合适。后面章节会探讨如何从这个"大房子"搬到一个更加宽敞的新地方。

1.1.2　单体架构的优、缺点

在聊到单体架构时，可能大家首先会想到那种古老、笨重、不方便扩展的系统，但事实上，单体架构并不是一无是处，它有其优点和适用场景。

> **提示**　采用单体架构的应用，称为单体应用；采用集群架构的应用，称为集群应用；采用微服务架构的应用，称为微服务应用。

1. 优点

总的来说，单体架构的优点如下。

- 简单：单体架构就像一盘大杂烩，虽然所有的东西都混在一起，但只需要考虑应用的部署和管理。这在开发初期可以极大地降低复杂性。
- 一致：不需要担心服务间的数据一致性问题，因为一切都在同一个应用中。
- 开发便捷：开发者只需要配置一个环境，不用担心多个服务的交互和通信，这样可以更快地进行开发和迭代。
- 部署简单：一切都打包在一起，部署就像推一个巨大的石头下山——简单且有力。
- 原子性强：数据管理和事务处理更简单，因为所有数据都在同一个地方。

2. 缺点

想象一下，你在开一家小面馆。起初，顾客不多，你是唯一的厨师、服务员和经理，可以应对所有的需求。然而，随着生意日益兴隆，顾客越来越多，你开始感到手忙脚乱，无法同时应对前台的顾客和后厨的烹饪。这时，你会意识到需要更多的人手和更大的空间来拓展生意。

在应用变得复杂时，单体架构会出现哪些缺点？

- 难以扩展：随着用户的增加和业务的拓展，需要更多的资源来支持应用。但单体架构通常难以进行有效的横向扩展，往往只能进行垂直扩展（购买更高配置的服务器）。
- 修改风险大：单体架构就像一个精细的手工模型，一旦某个部分出了问题或需要修改，则整个模型都可能受到影响。这意味着，小的改动都可能需要重新部署整个应用。
- 难以进行技术迭代和更新：随着时间的推移，技术更新换代迅速。单体架构往往会因为初期选择的技术框架或语言而"固化"，导致难以进行技术迭代和更新。
- 团队协作困难：随着项目规模的扩大，开发团队可能也会逐渐壮大。所有开发人员都围绕同一套代码进行工作可能会导致频繁的代码合并冲突，降低开发效率。
- 部署缓慢：由于所有功能都打包在同一个应用里，即使是小的更改也可能需要经过长时间的构建、测试、部署流程。
- 性能瓶颈：当某个模块出现性能问题时，可能会影响整个应用的性能。而在单体架构中，难以单独对某个模块进行优化。
- 不利于创新：因为改动的风险较大，所以团队可能会变得保守，不敢轻易尝试新技术或进行大的重构。

> **提示**　就像我们不可能一直穿童年的鞋子一样，随着业务的发展，单体架构可能不再是最佳选择。我们需要寻找更加灵活、可扩展的解决方案来应对更复杂的业务场景。但这并不意味着我们要忘记单体架构。它依然是许多场景下的有力工具。

3. 适用场景

单体架构的主要适用场景如下。

- 小型应用：如果是一个创业团队，或者应用的规模不大，则选择单体架构能更快地上线应用，将精力集中在功能开发上。
- 短期项目或试点项目：如果项目是短期项目或试点项目，则为它设计一个微服务架构就像给小鸟穿上大象的鞋子，简直大材小用。
- 团队经验不足：如果团队对分布式系统、微服务等不够熟悉，则开始阶段采用单体架构会更稳妥。
- 快速验证：在一个产品的早期，可能只是想验证一个想法或者做一个原型，单体架构可以快速地完成这个验证。

> **提示**　单体架构简单、直接。但随着系统规模的增长和业务的复杂度增加，可能需要考虑更高级、更复杂的架构了。但在某些场合，单体架构仍然是最佳选择。

1.2　从单体架构到集群架构——多台机器协同工作

在传统的单体架构中，所有的业务逻辑都集中在一个服务中。随着业务的增长和用户量的上升，这种架构很快会遇到瓶颈：系统难以承受高并发的压力，开发和部署变得笨重，维护成本逐渐上升。

为了解决这些问题，需要一种新的架构模式来提高系统的可扩展性和可用性，这就是集群架构的起点。

1.2.1　一张图看懂集群架构

集群架构实际上就是将单体架构复制多份，分别部署在多个服务器上，每个服务器都运行一个应用实例。这样，应用的访问和负载就被分散到不同的服务器上。当某个服务器出现故障时，其他服务器可以继续提供服务，从而实现高可用性。

在图 1-2 中，将单体架构复制到两个服务器上了。

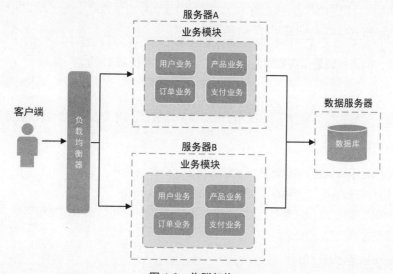

图 1-2　集群架构

- 客户端：任何发起请求的设备，比如用户的手机、电脑或其他网络连接的终端设备。客户端中运行的应用或浏览器，通过互联网发送对特定资源或服务的请求。

- 负载均衡器：一个网络设备。它可以根据特定的策略（例如轮询、权重分配、最少连接数等）将传入的网络流量分散到多个后端服务器。负载均衡器通常位于客户端和服务器集群之间，作为请求和响应的中介，其主要功能是将来自用户的请求分发到多个服务器上，确保每个服务器的工作负载大致相等，从而最大化吞吐量，减少响应时间。负载均衡器还具有其他功能，如 SSL（Secure Sockets Layer，安全套接层）终结、缓存、请求过滤等。
- 服务器集群：服务器 A 和服务器 B 表示服务器集群中的两个服务器。每个服务器中都包含多个业务模块（即服务），这些服务都是相同的应用实例。每个服务器都可以同时处理多个请求，而不是按顺序一个接一个地处理请求。
- 数据库：在集群架构中，通常所有服务器都连接到同一个数据库，以确保数据的完整性和一致性。采用单个数据库的优点是，可以确保数据的一致性，简化数据管理，但可能会遇到并发访问冲突、数据库的性能瓶颈、单点故障风险等问题。数据库系统通常提供了锁定机制、事务处理和备份恢复策略，以确保数据的安全性和完整性。

集群架构通过一组协同工作的服务器来提供服务，这些服务器共同处理用户请求。相比于单体架构，集群架构提供了更强的处理能力和更好的容错性。

> **提示** 在集群架构中，单点故障不会导致整个系统不可用，因为请求可以在多个服务器之间重新分配。集群架构的扩展性也较单体架构更出色——可以通过增加更多的服务器来轻松扩展系统的处理能力。

1.2.2 扩展系统——水平扩展和垂直扩展

为应对更大的访问流量，需要对系统进行扩展——水平扩展和垂直扩展。

1. 水平扩展

水平扩展（又称为扩大集群）是指通过增加服务器数量，将工作分散到多台服务器上进行。

水平扩展的特点如下。

- 灵活性高：可以根据需求逐渐增加服务器。
- 成本相对较低：可以使用标准化的、中低端的硬件。
- 几乎可以无限扩展：只要有足够的网络和电力支持，就可以继续增加服务器。
- 需要复杂的管理：如负载均衡、数据同步等。

水平扩展的使用场景如下。

- 高并发、高流量的应用。
- 需要高可用性、可故障转移的系统。

2. 垂直扩展

垂直扩展（又称扩大服务器）是指通过增加单个服务器的硬件资源（如 CPU、内存、存储等）来增加其处理能力。

垂直扩展的特点如下。

- 简单快捷：只需要升级单个服务器的硬件，不需要修改应用代码。
- 资源集中：所有的计算和存储资源都在一个地方，易于管理。
- 成本较高：高性能的服务器硬件往往价格昂贵。
- 扩展限制：存在物理上的扩展上限，例如受限于 CPU 插槽数量、内存槽位等无法再扩展。

垂直扩展的使用场景如下。

- 对延迟要求极高的应用。
- 短期内需要迅速提升性能的应用。

> **提示**　在实际应用中，可以结合使用这两种扩展策略，以满足不同的性能和可用性需求。

1.2.3　动态调整集群规模——弹性伸缩

随着云计算技术的发展，可以动态调整集群规模。这种技术，通常被称为弹性伸缩（Elastic Scaling）或自动伸缩（Auto Scaling）。

1. 为什么需要动态调整

需要动态调整的常见原因如下。

- 变化的访问模式：大多数应用都有自己的访问高峰和访问低谷，例如电商网站在双十一期间会遭遇巨大的流量访问高峰。
- 成本效益：为了应对访问高峰预先准备大量资源，就意味着在访问低谷时会有很多资源处于闲置。这既浪费了资源，也增加了成本。
- 应对突发事件：突然的流量激增或硬件故障都可能导致服务中断。动态调整可以帮助系统应对这些突发事件。

2. 如何实现动态调整

实现动态调整的方法如下。

- 监控与指标：需要一个有效的监控系统，可以实时收集关于服务器和应用的各种指标，如 CPU 使用率、内存使用、网络流量等。
- 分析与预测：通过分析历史数据，可以预测未来的流量，并据此调整资源。
- 自动化工具与脚本：利用现代云平台提供的 API 和工具，结合自定义脚本，可以实现资源的自动增加或减少。

- 定义伸缩策略与阈值：定义明确的伸缩策略。例如，当 CPU 使用率超过 80%时，增加一个服务器实例；当使用率低于 20%时，减少一个服务器实例。

3. 主流的动态调整技术有哪些

主流的动态调整技术如下。

- 容器与 Kubernetes：利用容器技术（如 Docker）可以快速部署应用实例。Kubernetes 作为容器编排工具，支持自动伸缩功能。
- 云服务供应商的伸缩服务：如亚马逊（AWS）的 Auto Scaling、Azure 的 Virtual Machine Scale Sets、Google Cloud 的 Instance Groups 都提供了强大的自动伸缩功能。
- 开源工具：如 Netflix 的 Spinnaker，支持多云环境的连续交付和弹性伸缩。

> **提示** 动态调整集群规模是现代应用必备的能力，既可以提供稳定的服务质量，又可以有效地管理资源和控制成本。在实际应用中，需要细致地规划和测试，确保每次的调整都是合理且高效的。

1.2.4 实现故障转移——借助心跳检测

随着对系统稳定性和高可用性的要求日益提高，故障转移成为集群管理中的一个关键环节。心跳检测是故障转移策略的核心机制，能够在短时间内发现并处理节点故障，保障服务的持续运行。

1. 什么是心跳检测

心跳检测是一种定期发送的信号，用于检查节点或服务器的健康状态。如果在预定时间内没有收到心跳响应，则系统认为该节点出现了故障，从而触发故障转移机制。

节点间的心跳检测机制如图 1-3 所示。

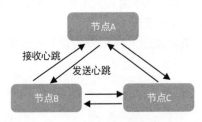

图 1-3 节点间的心跳检测机制

心跳检测的工作原理如下。

- 发送方和接收方：在集群中，每个节点都可以是心跳的发送方和接收方，互相发送和检测心跳。

- 定期发送：如每 10 秒发送一次心跳。
- 超时机制：如果在预定时间（如 30 秒）内没有收到某个节点的心跳信号，则认为该节点出现了故障。
- 故障响应：一旦检测到节点出现了故障，则集群会启动故障转移机制，将该节点上的任务转移到其他健康的节点上。

2．故障转移策略

故障转移是这样一种过程：当系统中的某个部分（如服务器、数据库、网络链接等）出现故障时，系统会自动将工作负载从故障部分转移到其他正常工作的部分，从而保持系统的正常运行。

故障转移策略决定了系统在面对故障时应该如何行动。

以下是一些常见的故障转移策略。

（1）主动–被动（Active-Passive）。

在这种策略中，系统有一个主要的、活跃的组件（如服务器），而其他组件处于待机状态。只有当主要组件出现故障时，待机组件才会被激活并接管工作负载。

（2）主动–主动（Active-Active）。

在这种策略中，系统中的所有组件都是活跃的，一起并行处理工作负载。当一个组件出现故障时，其他组件会自动接管出现故障的组件的工作负载。

下面通过一个简化的心跳检测和故障转移示例来加深理解。此处使用 Python 语言，并基于 Socket 库实现。

①心跳发送端。

```python
import socket
import time

# 设定目标服务器的 IP 地址和端口
TARGET_IP = '127.0.0.1'
TARGET_PORT = 8080

def send_heartbeat():
    client = socket.socket(socket.AF_INET, socket.SOCK_DGRAM)
    while True:
        # 发送心跳信号，这里简单地发送一个"heartbeat"字符串
        client.sendto(b'heartbeat', (TARGET_IP, TARGET_PORT))
        print('Sent heartbeat...')
        # 每 10 秒发送一次心跳
        time.sleep(10)
```

```
if _ _name_ _ == "_ _main_ _":
    send_heartbeat()
```

发送端代码将定期发送心跳信息到指定的服务器地址和端口。

②心跳接收端与故障转移。

```
import socket
import time
import threading

# 设定接收心跳的端口
PORT = 8080
# 设定超时时间：如果30秒未收到心跳，则视其出现了故障
TIMEOUT = 30

last_heartbeat = time.time()

def receive_heartbeat():
    global last_heartbeat
    server = socket.socket(socket.AF_INET, socket.SOCK_DGRAM)
    server.bind(('0.0.0.0', PORT))
    while True:
        data, addr = server.recvfrom(1024)
        if data == b'heartbeat':
            last_heartbeat = time.time()
            print('Received heartbeat.')

def check_for_failover():
    global last_heartbeat
    while True:
        if time.time() - last_heartbeat > TIMEOUT:
            # 触发故障转移机制
            failover()
            last_heartbeat = time.time()
        time.sleep(5)

def failover():
    print("Node is not responding! Triggering failover mechanism...")

    # 实际的故障转移代码会在这里，例如启动备用节点等

if _ _name_ _ == "_ _main_ _":
    threading.Thread(target=receive_heartbeat).start()
```

```
threading.Thread(target=check_for_failover).start()
```

接收端代码有两个主要线程：一个用来接收心跳，另一个用来定期检查上次接收到心跳的时间。如果超出设定的超时时间，则触发故障转移机制。

实际生产环境中的心跳检测和故障转移涉及更多的细节。

1.2.5　数据库读写分离——提高系统性能

数据库读写分离是一种常见的数据库架构优化技术，其主要目的是提高系统的并发能力、减轻单个数据库的压力，以及提高数据的安全性和可用性。

随着一个系统（尤其是高并发系统）的用户量增长，单个数据服务器可能很快就会变成瓶颈。读写分离就是为了解决这个问题的。

数据库读写分离的核心思想：将数据库的读操作和写操作分开，分别交由不同的服务器处理，如图 1-4 所示。写操作（INSERT、UPDATE、DELETE 等）仍然由主数据库（master）执行，而读操作（SELECT）则由一个或多个从数据库（slave）执行。

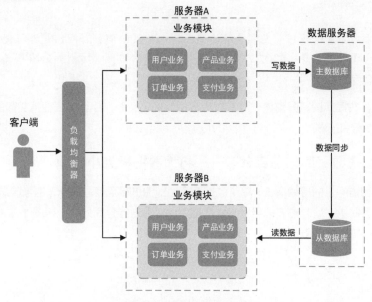

图 1-4　数据库读写分离

主数据库的写入操作会同步到从数据库。这通常是通过数据库的日志复制机制实现的。读请求可以通过负载均衡器分发到不同的从数据库，确保每个从数据库的负载都大致相同。如果主数据库出现故障，则某个从数据库会被提升为新的主数据库。

1. 读写分离的优势

数据库读写分离的优势如下。

- 提高并发处理能力：通常读操作远多于写操作，将读操作分散到多个从服务器可以大大提高系统的并发处理能力。
- 减轻主数据库的压力：主数据库只需负责写操作，减轻了其 I/O 操作的压力。
- 增加数据备份：每一个从数据库都可以看作主数据库的一个备份，增加了数据的安全性。
- 提高数据可用性：如果主数据库发生故障，则可以迅速切换到一个从数据库。

2. 需要考虑的问题

实行数据库读写分离，需要考虑如下问题。

- 数据延迟：从主数据库到从数据库的同步可能存在延迟，这可能导致在某些情况下从数据库的数据不是最新的。
- 复杂性增加：增加了数据库管理的复杂性。
- 写入瓶颈：虽然读操作可以扩展到多个从数据库，但所有的写操作仍然集中在主数据库，可能造成写入瓶颈。

> **提示** 对于高并发的应用（尤其是读远多于写的场景，例如新闻门户、社交网络等），读写分离是一个理想的选择。但对于要求实时数据准确性的场景（例如金融系统），需要特别注意数据同步的延迟问题。

综上所述，数据库读写分离是一个有效的数据库优化策略，但也需要根据实际的业务需求和场景进行合理的设计和部署。

1.2.6　分布式数据库与分库分表——将大数据拆为小数据

随着数据和访问量的持续增长，单个数据库实例即使进行了读写分离，也可能难以满足高并发、大数据量的业务需求。此时需要采用分布式数据库，以及进行分库分表。在图 1-5 中，把数据（订单表）分散存储在了多个服务器上。

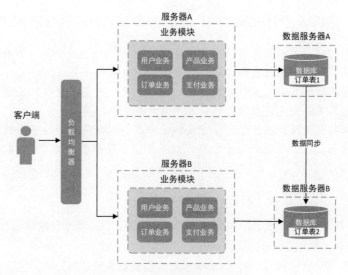

图 1-5 分布式数据库与分库分表

1. 分布式数据库

分布式数据库是指将数据分散存储在多个物理位置的数据库系统。在这个系统中，数据被分割成多个部分，每个部分都存储在独立的数据库服务器或集群上，这些服务器或集群可能分布在不同的地理位置。

分布式数据库的特点如下。

- 高可扩展性：可以通过添加更多的服务器或集群来轻松扩展。
- 高可用性：单个节点的故障不会导致整个系统停机。
- 数据局部性：可以根据地理位置或访问模式将数据放置在适当的节点上，从而提高访问速度。

2. 分库分表

当单个表数据量过大，导致查询性能下降时，可以考虑将一个大表分为多个小表，这就是分表。当单个数据库存储数据量过大，或写入吞吐量出现瓶颈时，可以将数据分散到多个数据库实例中，这就是分库。

分表分为垂直分表和水平分表。

- 垂直分表：根据表的列，把一个表分成多个表。
- 水平分表：根据表中数据的某个字段（如日期），将数据分散到不同的表中。

分库分为垂直分库和水平分库。

- 垂直分库：根据业务模块将表分类，并将不同类的表存放到不同的数据库。

- 水平分库：根据表中数据的某个字段（如用户 ID），将数据分散到不同的数据库。

> **提示** 我们来回顾一下数据库架构的演变过程：
> 最初的阶段，所有数据都存储在一个数据库的一个表中。
> 随着访问量的增加，引入从数据库，进行读写分离，提高并发读取性能。
> 当单个数据库不再满足需求时，开始考虑垂直或水平分库。
> 当单个表中的数据过大时，进行垂直或水平分表，以提高查询性能和数据管理效率。
> 在更复杂的场景下，可能会结合分布式数据库、分库分表和读写分离技术，构建全面的分布式架构。

在分库分表时，需要注意以下问题。

- 数据一致性：在分布式数据库和分库分表的环境中，保持数据一致性是一个挑战。
- 查询变复杂：跨库或跨表的联接查询会变得复杂和低效。
- 数据迁移：随着业务的发展，可能需要对数据重新进行分库分表，这涉及复杂的数据迁移工作。

> **提示** 从读写分离到分布式数据库，再到分库分表，系统的数据架构在持续演进，以适应不断变化的业务需求。
> 设计合适的数据架构需要根据实际业务、数据量和访问模式进行仔细的评估和规划。

1.3 从集群架构到微服务架构——精细拆分业务

集群架构通过多台机器的协同工作为我们带来了可伸缩性和冗余性，但在应对快速变化的市场和技术需求时，它仍然有其局限性，需要一种新的方式来更高效、更灵活地开发和维护系统。这就要求后端系统能够支持更细粒度的服务划分和独立部署。此时可以考虑微服务架构，即将一个庞大的单体架构划分为更小、更易于管理和扩展的部分。

1.3.1 一张图看懂微服务架构

在考虑分布式数据库和分库分表时，实际上已经在数据层进行了微分。微服务架构可以被视为在应用层进行类似的微分，而不是将所有功能都打包在一个巨大的应用中。

微服务架构推崇将每个功能都作为一个单独的服务进行开发、部署和维护，例如图 1-6 中的用户业务、产品业务和支付业务。

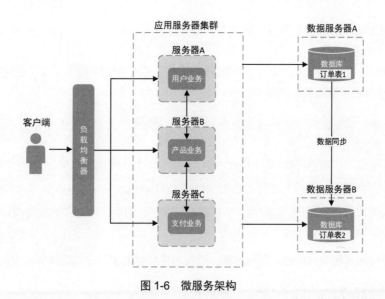

图 1-6　微服务架构

> **提示**　微服务架构与集群架构都致力于提高系统的可扩展性、容错性和高可用性，但它们的实施方式和原理有所不同。

1. 集群架构中的服务划分

在集群架构中，服务划分的解决方案如下。

- 单体应用的复制：在集群架构中，通常会对单体应用进行复制，并在多个服务器上部署多个相同的应用实例。这样，每个应用实例都能处理一部分用户请求。
- 共享资源：集群架构中的应用实例通常共享相同的数据库和其他后端资源，这意味着，它们都可以访问相同的数据。
- 负载均衡器：前端通常有一个负载均衡器，其主要职责是将进入的请求均匀地分发到不同的应用实例，以实现负载均衡。

2. 微服务架构中的服务划分

在微服务架构中，服务划分的解决方案如下。

- 业务功能的解耦：在微服务架构中，系统被划分为多个小的、独立的服务，每个服务都负责一个特定的业务功能或功能组。
- 独立部署与扩展：每个服务都可以独立地部署、扩展和维护。这意味着，团队可以根据每个服务的需求来扩展或更新它，而不影响其他服务。
- 专用数据存储：在纯粹的微服务架构中，每个服务都有自己的数据库或数据存储，这确保了数据的独立性和一致性。

- 服务间的通信：服务之间通常通过 API 或消息进行通信，而不是直接访问其他服务的数据库或内部功能。
- API 网关：为了简化前端的访问和服务的路由，通常会使用 API 网关。它是唯一的入口点，将请求路由到适当的后端服务。

> **提示** 集群架构关注的是"如何最大化地利用硬件资源"，可以通过部署多个相同的应用实例来提高吞吐量和可用性。
>
> 微服务架构关注的是"如何将复杂的业务逻辑和功能拆分为更小、更易于管理的部分，从而提高开发效率、扩展性和容错性"。

微服务架构具有很多优点，如灵活、可扩展和可维护，但同时带来了一些挑战，如服务的治理、数据一致性和网络通信的复杂性。

这两种架构风格都有其优点和适用场景，选择哪种风格取决于应用的具体需求和团队的能力。

1.3.2 微服务架构的核心特性

微服务架构被许多现代企业所采纳，它已经从一个技术趋势演变为当代软件设计和开发的核心策略。

微服务架构包括以下核心特性。

- 独立性：服务被设计为小型、独立的服务，每个服务都有自己的代码和数据库。这意味着，更改其中的一个服务不会对其他服务产生直接影响，使得开发、部署和维护变得更加容易。
- 自治性：每个服务都是一个自治的单元，它可以独立地运行和维护。这种自治性使得团队可以专注于一个特定的服务，而无须担心系统的其他部分。
- 多语言支持：微服务架构允许在不同的编程语言中编写不同的服务。这意味着可以选择最适合特定任务的语言，而不必受限于某种语言。
- 分布式通信：服务之间通过网络进行通信，这使得多个服务可以分布在不同的服务器上。这种分布式通信是微服务架构的关键部分，它允许不同的服务协同工作。
- 轻量级：微服务架构中的服务通常是小型的，它们专注于一个特定的功能或业务领域。这使得它们更易于开发和维护，并且能够快速部署。
- 容错性：微服务架构强调容错性，即使一个服务出现故障，整个系统也能够继续运行。这是通过使用负载均衡、故障转移和监控来实现的。
- 可扩展性：微服务架构使得系统可以更容易地扩展。可以根据需要增加或减少特定服务的实例，以满足不同的负载。

> **提示** 微服务架构的核心特性在于：将大型应用拆分成小而独立的服务，每个服务都有自己的特定任务，可以独立运行和扩展。微服务架构有助于提高开发速度、系统的可维护性，并能够灵活地适应需求的变化。

1.3.3 微服务架构与单体架构的区别

在单体架构中，所有的功能和模块都紧密地集成在单一的代码库中，构成了一个大而全的应用。微服务架构则将应用拆分为多个独立的服务，每个服务都负责单一的功能，如图 1-7 所示。

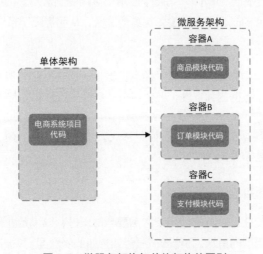

图 1-7 微服务架构与单体架构的区别

> **提示** 由于这是一个小的服务，我们一般也称这种服务为"微服务"。在本书下文中，有时说"服务"，有时说"微服务"，相信读者根据语境是可以理解的。

（1）架构复杂性。

单体架构通常在逻辑上是一致的，所有模块在一个大的代码库中运行。而微服务架构将不同的功能划分为不同的服务，每个服务都在自己的容器或环境中运行。这意味着，虽然微服务架构中的每一个服务的设计可能更简单、更小、更易于管理，但微服务架构的总体架构和互操作性可能比单体架构更复杂。

（2）开发与部署速度。

在单体架构中，任何一个小的改动都可能需要重新部署整个应用。而对于微服务架构，团队可以独立地开发、测试和部署每个服务，这大大提升了迭代和发布新功能的速度。

（3）技术堆栈的灵活性。

单体架构通常使用一种技术或框架来开发整个应用。但对于微服务架构，由于每个服务都是独立的，团队可以为每个服务选择最合适的技术和工具，从而最大化服务的性能和效率。

（4）可扩展性。

对于单体架构，当需要扩展时，通常需要增加整个应用的实例。但对于微服务架构，可以根据需要独立地扩展某个特定的服务，这为高效的资源分配和负载分发提供了更多灵活性。

（5）容错性。

如果单体架构的某个部分出现故障，则整个应用都可能受到影响。而在微服务架构中，由于服务之间是隔离的，一个服务的故障不太可能影响其他服务，从而提高了系统整体的稳定性。

（6）数据管理。

单体架构通常使用一个中央数据库来管理所有的数据。而在微服务架构中，每个服务都可以有其私有的数据库，这确保了数据的独立性，但也带来了数据一致性和完整性的挑战。

> **提示** 微服务架构和单体架构各有其优势和挑战，需要根据具体的业务需求、团队规模、技术能力和长远的发展计划来权衡。

1.3.4 为什么企业选择微服务架构

随着技术进步和市场变化，企业的应用架构需要与时俱进，以满足业务需求。在这个背景下，微服务架构逐渐成为许多组织的首选。为什么微服务架构如此受欢迎，并被许多顶级企业所选择呢？

（1）更快地迭代和发布。

对于单体架构，任何小的更改都需要重新测试和部署整个应用。但在微服务架构中，每个服务都是独立部署的。这意味着，团队可以快速地迭代和发布他们的服务，而不必等待其他服务开发完成。这种敏捷性使得企业能够更快速地响应市场变化。

（2）易于扩展。

与单体架构不同，微服务架构允许企业根据需要独立扩展服务。如果某个服务遇到高流量，那么只需增加该服务的实例即可。这不仅降低了成本，还确保了系统的高可用性和性能。

（3）允许开发团队为特定服务选择最合适的技术和工具。

例如，一个处理实时数据的服务可能使用 Node.js，而另一个处理大数据分析的服务可能使用 Python。

（4）减少风险。

当单体架构出现故障时，会影响整个系统的运行。但在微服务架构中，即使某个服务出现问题，其他服务仍然可以正常运行。这确保了应用的稳定性和持续可用性。

（5）适应云计算的趋势。

随着云计算的普及，微服务与容器化技术（如 Docker）的整合为企业提供了更高的运维效率。微服务架构天然地适应了云环境，使得部署、扩展和管理变得更加简单。

1.3.5　微服务架构的基本组件

在微服务架构中，系统被划分为一系列小的、自治的服务。每个服务都围绕着业务能力构建，并可以独立部署、扩展和更新。微服务架构的基本组件如图 1-8 所示。

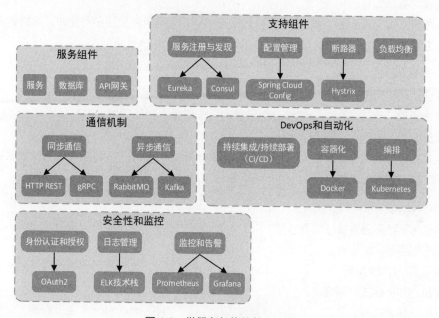

图 1-8　微服务架构的基本组件

1. 服务组件

- 服务：微服务架构中的核心组件，负责实现特定的业务功能。服务应该足够小，能够由一个小团队管理。
- 数据库：在微服务架构中，每个服务都可以拥有私有数据库，这样可以避免数据库级别的耦合。
- API 网关：所有的客户端请求都首先经过 API 网关，然后被路由到相应的微服务。它可以处理跨服务的请求聚合、协议转换、请求过滤等。

2. 通信机制

- 同步通信：服务之间直接通过 HTTP REST 或 gRPC 等方式进行调用。
- 异步通信：通过使用消息队列（如 RabbitMQ 或 Kafka）来实现事件驱动的通信。

3. 支持组件

- 服务注册与发现：服务注册中心（如 Eureka 或 Consul）用于自动注册服务实例；服务发现机制允许服务查询注册中心以找到其他服务的网络位置。
- 配置管理：如 Spring Cloud Config，用于管理所有环境和服务的配置信息。
- 负载均衡：负责在多个服务实例之间分配请求，可以是客户端负载均衡，也可以是服务器端负载均衡。
- 断路器：如 Hystrix，提供了一种失败保护机制，当服务失败或不可用时，断路器将中断服务之间的调用。

4. 安全性和监控

- 身份认证和授权：确保只有合法用户才可以访问服务，通常通过 OAuth2 等协议实现。
- 日志管理：通过 ELK 技术栈收集和管理日志信息，帮助开发人员和运维人员监控和调试服务。
- 监控和告警：通过监控工具（如 Prometheus 和 Grafana）实时监控服务的健康状况，并在出现问题时发出告警。

5. DevOps 和自动化

- 容器化：服务通常被打包为容器，以 Docker 形式部署，这样做可以提高环境的一致性，并简化部署和扩展过程。
- 持续集成/持续部署（CI/CD）：自动化测试和部署流程，确保代码变更在通过所有测试后能够自动部署到生产环境中。
- 编排：在大规模部署时，服务需要通过编排工具（如 Kubernetes）进行管理，以实现自动化的部署、扩展和管理。

1.3.6　设计微服务架构需要考虑的关键点

设计微服务架构需要考虑以下关键点。

1. 服务的自治性

每个服务都有自己的数据库和数据模型，能够独立于其他服务运行。服务之间通过 API 进行通信，而不是直接共享数据库。

这就像一个美食广场里的各个摊位，每个摊位都独立经营，有自己的菜单和厨师。即使一个摊位因为需要缺货而暂停营业，也不会影响广场里其他摊位的经营。

2. 精确界定的 API

每个服务都应该有一个精确界定的 API，这样用户能知道如何与服务进行交互而无须关心其内部实现。

3. 去中心化治理

微服务架构鼓励团队对他们的服务（从服务的设计、开发到部署和运维）拥有全部责任。这意味着，每个团队都可以选择最适合他们服务的语言和技术栈。例如微软使用的服务网格技术 Istio，允许各服务独立地管理路由规则、策略和安全等，而不是依赖一个中心化的管理系统。

这类似于一所学校，各个老师在遵循学校的教育大纲的同时，又有自由选择教学方法和材料的权利，以适应不同学生的学习需求和学习风格。

4. 故障隔离

微服务架构需要设计成容错的，各个服务通过网络通信来实现相互之间的独立运作。例如大型电商系统的购物车服务，能够在其他服务出现故障时继续运行，保证用户可以完成购物流程。

5. 持续交付

由于服务相对较小，所以它们支持快速、频繁且可靠的软件发布，这是持续交付和持续集成的关键。例如，GitHub 使用容器化技术（如 Docker 和 Kubernetes）来打包和部署服务，使得新版本的服务可以快速部署，而不干扰现有服务。

6. 可观察性

在微服务架构中，由于系统的分布式特性，所以监控和日志记录变得极为重要。每个服务都应该能够报告其健康状况，日志应该被集中管理，以便于快速定位和排除故障。例如 Google 的 Stackdriver 监控工具，它为微服务架构提供了日志记录、监控和诊断，使得运维团队能够跟踪服务和分析服务性能问题。

1.4　微服务架构与分布式架构

在现代软件开发中，微服务架构和分布式架构这两个概念经常被同时提及，它们被认为是提高系统可扩展性、灵活性和敏捷性的关键。这两种架构风格都倾向于将大型复杂系统分解成更小、更易管理和更独立的部分。

> **提示**　两者略有不同。
> - 微服务架构是分布式架构的一个子集，专注于业务功能的划分和服务的自治性。

> • 分布式架构更强调数据的分布和计算的分散。

1.4.1　一张图看懂分布式架构与微服务架构

图 1-9 展示了分布式架构与微服务架构在处理通信和数据管理上的基本差异。

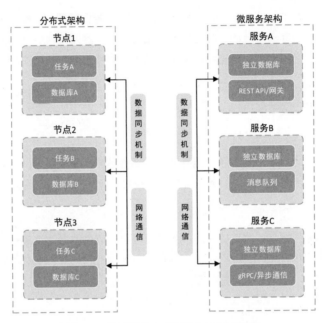

图 1-9　典型的分布式架构与微服务架构

在图 1-9 中，

- 左边是分布式架构，包含多个节点（节点 1、节点 2、节点 3），每个节点都执行不同的任务并有自己的数据库。这些节点之间通过数据同步机制和网络通信来交换数据。
- 右边的微服务架构展示了各个独立的服务（服务 A、服务 B、服务 C），每个服务都有自己的数据库和通信方式，例如 REST API、消息队列和用于异步通信的 gRPC。

提示　在分布式架构中，通信机制往往是节点之间直接进行的。数据同步机制和网络通信是这些节点之间协作的关键，它们确保了不同节点的数据一致性和任务协调。

在微服务架构中，虽然每个服务都是独立的，但它们仍然需要通过某种通信机制（如 REST API、消息队列、gRPC）进行交互。服务间的通信不再是通过直接的节点间数据同步，而是通过更加解耦、灵活的方式实现，如 API 网关或消息中间件（见 2.1 节）。这种使用中间层的通信方式往往独立于服务本身，并且作为基础设施组件存在。

1.4.2　什么是分布式架构

分布式架构由多个计算机或节点组成，这些计算机或节点通过网络进行通信和协作以完成任务。

分布式架构具有以下核心特性。

- 分布性：分布式架构最显著的特性之一。系统中的各个部分可以分布在不同的物理或逻辑位置上。这意味着，任务可以在多个节点上并行执行，提高了系统的整体性能和可扩展性。分布性也面临一些挑战，比如数据同步和节点之间的通信需要更多的管理和处理。
- 并发性：在分布式架构中，多个操作可以同时进行，即使它们涉及相同的资源或数据。这种并发性是通过合理的资源管理和同步机制实现的，以避免数据不一致或冲突。
- 扩展性：分布式架构能够通过增加节点或资源来适应不同规模的负载。这使得系统能够应对不断增长的需求，保持高性能而不牺牲稳定性。
- 容错性：在分布式架构中，一个或多个节点的故障不应导致整个系统崩溃或不可用。系统应该能够检测到故障并采取措施来保证系统的可用性和数据的完整性。
- 透明性：用户不需要了解系统的具体配置或底层细节，就可以访问和使用系统资源。这提高了系统的易用性和可访问性。

1.4.3　微服务架构与分布式架构的区别

微服务架构与分布式架构很容易混淆，因为它们都涉及多个组件或节点之间的交互。然而，它们之间也有一些关键区别。例如，在应用部署方面的区别，如图 1-10 所示。

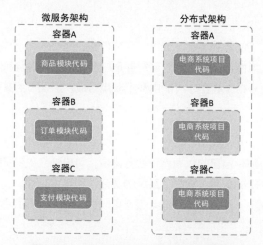

图 1-10　微服务架构与分布式架构的区别

在微服务架构中，应用被分解成多个独立的服务，每个服务都对应其自身的业务逻辑或模块。这些服务独立构建和部署，通常部署在容器化环境中，由容器编排系统（如 Kubernetes）管理。

每个服务都可以独立扩展，不同的服务可以使用不同的技术栈和存储。

在分布式架构中，应用通常作为一个单一的大型应用（单体应用）进行构建和部署。虽然应用可以部署在多个服务器上以提供负载均衡和冗余，但每个服务器上运行的都是完整的应用副本。这种架构的缺点是缺乏灵活性——任何小的更改都需要重新部署整个应用。

微服务架构与分布式架构的具体区别如下。

1. 规模

（1）分布式架构。

- 定义：多台计算机（或计算节点）协同工作的架构，这些计算机之间通过网络相互连接，并一起完成共同的任务。
- 特点：包括各种类型的组件，如计算节点、存储系统、数据处理服务等。
- 例子：一个分布式数据库系统，它将数据存储在多个物理位置，以提高数据的可用性和访问速度。

（2）微服务架构。

- 定义：应用被拆分为多个小型、独立部署的服务，每个服务都专注于特定的业务功能。
- 特点：每个服务都是小型的，专注于单一业务功能，易于维护和更新。
- 例子：电商系统可以将用户认证、产品目录、订单处理等功能划分为独立的微服务。

2. 独立性

（1）分布式架构。

- 独立性：组件间可能依赖共享资源或协作完成任务。
- 特点：不要求每个组件都完全自治，可能存在中心化的数据存储或协调机制。
- 例子：电商系统的分布式数据库可能由多个节点组成，这些节点共享数据，提供更强的数据处理能力。

（2）微服务架构。

- 独立性：每个服务都有自己的数据库和业务逻辑，可以独立更新和扩展。
- 优势：降低了服务间的依赖，提高了系统的灵活性和可维护性。
- 例子：在电商系统中，商品服务和订单服务可以独立更新，不会影响对方的运行。

3. 通信方式

（1）分布式架构。

- 通信多样性：可以采用多种协议和模式，包括复杂的通信算法和协议。

- 特点：通信方式更加多样化，以适应不同的需求和环境。
- 例子：电商系统的分布式搜索服务可能使用高效的数据同步和查询优化算法。

（2）微服务架构。

- 通信机制：主要使用轻量级的通信机制，如 HTTP RESTful API 或消息队列。
- 挑战：需要处理网络延迟和故障恢复，可能导致服务间的耦合度增加。
- 例子：订单服务通过 HTTP RESTful API 与支付服务通信，实现订单处理。

4. 运维复杂性

（1）分布式架构。

- 运维复杂性：涉及更多不同类型的组件和整个系统之间的协作。
- 特点：运维复杂性不仅包括服务管理，还包括节点的物理部署、网络配置等。
- 例子：电商系统的分布式数据库系统需要协调不同数据库节点之间的数据一致性和同步问题。

（2）微服务架构。

- 运维复杂性：涉及多个服务的管理和协调，如服务发现、负载均衡、故障恢复。
- 挑战：需要有效的服务治理机制，以维护服务健康和性能。
- 例子：在电商系统中，需要一个中心化的服务注册和发现机制来管理众多微服务。

> **提示**　总的来说，微服务架构是一种特定的分布式架构，强调服务的独立性和小规模化；分布式架构是一个更广泛的概念，涵盖了各种不同类型的系统和组件之间的分布式通信和协作。
>
> 　虽然微服务架构和分布式架构都涉及多组件间的交互，但它们在规模、独立性、通信方式及运维复杂性方面存在明显的区别。

1.4.4　在分布式系统中微服务是如何工作的

将微服务放置在分布式系统中，就像将精心编排的舞者放在一个广阔的舞台上。每个微服务就像一个独立的舞者，有着自己的动作和节奏，但所有这些舞者都需要在更大的舞台上协同工作，创造出一个和谐的整体表演。

微服务在分布式系统中的角色如下。

- 自主与协作：微服务自主管理自己的数据和逻辑，但在分布式系统中，它们必须与其他服务协作，完成更大的任务。
- 灵活与可靠：微服务的独立部署保证了灵活性，它们可以快速适应变化。分布式系统提供了可靠性和容错机制，即使一个服务（舞者）跌倒，整个系统（舞蹈）仍然可以继续。

- 扩展与性能：在分布式系统中，可以根据需求动态调整微服务的数量，就像根据舞台大小调整舞者的数量。这种扩展性确保了系统能够处理不断变化的负载，保持高性能。

下面以电商系统为例，探讨微服务在分布式系统中是如何相互作用和协同工作的。

这个平台由多个微服务组成，包括用户界面服务、订单处理服务、支付服务、库存服务。每个服务都有其独特的功能，但它们必须协同工作，以提供一个无缝连接和高效的购物体验。图 1-11 展示了从用户下单到支付，再到库存更新的过程。每个箭头都代表微服务之间的通信和数据流动。

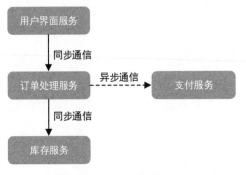

图 1-11　微服务流程图

1. 订单处理服务

订单处理服务的作用如下。

- 核心职责：处理用户的购买订单，包括接收用户的订单请求、验证订单详情（如商品信息和数量）。
- 交互协作：与支付服务协作，传递支付详情（如订单总额和支付方式）。与库存服务协作，确认所购商品的可用性。
- 系统角色：作为"用户请求的初始接收点和其他服务"的协调者。

2. 支付服务

支付服务的作用如下。

- 核心职责：处理与订单支付相关的所有事务，包括验证支付信息（如信用卡细节），处理支付，并返回支付确认。
- 交互协作：接收来自订单处理服务的支付请求。在支付完成后，向订单处理服务发送支付状态。
- 系统角色：确保财务交易的安全性和有效性，是整个购物流程的关键环节。

3. 库存服务

库存服务的作用如下。

- 核心职责：管理和更新商品的库存信息，包括跟踪库存水平，以及在商品被购买时更新库存。
- 交互协作：接收来自订单处理服务的库存查询和更新请求。在商品库存更新后，向订单处理服务确认商品的可用性。
- 系统角色：保持商品库存的实时和准确信息，对于防止超卖和库存短缺至关重要。

4. 用户界面服务

用户界面服务的作用如下。

- 核心职责：提供用户与电商系统交互的界面，包括展示商品信息、接收用户的订单，以及显示订单状态。
- 交互协作：发送用户的订单到订单处理服务。显示从订单处理服务、支付服务和库存服务接收到的反馈和更新。
- 系统角色：作为用户与后端微服务之间的桥梁，提供对用户友好的界面和流畅的用户体验。

> **提示** 在电商系统中，每个微服务都是一个独立的实体，具有特定的职责和功能。它们通过网络进行通信和数据交换，共同完成用户的购物流程。这种微服务架构提供了高度的灵活性和可扩展性，使得电商系统能够有效地处理不同的业务需求和流量波动。
> 在分布式系统中，这些微服务不仅单独运作，而且相互协作，共同构成一个复杂但高效的系统。通过细致的设计和协调，它们能够提供一个无缝的购物体验，从用户下单到支付处理，再到库存更新，每一步都是微服务之间协同工作的结果。

1.5 从单体架构到微服务架构的迁移——让系统更稳定

从单体架构到微服务架构的迁移是一项具有挑战性的工程，完成后能为系统带来前所未有的稳定性和灵活性。

> **提示** 想象一下，你的应用就像一座由多块小石头堆砌而成的坚固堡垒，而不再是一个巨大而脆弱的石头巨人。这种迁移，不仅意味着技术的变革，也代表着对业务流程、团队结构甚至企业文化的深刻洞察和适应。

在这个迁移过程中，系统不再是一个庞大、笨重的整体，而是被拆分成一系列小型、易于管理和维护的服务。这种分解不仅提高了系统的可用性和可靠性，也使得每个部分都可以独立地进行升级和扩展，从而应对快速变化的市场需求。

1.5.1 迁移到微服务架构需要考虑的因素

从单体架构迁移到微服务架构，需要考虑以下因素。

（1）业务需求和规模。

- 分析业务的具体需求和未来增长预期。微服务架构更适合复杂和快速发展的业务环境。
- 考虑业务的大小和规模。对于小型或中型企业，过度的微服务化可能导致不必要的复杂性和管理负担。

（2）团队结构。

- 微服务架构要求团队能够独立地开发、部署和维护各自的服务。
- 需要考虑是否有足够的资源来支持多个小团队同时工作。

（3）技术能力和培训。

- 评估现有团队的技术能力和对微服务架构的熟悉程度。
- 考虑是否需要额外的培训或招聘具备相关经验的人才。

（4）遗留系统的挑战。

- 分析现有系统的复杂性，确定迁移的可行性。
- 迁移过程可能需要重写大量代码，这是一个时间和成本的投资。

（5）数据一致性和集成。

- 考虑数据的一致性和完整性问题，尤其是在微服务架构中。
- 确定如何集成各项服务，以保持数据同步和准确性。

（6）部署和运维策略。

- 微服务架构需要更复杂的部署和运维策略，如容器化和自动化部署。
- 考虑如何监控和维护多个服务，以确保整个系统的稳定性。

（7）安全性考虑。

- 在微服务架构中，每个服务都可能成为攻击的目标点。
- 需要确保每个服务都具备足够的安全措施，包括身份验证、授权和数据加密。

> **提示** 迁移到微服务架构不是一蹴而就的，而是一个逐步的过程。可以从将一些非核心功能拆分成微服务开始，逐渐扩展到更复杂的业务功能。
>
> 这种逐步迁移的方法有助于团队适应新的架构风格，同时降低了整个过程的风险。

1.5.2　迁移到微服务架构的步骤

从单体架构迁移到微服务架构的步骤如下。

1. 明确迁移目标和策略

- 目标设定：明确迁移的目的，如提高系统的可扩展性、改善性能、提升敏捷性等。
- 迁移策略：根据业务需求和现有系统状态确定迁移策略。可以选择一次性迁移或逐步迁移。

2. 分析和设计微服务架构

- 服务划分：根据业务领域和功能模块分解现有应用，确定各个微服务的边界。
- 定义 API 和通信协议：为每个微服务都定义清晰的 API 和通信协议。
- 设计服务间的交互：确定服务间如何协作，包括服务发现、负载均衡和容错机制。

3. 选择技术栈和工具

- 语言和框架：根据团队的技术栈和服务的需求选择合适的编程语言和框架。
- 容器化和编排：考虑使用 Docker 容器化服务，并使用 Kubernetes 等工具进行服务编排。
- CI/CD 工具：选择合适的 CI/CD 工具，如 Jenkins、GitLab CI 等。

4. 构建基础设施和开发环境

- 基础设施构建：构建支持微服务的基础设施，包括网络、存储和计算资源。
- 环境配置：设置开发、测试和生产环境，确保它们能够支持微服务的部署和运行。
- 服务发现和配置管理：实现服务发现机制和配置管理，如使用 Consul、Eureka 或 Spring Cloud Config。

5. 实施微服务和数据迁移

- 逐步迁移：从非核心或简单的服务开始迁移，逐渐扩展到更复杂的服务。
- 数据迁移：根据每个微服务的需求，迁移和拆分数据库，确保数据一致性。
- 集成测试：对迁移后的服务进行集成测试，确保系统的整体功能和性能符合预期。

6. 部署、监控和优化

- 自动化部署：实现微服务的自动化部署流程。
- 监控和日志：部署监控和日志系统（如 Prometheus、Grafana 和 ELK 技术栈），以实时监控服务的健康状况和性能。
- 性能调优：根据监控数据进行性能调优和问题解决。

7. 安全和合规性

- 安全措施：实施必要的安全措施，包括服务间的安全通信、身份验证和数据加密。
- 合规性检查：确保所有服务都遵守相关的法规和安全标准。

8. 团队培训和文化转变

- 培训和支持：为开发、运维和测试团队提供培训，帮助他们适应微服务架构。
- 文化和流程转变：推动团队向敏捷和 DevOps 转变，包括自动化、协作和快速迭代。

下面是一个简单的微服务示例，展示了如何使用 Python 和 Flask 框架创建一个基础的用户服务。

```python
# 用户服务 - user_service.py
from flask import Flask
app = Flask(__name__)

@app.route('/user/<user_id>')
def get_user(user_id):
    # 获取用户信息的逻辑
    return "User Info for " + user_id

if __name__ == '__main__':
    app.run(port=5000)
```

这个示例中定义了一个基础的用户服务，它通过 HTTP 接口提供用户信息查询功能。在微服务架构中，可以根据需要创建更多此类服务，以支持不同的业务需求。

提示　成功迁移到微服务架构，需要综合考虑规划、技术、团队和运营等多个方面。通过明确的目标设定、仔细的架构设计、合适的技术选型和有效的团队培训，可以确保平稳迁移到微服务架构。

第2章
几张图了解后端系统

第 1 章介绍了从单体架构到微服务架构的演变过程。本章将进一步探讨后端系统的具体构成和各个组件的作用。通过几张图帮助读者整体认知整个后端系统。

2.1 一张图看懂整个后端系统架构

图 2-1 展示了整个后端系统架构，包括数据库、应用服务器、API 网关等，展示了它们是如何协同工作的。

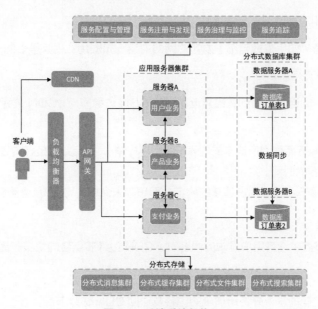

图 2-1 后端系统架构

下面对图 2-1 中的几个核心组件进行详细讲解。

2.1.1　CDN（内容分发网络）

CDN（Content Delivery Network，内容分发网络）是一种分布式网络，旨在通过在地理上靠近用户的服务器来提供高可用性和高性能的网页内容和其他 Web 资源。

CDN 的核心功能是缓存内容。它在全球多个数据中心存储网站的静态资源（如 CSS 文件、JavaScript 文件、图片和视频）的副本。

1. 工作原理

当用户第一次请求某个内容时，CDN 会从源服务器（即原始服务器）获取内容，并将其存储在最接近用户的边缘节点上。随后当同一个地区的其他用户请求该内容时，CDN 能够从边缘节点快速提供这些内容，而不是每次都从源服务器加载。

图 2-2 展示了用户请求内容时 CDN 是如何处理这些请求的。

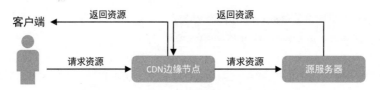

图 2-2　CDN 处理用户请求的工作原理

（1）客户端（用户终端）。

用户通过其设备（如手机或电脑）发起对网站内容（如图片、视频等）的请求。

（2）CDN 边缘节点。

用户对网站内容的请求首先到达最靠近用户的 CDN 边缘节点，CDN 边缘节点检查其缓存中是否有用户请求的内容。

- 若 CDN 边缘节点有用户请求的内容（即缓存命中），则它会直接将内容返给用户，这大大减少了加载内容的时间。
- 若 CDN 边缘节点没有用户请求的内容（即缓存未命中），则它从源服务器获取内容。

（3）源服务器。

当 CDN 边缘节点中没有用户请求的内容时，CDN 边缘节点会向源服务器请求这些数据。

（4）获取资源。

源服务器处理这些请求，并将所请求的内容发送回 CDN 边缘节点。

（5）返回缓存内容。

CDN 边缘节点将内容发送给用户，并将该内容更新到其缓存中，用于响应后续的相同请求。

通过这种方式，CDN 能够有效地减轻源服务器的负担，加快内容的分发速度，提高用户访问网站的体验。

2. 主要优势

CDN 的主要优势如下。

- 降低延迟：CDN 通过减少用户与服务器之间的物理距离来减少加载内容的时间，从而提高用户体验。
- 减轻源服务器负担：CDN 通过分散流量，减轻源服务器的负载，减轻了源服务器的压力，提高了网站的整体性能和稳定性。
- 提高内容可用性：即使源服务器遇到问题，CDN 也能提供服务，从而增加内容的可用性和可靠性。

3. 应用场景

CDN 的应用场景如下。

- 网站加速：对于数据量大的网站（如新闻网站、电商系统、视频分享服务），CDN 可以显著缩短加载内容的时间。
- 流媒体分发：CDN 是流媒体服务（如视频和音频流）的关键组件，因为它可以有效地应对高带宽需求。
- 软件分发：CDN 也用于分发软件更新、下载包和大型文件，确保用户可以快速且可靠地下载。

> **提示**　CDN 是现代互联网架构中不可或缺的一部分，特别是对于那些需要向全球用户提供高性能和高可用性服务的网站和应用。

2.1.2　负载均衡器

负载均衡器是一种网络设备或软件，用于在多个服务器（如应用服务器、数据库服务器）之间分配网络或应用流量。负载均衡器的主要职责是优化资源使用、最大化吞吐量、最小化响应时间，并避免任何单个服务器过载。

1. 工作原理

负载均衡器的工作原理主要分为以下两部分。

- 流量分发：当流量到达网络或应用时，负载均衡器根据预定义的规则将流量分配给后端服务。

- 健康检查：负载均衡器定期对后端服务进行健康检查，以确保流量只被发送到正常运行的服务器。

以电商系统为例，负载均衡器的工作流程如图 2-3 所示。

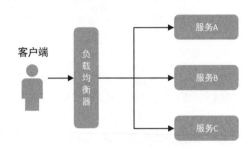

图 2-3　负载均衡器的工作流程

（1）客户端（用户终端）。

用户通过其设备（例如智能手机、电脑或平板）发起对电商系统的请求，如查看商品、添加商品到购物车、执行结账操作等。

（2）负载均衡器。

用户的请求首先到达负载均衡器。负载均衡器的作用是在多个服务器或服务实例之间分配流量，有助于防止单个服务器请求过载。

- 负载均衡器根据预定的规则（如轮询、最少连接、响应时间或一致性哈希算法等）来决定将请求发送到哪个微服务实例。
- 用户不会知道是哪个具体的服务器在处理他们的请求。

> **提示**　负载均衡器是否直接将请求分发到具体的后端服务，取决于系统的架构和设计。
> - 在单体架构中，负载均衡器主要在服务器层面进行负载均衡，通常不直接将请求分发到具体的后端服务。
> - 在微服务架构中，负载均衡器会更智能地工作，可以更细粒度地管理流量，它可以直接将请求分发到不同的微服务上，从而直接与特定服务进行交互。这通常是通过服务发现机制实现的。

（3）服务 A、服务 B、服务 C。

服务 A、服务 B、服务 C 是运行的不同微服务实例，它们接收来自负载均衡器的请求，并进行处理。处理完毕后，响应通过负载均衡器返给客户端。

2．主要优势

负载均衡器的主要优势如下。

- 防止服务器过载：通过在服务器之间分配流量，负载均衡器可以防止某个服务器由于过载而性能下降或完全崩溃。
- 提高应用的可用性和可靠性：如果某个服务器发生故障，则负载均衡器可以将请求分发给其他健康的服务器，从而保证应用的持续运行。
- 可扩展性：随着流量的增加，可以轻松地向集群添加更多服务器，负载均衡器能够自动开始向新服务器发送流量。

3．应用场景

负载均衡器的应用场景如下。

- 网站和 Web 应用：对于高流量的网站和 Web 应用，负载均衡器可以确保均匀分配流量，避免单点故障。
- 云计算和大数据应用：在云计算和大数据环境中，负载均衡器可以管理和分配大量并发请求，保障服务的稳定运行。

2.1.3　API 网关

API 网关用于管理 API 之间的请求和通信，它作为一个单一的入口点，集中处理所有从客户端到后端的 API 调用。

在微服务架构中，API 网关简化了客户端与系统内多个服务之间的交互。

API 网关的主要功能包括：请求路由、API 聚合、身份验证和授权、速率限制、缓存管理，以及提供跨服务的统一接口。

1．工作原理

API 网关的工作原理如下。

- 请求路由：API 网关根据客户端的请求路径、HTTP 方法等将请求分发到对应的服务。
- 聚合处理：对于需要多个服务协作完成的请求，API 网关能够聚合多个服务的调用和响应，向客户端提供一个统一的响应。
- 安全性和认证：在请求到达各个服务之前，API 网关进行身份验证和授权检查，确保安全性。

以电商系统为例，在负载均衡器的基础上，加入 API 网关后的工作流程如图 2-4 所示。

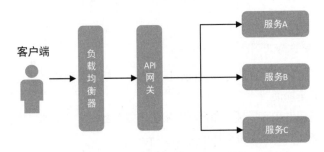

图 2-4　加入 API 网关后的工作流程

负载均衡器和 API 网关的加入，可以更有效地处理和管理前往多个服务的请求，减轻各个服务的负担，它们不再需要诸如认证或速率限制等通用功能。同时，API 网关提供了一种统一的接口给客户端，简化了客户端与后端服务的交互。

API 网关充当请求的中心处理点，处理跨多个服务的复杂业务逻辑，如用户认证、请求路由、速率限制（限流）和缓存。

API 网关内部的工作流程如图 2-5 所示。

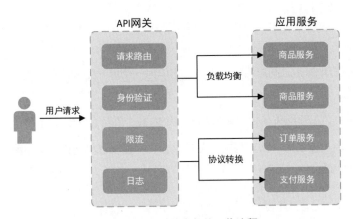

图 2-5　API 网关内部的工作流程

- 为了面对高并发请求，同一个服务可能会被复制成多个（例如电商系统的商品服务），以此来做水平扩展。此时 API 网关起到了负载均衡和限流的作用。
- 很多服务会存在相互调用的情况。例如，订单服务需要调用支付服务完成订单的支付，如果订单服务和支付服务使用的传输协议不一致，则此时 API 网关就要进行协议的转换。

2．API 网关与负载均衡器的区别

（1）职责和功能方面的区别。

虽然在某些微服务架构中负载均衡器可以直接与服务进行交互，但 API 网关仍然扮演着独特且重要的角色。

负载均衡器的主要职责是优化资源利用、最小化响应时间、避免单点过载等，主要在网络层面工作。它确保进入系统的流量均匀分配到各个服务器或服务实例，从而提高整体性能和可用性。在微服务架构中，它能够将流量直接路由到特定服务，但它的功能主要还是流量的分配和负载均衡。

API 网关的职责更为广泛，它作为系统的前端代理，不仅负责流量的路由，还负责以下功能。

- 请求路由：将外部请求路由到正确的内部服务。
- 认证与授权：处理跨所有服务的通用安全性问题，例如检查认证令牌。
- 限流和配额：对请求频率进行限制，防止服务被过度使用。
- 监控和日志：集中记录 API 的使用情况和性能指标。
- 协议转换：将外部的 HTTP 请求转换为内部使用的其他协议。
- 服务聚合：将多个服务调用合并为单个 API 调用，简化客户端逻辑。

> **提示**　虽然负载均衡器在某些微服务架构中具有路由功能，但 API 网关提供了更加全面和复杂的功能，尤其是在处理跨多个服务的共享关注点方面。
> 因此，在负载均衡器能够与特定服务直接交互的情况下，API 网关仍然是不可或缺的。

（2）是否可以只使用 API 网关。

"去掉负载均衡器，仅使用 API 网关"在某些情况下是可行的，尤其是在小型或简单的应用中。在这种情况下，API 网关可以同时承担流量路由和负载均衡的职责。但是，这种配置可能不适用于所有场景，特别是复杂或高流量的场景。以下是考虑这种配置时需要注意的几个关键点。

- 性能和可扩展性：在高流量的场景中，一个单独的 API 网关可能成为性能瓶颈。负载均衡器可以帮助分散流量，从而提高整体系统的处理能力和响应速度。
- 故障隔离和容错：使用单独的负载均衡器可以提高系统的容错能力。如果 API 网关出现问题，则整个系统的入口可能会受影响。负载均衡器可以在多个网关实例之间分配流量，从而提供更好的故障隔离。
- 专业化和解耦：负载均衡器专注于网络流量的分配和管理，而 API 网关处理更高层次的应用逻辑（如路由、认证和授权）。这有助于更好地管理和维护各个组件。
- 安全性：负载均衡器可以提供额外的安全层，如 DDoS 攻击防护和 SSL 终端，这有助于保护 API 网关和后端服务。
- 成本和复杂性：在小型或资源有限的环境中，维护单独的负载均衡器可能会增加成本和复杂性。在这种情况下，仅使用 API 网关可能是一个更经济、高效的选择。

> **提示**　是否"去掉负载均衡器，仅使用 API 网关"取决于应用的特定需求、流量模式，以及可用资源。在设计系统架构时，应根据这些因素进行权衡和做出决策。

3. 主要优势

API 网关的主要优势如下。

- 简化客户端交互：客户端只需与一个统一的 API 网关交互，而不需要处理系统内部的复杂服务架构。
- 减轻微服务负担：API 网关承担了一些通用功能（如身份验证、日志记录、监控和缓存），减轻了服务的负担。
- 易于监控和维护：所有的 API 流量都通过网关，使得监控和维护 API 变得更加集中和高效。

4. 应用场景

API 网关的应用场景如下。

- 微服务架构：在微服务架构中，API 网关作为服务和客户端之间的中介，管理着众多服务的调用和数据交换。
- 服务聚合：在需要多个服务共同参与响应一个请求的场景中，API 网关可以聚合这些服务的结果，向客户端提供一个统一的响应。
- API 管理：在需要对外提供 API 服务时，API 网关可以用于 API 的发布、文档化、监控和安全控制。

> **提示** API 网关在现代应用架构中扮演着至关重要的角色。它不仅简化了客户端与后端服务的交互，还提供了安全、监控和流量管理等关键功能。

2.1.4 分布式数据库集群

分布式数据库集群是由多个数据库服务器组成的系统，多个数据库服务器一起工作以存储和管理数据。这种配置允许数据库跨多个物理位置、网络区域，甚至是云环境分布，从而提供高可用性、高性能和可扩展性。

分布式数据库集群的主要功能包括数据分片（将数据分布在多个服务器上）、复制（保证数据在多个节点上的一致性）和分布式查询处理等。

1. 工作原理

分布式数据库集群的工作原理如下。

- 数据分片：数据库的数据被分成多个片段（称为"分片"），每个片段都存储在不同的节点上。这样做可以提高数据处理的效率，因为操作可以并行在多个节点上执行。
- 复制：数据的副本被存储在集群中的多个节点上，以提高数据的可用性和耐久性。即使一个节点失败，其他节点仍可提供数据，确保数据库服务的持续性。
- 事务处理：分布式数据库需要处理跨多个节点的事务，确保数据的一致性和完整性。

- 负载均衡：分布式数据库通过在多个节点之间分配负载来提高性能和可靠性。读写请求根据数据所在的位置被路由到相应的节点。
- 一致性和协调：分布式数据库需要确保数据在所有节点之间保持一致。这通常涉及复杂的协调和同步机制。

以电商系统为例，分布式数据库集群的工作流程如图 2-6 所示。

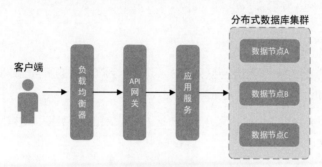

图 2-6　分布式数据库集群的工作流程

整个数据库集群被分散在多个物理或逻辑上分离的节点上。这个集群由多个不同的数据库服务器（节点）组成，每个节点都运行在自己的服务器上，可能分布在不同的地理位置。

数据库集群中的每个节点都存储着整个数据库的一部分数据。在电商系统中，可能节点 A 存储用户信息，节点 B 存储商品信息，节点 C 存储订单信息。这种数据的划分可以基于多种策略，如范围划分、哈希划分或列表划分等。

2. 主要优势

分布式数据库集群的主要优势如下。

- 可扩展性：随着数据量的增长，可以通过增加更多的服务器节点来扩展数据库集群，从而处理更多的数据和请求。
- 高可用性：即使单个数据节点发生故障，其他节点仍然可以提供服务，保证数据库集群的持续可用。
- 负载均衡：读写操作可以在多个节点之间分配，从而均衡负载，提高整体性能。

3. 应用场景

分布式数据库集群的应用场景如下。

- 大数据处理：在需要处理大量数据的场景（如社交网络、电子商务和在线游戏）中，分布式数据库集群可以有效地存储和处理数据。
- 高并发应用：对于有大量用户并发访问需求的应用，分布式数据库集群可以提供必要的性能和规模。

- 全球化部署：对于需要在全球范围内提供服务的应用，分布式数据库集群可以在不同的地理位置部署，以降低延迟。

> **提示** 尽管分布式数据库集群存在一些技术挑战，如数据一致性和管理复杂性，但这些都可以通过适当的技术和策略来克服。分布式数据库集群使得大型、全球化的应用得以实现，支撑着现代互联网的数据需求。

2.1.5 分布式消息集群

分布式消息集群主要由一系列消息队列组成，这些队列在不同的服务器或服务实例上运行，形成一个集群（如 Kafka 集群、RabbitMQ 集群）。

分布式消息集群允许系统内的不同组件异步地进行通信和交换数据，这有助于解耦应用的不同部分，提高整体的效率和可靠性。

> **提示** 在高负载情况下，分布式消息集群可以作为缓冲区，确保系统不会因突然的负载增加而崩溃。分布式消息集群支持基于事件的架构模式，使得系统能够更加灵活地响应和处理各种事件。

分布式消息集群通常提供了消息的持久化存储，确保即使在某些服务暂时不可用的情况下，消息也不会丢失。

1. 工作原理

分布式消息集群的工作原理如下。

- 消息生产：当电商系统中的某个服务（如订单服务）执行操作（如处理用户的订单请求）时会产生一条消息，并将这条消息发送到相应的消息队列中。
- 消息存储：消息队列收到消息后会暂时存储这条消息，直到有消费者服务来处理它。
- 消息消费：另一端的服务（如库存管理服务）订阅了特定的消息队列。当新消息到达时，这些消费者服务会获得消息，并根据消息内容执行相应的操作（如更新库存信息）。

分布式消息集群的工作流程如图 2-7 所示。

- 消息队列 A、消息队列 B、消息队列 C：负责存储消息。每个队列可能都负责不同类型的消息，例如，消息队列 A 存储订单相关的消息，消息队列 B 存储支付事务相关的消息，消息队列 C 存储用户通知相关的消息。
- 消费者服务 X、消费者服务 Y、消费者服务 Z：这些服务订阅了特定的消息队列。当消息队列中出现新消息时，相应的消费者服务会接收并处理这些消息。例如，消费者服务 X 负责处理订单相关的消息，消费者服务 Y 负责处理支付事务相关的消息，消费者服务 Z 负责处理用户通知相关的消息。

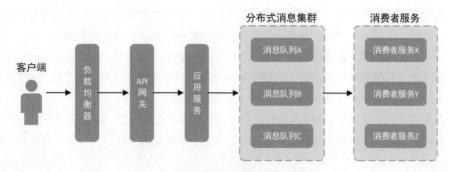

图 2-7　分布式消息集群的工作流程

2．在电商系统中的应用

在电商系统中，当用户下单时，订单信息可以通过消息队列异步发送给其他系统进行处理，如库存管理、支付处理和物流安排，从而提高整体处理效率。

此外，使用消息队列可以将电商系统的前端系统（如用户界面）和后端服务（如订单服务、库存服务）解耦，增强系统的灵活性和可靠性。

在电商系统进行营销活动时，可以利用分布式消息集群来实现事件驱动的营销策略，如当用户购买特定商品时，自动推荐相似商品的营销消息。

2.1.6　分布式缓存集群

分布式缓存集群用于在多个服务器或节点上存储和管理缓存数据，以提高应用的性能和可扩展性。

> **提示**　在分布式缓存集群中，缓存数据分布在不同的节点上，而不是集中在单个节点。

分布式缓存集群的主要作用如下。

- 提高数据访问速度：分布式缓存集群（如 Redis 集群、Memcached 集群）通过在内存中存储频繁访问的数据，大大减少了对数据库的直接访问次数，从而显著提高了数据检索的速度。
- 减轻数据库负担：有助于减轻后端数据库的负担（尤其是在读取密集型场景中），可以有效地提高整体系统的性能。
- 提高系统的可扩展性：通过提供一种快速的数据访问机制，分布式缓存集群使得系统能够更有效地扩展，以处理更多的用户请求。

1. 工作原理

分布式缓存集群的工作原理如下。

- 数据存储和检索：当应用服务请求特定数据时，分布式缓存集群会检查是否有这些数据的缓存副本。如果有，则缓存节点会立即返回所需数据，大大加快了响应速度。
- 缓存更新和失效：如果分布式缓存集群没有这些数据的缓存副本（即缓存未命中），则应用服务会从数据库中检索数据，并更新到分布式缓存集群中。同时，为了确保数据的一致性，缓存节点中的数据会根据特定的策略定期更新或失效。
- 负载均衡：分布式缓存集群内部可以平衡各个缓存节点的负载，确保没有单个缓存节点过载。
- 高可用性：通过在多个缓存节点之间复制数据，分布式缓存集群可以提高系统的容错能力和可用性。

分布式缓存集群的工作流程如图 2-8 所示。

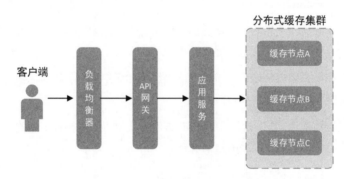

图 2-8　分布式缓存集群的工作流程

当应用服务需要查询数据（如商品信息、用户数据等）时，它们首先查看分布式缓存集群。分布式缓存集群由多个缓存节点（缓存节点 A、缓存节点 B、缓存节点 C）组成，每个节点都存储一部分数据。这样的分布式结构可以提高缓存的容量和访问速度。

2. 在电商系统中的应用

在电商系统中，分布式缓存集群扮演着至关重要的角色。例如，在大型促销活动期间，用户对商品页面的高频访问可能导致数据库的压力增大。通过使用分布式缓存集群，这些页面的数据可以被缓存起来，使得大量的商品信息请求可以迅速得到响应，同时减轻数据库的负担。这不仅提升了用户体验，还确保了电商系统在高流量下的稳定性和响应速度。

分布式缓存集群在电商系统中的具体应用如下。

- 页面加速：在电商系统中，商品信息、价格、用户评论等被频繁访问的数据可以存储在分布式缓存集群中，以加速页面加载和响应速度。

- 减少数据库负载：通过在分布式缓存集群中存储热点数据，可以显著减少对数据库的直接查询，从而减轻数据库的负担，尤其是在促销期间流量激增的情况下。
- 会话管理：在用户登录和浏览商品时，用户的会话信息可以存储在分布式缓存集群中，以提供快速的访问和改善用户体验。

假设我们正在开发一个电商系统，其中有一个服务需要从分布式缓存集群中获取商品信息。代码如下。

```python
# Python 伪代码 - 从分布式缓存集群中获取商品信息
class ProductService:
    def __init__(self, cache_cluster):
        self.cache_cluster = cache_cluster

    def get_product_info(self, product_id):
        # 尝试从分布式缓存集群中获取商品信息
        product_info = self.cache_cluster.get(product_id)

        if product_info is None:
            # 若缓存未命中，则从数据库获取
            product_info = self.fetch_from_database(product_id)
            # 更新缓存
            self.cache_cluster.set(product_id, product_info)

        return product_info

    def fetch_from_database(self, product_id):
        # 从数据库中获取商品信息
        pass
```

在上述代码中，ProductService 类负责处理商品信息的请求。当请求商品信息时，它首先尝试从分布式缓存集群（cache_cluster）中获取信息。如果缓存中没有该商品的信息（即缓存未命中），则服务将从数据库中获取商品信息，并将其存储在分布式缓存集群中，以便下次能够快速获取。

上述代码的执行过程如下。

（1）缓存检索。服务首先检查分布式缓存集群（self.cache_cluster.get(product_id)），以查看所需的商品信息是否已经被缓存。

（2）缓存未命中处理。如果缓存未命中，则服务将调用数据库查询方法 fetch_from_database() 来获取数据。

（3）更新缓存。在获得数据后，该数据被写入缓存（采用 self.cache_cluster.set(product_id, product_info) 方法），以加快后续的访问速度。

这个执行过程展示了分布式缓存集群如何与应用服务紧密集成，以提高数据检索效率，减少对数据库的直接访问，从而提升整个电商系统的性能。通过这种方式，分布式缓存集群帮助电商系统在面对大量用户请求时保持高效和稳定。

3. 与 CDN 的区别

在电商系统中，分布式缓存集群和 CDN（内容分发网络）虽然都用于提高数据访问速度和系统性能，但它们的作用和使用场景有明显的不同。

（1）缓存的内容不同。

- 分布式缓存集群通常用于缓存动态内容，如数据库查询结果、会话状态、用户特定数据等。
- CDN 主要用于分发静态内容，如图片、视频、CSS 文件、JavaScript 文件等。

（2）存储位置不同。

- 分布式缓存集群将数据存储在内存中，提供高速数据访问。它通常部署在数据中心或云环境中，靠近应用服务器，以降低数据访问延迟。
- CDN 通过在全球范围内的多个数据中心存储内容副本来工作，靠近用户。当用户请求这些内容时，CDN 提供最近节点上的缓存数据，从而减少了数据传输时间。

（3）目的不同。

- 分布式缓存集群的主要目的是减少对数据库的直接访问和提高数据处理速度。
- CDN 的目的是减少带宽使用、提高静态内容的访问速度和降低网络延迟。

下面以电商系统为例进行说明。

分布式缓存集群可以用来存储用户的个人信息、购物车数据、商品库存信息等。例如，当用户浏览商品时，商品的详细信息可以从分布式缓存集群中快速获取，而不是每次都查询数据库。

CDN 可以用来快速分发商品图片、视频介绍、网站样式表和脚本等。这样，用户在浏览网页或查看商品时，页面加载速度更快，因为静态内容是从地理位置上最接近用户的 CDN 节点获取的。

> **提示** 在实际应用中，分布式缓存集群和 CDN 结合使用可以显著提升用户体验，通过快速加载动态内容和静态资源，确保平台的高效运行。
> 分布式缓存集群解决了后端数据处理的瓶颈，而 CDN 则优化了前端资源的加载速度。

2.1.7 分布式文件集群

分布式文件集群是一种数据存储架构，它将文件数据存储在网络中的多个节点上。这种架构的目的是，提高数据的可靠性、可用性和访问效率，特别适用于处理大规模数据集。

1. 主要作用

分布式文件集群的主要作用如下。

- 存储大量的文件：分布式文件集群（如 HDFS、Amazon S3）用于存储大量的文件，它们支持高吞吐量的数据读写操作，适用于处理大数据和存储密集型应用。
- 确保数据的持久化和可靠性：提供了一种可靠的方式来存储大量数据，并且通过数据复制等机制确保数据的持久性和可靠性。
- 支持分布式计算：分布式文件集群常与分布式计算任务（如 MapReduce 作业）结合使用，可以对存储的大量数据进行高效处理。

2. 工作原理

分布式文件集群的工作原理如下。

- 文件存储和管理：当电商系统需要存储大量的文件（如商品图片文件、视频文件等）时，这些文件被存储在分布式文件集群中。集群在多个节点存储和管理这些文件。随着文件数量的增加，可以通过增加分布式文件集群的节点来扩展存储容量。
- 高可用性和容错性：通过在多个节点之间复制文件，分布式文件集群确保了文件数据的高可用性和容错性——某个节点发生故障，其他节点仍可以提供文件。
- 负载均衡和性能提升：集群内部可以根据文件访问模式进行负载均衡，确保被高频访问的文件能够快速被检索和提供。分布式文件集群通常优化了文件的存储和检索机制，提高了访问效率，尤其是在处理大量小文件时。

分布式文件集群的工作流程如图 2-9 所示。

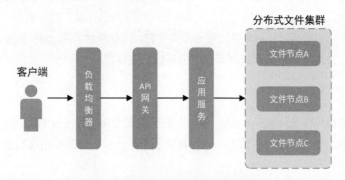

图 2-9　分布式文件集群的工作流程

分布式文件集群由多个文件存储节点组成，每个节点都负责存储和管理一部分文件。文件节点通常分布在不同的物理或逻辑位置上，以提高文件存储的可靠性和访问速度。

文件节点（文件节点 A、文件节点 B、文件节点 C）是集群的一部分，每个文件节点都存储系统中的部分文件数据。文件节点可以基于文件的类型、大小或访问频率进行优化。

3. 在电商系统中的应用

分布式文件集群在电商系统中的具体应用如下。

- 存储商品图片和视频：电商系统中的商品图片、介绍视频等大型文件可以存储在分布式文件集群中，确保数据的持久性和高速访问。
- 管理用户上传的内容：用户上传的评价图片或视频可以存储在分布式文件集群中。分布式文件集群可以管理和分发用户上传的大规模内容。
- 备份和恢复：分布式文件集群可以存储系统的备份数据，以便于在出现故障时快速恢复服务。

假设我们正在开发一个电商系统的后端服务，其中需要存储和检索商品图片。代码如下。

```python
# Python 伪代码 - 使用分布式文件集群存储和检索文件
class FileStorageService:
    def __init__(self, file_cluster):
        self.file_cluster = file_cluster

    def upload_file(self, file_path, file_data):
        # 将文件上传到分布式文件集群
        self.file_cluster.save(file_path, file_data)

    def get_file(self, file_path):
        # 从分布式文件集群中获取文件
        return self.file_cluster.load(file_path)
```

在上述代码中，FileStorageService 类负责处理文件的上传和检索。当需要上传一个新的商品图片时，该服务会调用 upload_file()方法将文件数据存储到分布式文件集群中，分布式文件集群负责将文件存储在合适的节点上。当需要检索一个文件时，该服务会调用 get_file()方法从分布式文件集群中获取文件，分布式文件集群根据文件的位置提供文件数据。

2.1.8 分布式搜索集群

分布式搜索集群（如 Elasticsearch 集群）能够搜索大规模数据集中的信息，支持复杂的搜索查询，并能快速返回结果。除文本搜索外，该集群还常用于实时数据分析和日志处理，提供深入的数据洞察和可视化能力。

可以通过增加分布式搜索集群的节点来扩展分布式搜索集群的搜索能力。

1. 工作原理

分布式搜索集群的工作原理如下。

- 存储数据：将信息（如商品数据、用户评论、商品描述等）保存在分布式搜索集群中。这个过程就像把书籍放在书架上一样，确保所有信息都被妥善保管，并且可以被访问。
- 索引数据：对存储的数据进行组织和标记，以便能够快速搜索。这个过程就像在图书馆为书籍创建标记一样。在图书馆，标记可以帮助你快速找到想要的书，而不需要你亲自去书架上一本一本地查找。在分布式搜索集群中，索引通常通过识别数据中的关键词或属性，并将它们与数据的存储位置关联起来，从而当用户搜索这些关键词时，系统可以迅速地找到相关的数据条目。
- 负载均衡：当电商系统收到用户的搜索请求时，该请求被分配到集群的一个或多个节点上进行处理。集群内部的负载均衡机制可以确保每个节点都能有效地参与查询。
- 聚合搜索结果：每个节点都处理它的部分查询，并返回结果。这些结果随后被聚合成最终的搜索结果，并返给用户。

分布式搜索集群的工作流程如图 2-10 所示。

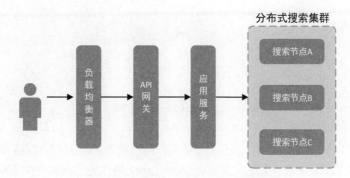

图 2-10　分布式搜索集群的工作流程

分布式搜索集群由多个搜索节点组成，每个节点都参与整个搜索过程。

集群中的每个节点（搜索节点 A、搜索节点 B、搜索节点 C）都存储整个数据集的一部分或副本，并能够独立地执行搜索操作。每个节点不仅存储数据，还处理搜索相关的计算和数据分析任务。

2. 在电商系统中的应用

在电商系统中，分布式搜索集群至关重要。例如，在用户搜索特定商品时，其查询会被发送到分布式搜索集群。分布式搜索集群快速地在数百万甚至数十亿的商品记录中搜索相关的商品，并将结果返给用户。

分布式搜索集群在电商系统中的具体应用如下。

- 搜索商品：电商系统分布式搜索集群可以快速、准确地搜索商品，支持基于品牌、价格、评价等多个维度的搜索。

- 提供实时的分析报告：可以分析用户行为和购买模式，为商家提供实时的销售数据和市场趋势分析。
- 实现个性化推荐：可以实现个性化的商品推荐，提高用户的购物体验和满意度。

假设我们正在开发一个电商系统，其中需要根据用户的搜索词来查找商品。以下代码展示了客户端如何与分布式搜索集群交互。

```python
# Python 伪代码 - 使用分布式搜索集群搜索商品
class SearchService:
    def __init__(self, search_cluster):
        self.search_cluster = search_cluster

    def search_products(self, query):
        # 向分布式搜索集群发送搜索请求
        search_results = self.search_cluster.search(query)
        return search_results

# 模拟分布式搜索集群
class SearchCluster:
    def search(self, query):
        # 在分布式搜索集群中执行搜索操作
        # 这里只是一个示意性的实现
        # 在实际应用中会涉及复杂的查询执行和结果聚合逻辑
        return "搜索结果列表"
```

在上述代码中，SearchService 类负责接收用户的搜索请求并与分布式搜索集群交互。当用户输入一个搜索词（如商品名称或描述）时，search_products()方法将该搜索词发送到分布式搜索集群（search_cluster）。

上述代码的执行过程如下。

（1）处理搜索请求。搜索服务在收到用户的搜索词时，会将这个词作为查询条件传递给分布式搜索集群。

（2）执行搜索。分布式搜索集群在收到查询请求后，会在其各个节点上执行搜索操作。这些节点可以并行搜索，并返回各自的结果。

（3）返回结果。分布式搜索集群将来自各个节点的结果聚合成最终的搜索结果列表，并将其返给搜索服务。随后，搜索服务将这些结果展示给用户。

2.1.9 服务配置与管理

想象一下，一个电商系统就像一座繁忙的购物中心，而在这座购物中心的中央控制室中会进行服务配置与服务管理——商铺（服务）的开关、照明（资源分配）和广播（通信）都得到精确的控制。

1. 服务配置的作用

- 统一管理：在电商系统中，服务配置作为一个集中的工具，帮助开发团队统一管理和维护所有服务的设置，包括数据库的连接信息、外部 API 的访问密钥、功能开关等关键参数。
- 灵活调整：开发团队可以利用服务配置来动态地调整服务的运行时行为，而无须进行代码修改。例如，如果需要更改某个服务的响应时间或功能特性，则团队可以直接通过修改配置文件或配置界面来实现，而不必重新编写或部署代码。

2. 服务管理的作用

- 保障稳定运行：服务管理确保所有服务都运行在最佳状态，监控系统性能，并在出现问题时及时干预。
- 资源优化：有效的服务管理可以根据流量和用户需求动态分配资源。例如，在电商大型促销活动期间，将较多的资源分配给订单处理和支付系统。

例如，一个电商系统正在准备促销活动。在这个关键时刻，服务配置与管理就显得至关重要。假设平台决定在促销期间推出一个新的推荐算法，开发团队可以通过更改配置文件来启用这个新功能（代码如下），而无须重新部署整个服务。

```
# 配置文件示例- config.yaml
features:
  new-recommendation - engine: true
```

在促销期间，流量激增，服务管理系统可以自动扩展服务实例来应对这种情况（代码如下），就像购物中心在繁忙时增加收银台和安保人员一样。

```
# 伪代码示例 - 动态扩展服务实例
if (currentTraffic > trafficThreshold) {
  scaleService("order - processing", instances + 10);
}
```

在这样一个繁忙的电商系统中，服务配置与管理可以确保每部分都按预期工作，同时根据实时数据做出快速反应。

2.1.10　服务注册与发现

想象一下，电商系统的后端系统像一个繁忙的市场，每个摊位（服务）都有自己的特色商品（功能）。在这个市场中，服务注册与发现就像市场的信息中心，它帮助顾客（客户端）找到他们需要的摊位。没有信息中心，顾客可能会在众多摊位中迷路，而摊主（服务）也可能错过潜在的顾客。

服务注册与发现流程如图 2-11 所示。

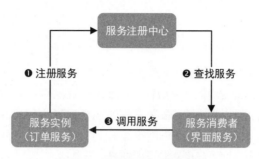

图 2-11　服务注册与发现流程

在一个电商系统中，通常会有许多不同的服务协同工作，例如用户认证服务、商品浏览服务、订单处理服务、支付服务等。这些服务都需要有效地相互发现和通信，以提供顺畅的用户体验。这就是服务注册与发现发挥作用的地方。

1. 服务注册

服务注册中心负责存储所有服务实例的信息，并在被查询时提供这些信息。服务注册中心知道每个服务的位置和状态。

（1）服务注册的作用。

- 自我介绍：当一个服务（如订单处理服务、支付服务）启动时，它在服务注册中心登记自己的信息，包括服务的 IP 地址、端口等。这相当于告诉服务注册中心："嘿，我在这里，这是我的联系方式。"

- 实时更新：服务的状态和信息会实时更新到服务注册中心。如果服务发生变化或重新部署，则这些信息会被及时更新。

（2）服务注册的过程。

假设电商系统刚刚部署了一个新的订单处理服务。在服务启动时，它执行以下操作。

①启动订单处理服务。之后服务开始运行，并初始化其核心功能。

②注册到服务注册中心。服务将自己的 IP 地址和端口信息发送到服务注册中心。

```
# Python 伪代码示例 - 服务注册
service_registry.register("OrderService", "http://192.168.1.5:8080")
```

③周期性健康检查。订单处理服务定期向服务注册中心发送心跳信号，表明它仍然运行正常。

2. 服务发现

（1）服务发现的作用。

- 找到所需服务：其他服务可以通过服务发现机制查询服务注册中心，找到它们需要交互的服务实例的详细信息。例如，用户界面服务需要找到订单处理服务来完成用户的购买请求。

- 动态连接：在微服务架构中，服务的位置和实例可能会动态变化。服务发现允许系统灵活地找到并连接正确的服务实例。

例如，在电商系统的促销活动中，服务注册与发现尤为重要，因为这时系统的负载急剧增加，许多服务需要扩展和动态调整。当新的订单处理服务实例启动以应对大量的订单时，它们会自动在服务注册中心注册自己的存在和地址。

```
// Java 伪代码示例 - 服务注册
ServiceRegistry.register("order-service", "192.168.1.5:8080");
```

用户界面服务在处理用户的购买请求时，会通过服务发现机制查询当前可用的订单处理服务。

```
// Java 伪代码示例 - 服务发现
String orderServiceUrl = ServiceDiscovery.find("order-service");
```

（2）服务发现的过程。

现在，假设用户界面服务需要调用订单处理服务来处理一笔订单。它将执行以下操作。

①查询服务注册中心。用户界面服务询问服务注册中心订单处理服务的位置和状态。

```
# Python 伪代码示例 - 服务发现
order_service_url = service_registry.discover("OrderService")
```

②获取订单服务信息。服务注册中心返回订单处理服务的最新信息，包括其 IP 地址和端口信息。

③用户界面服务调用订单处理服务。得到所需信息后，用户界面服务就能直接与订单处理服务通信，完成订单的处理。

这个过程的优点在于，即使订单处理服务的地址发生变化（例如扩展或维护），用户界面服务仍然可以通过查询服务注册中心获得最新信息，确保通信的连续性和系统的稳定性。

> **提示**　在这个电商系统的例子中，服务注册与发现机制就像一个高效的信息和通信中心，它确保每个服务都能被及时地找到并且可以相互沟通。这对于维持电商系统的高效运行至关重要，因为它允许各服务灵活地扩展和调整，同时保持系统的整体协调和一致性。无论用户在进行简单的商品浏览还是复杂的订单处理，服务注册与发现机制都在幕后确保一切顺利进行。

2.1.11　服务治理与监控

想象一下，一个电商系统就像一场大型的音乐会，其中每个服务都是一个乐器，服务治理与监控则是指挥和音响师。没有指挥和音响师的精确调控，音乐会可能就会变成杂乱无章的噪声。服务治理与监控确保每个"乐器"（服务）都能和谐地演奏，创造出美妙的"音乐"（用户体验）。

（1）服务治理的作用。

- 规范服务行为：服务治理定义了如何管理和控制服务，包括服务的部署、版本管理、流量控制等。就像指挥确定每个乐器何时演奏，以及如何演奏。
- 确保服务质量：通过规范，服务治理确保了服务的稳定性、可靠性和性能。这就像确保每个乐器都调校得当，准备就绪。

（2）服务监控的作用。

- 实时监控服务健康：服务监控不断地检查系统的健康状况，包括服务的响应时间、错误率等。
- 故障诊断与预警：当系统出现问题时，监控系统能够快速定位问题并发出预警。

例如，在电商系统的双十一促销活动期间，服务治理与监控尤为关键，因为此时系统会面临巨大的压力。为了应对激增的流量，电商系统可能会提前部署更多的服务实例，并使用流量控制策略来优化资源利用，代码如下。

```
# 伪代码示例 - 服务流量控制
policies:
- service: order-service
  policy: rate-limit
  value: 1000r/s
```

在促销期间，监控系统会实时监测各项指标，如订单服务的响应时间和错误率。一旦发现异常，则立即通知运维团队进行处理，代码如下。

```
# 伪代码示例 - 监控告警
if (orderService.responseTime > 300ms) {
  alert("Order Service Response Time High");
}
```

在这个关键时期，服务治理与监控不仅确保了系统的稳定运行，还能及时发现并处理问题，保障了用户在购物盛宴中的顺畅体验。

2.1.12 服务追踪

在繁忙的电商系统上，每一次用户的点击、每一个订单的生成，都是一个复杂的故事线索，服务追踪帮助我们理解这些细节，确保整个故事的顺利进行。

1. 服务追踪的作用

- 全面了解请求流程：服务追踪允许我们看到一个请求从开始到结束经过的每个服务，以及在每个服务中的处理时间。
- 性能瓶颈分析：通过追踪数据，我们可以发现系统的性能瓶颈，如哪些服务响应时间过长。
- 故障定位：当系统出现问题时，服务追踪帮助我们快速定位问题所在的服务。

2. 在电商系统中的应用

假设在电商系统的促销活动期间，用户在结账时遇到了延迟。此时服务追踪就显得尤为重要。从用户单击"结账"按钮开始，服务追踪会记录这个请求经过的每个服务，如用户认证服务、订单服务、支付服务等，代码如下。

```
{
  "traceId": "abc123",
  "spans": [
    { "service": "Authentication", "duration": "50ms" },
    { "service": "Order", "duration": "300ms" },
    { "service": "Payment", "duration": "500ms" }
  ]
}
```

通过追踪数据，我们发现支付服务的响应时间远高于其他服务，这指出了性能瓶颈所在。

定位到问题后，团队可以对支付服务进行优化，如增加更多服务器来处理支付请求，或优化支付处理的逻辑。

2.2　一张图看懂分布式架构的组成

本节借助一张图来揭示高并发系统中各个组件的作用和相互关系。

分布式架构的精妙之处在于：它的多组件合作方式使得整个系统能够高效地处理成千上万的用户请求，同时保障系统的稳定性和可扩展性，如图 2-12 所示。

以电商系统为例，各个组件在系统中承担的主要职责如下。

1. 应用服务拆分

分布式架构的第一步是将单个、庞大的应用拆分成多个独立的服务，每个服务都负责系统中的一个具体功能，如用户认证、订单管理等。这种拆分增加了系统的灵活性——每个服务都可以独立地开发、部署和扩展。

2. 分布式调用

拆分的服务间的通信变得至关重要。分布式调用涉及 API 网关、RPC 远程调用等技术，使得某个服务可以调用其他服务。例如，当用户下单时，订单服务需要调用库存服务来检查商品是否可用。

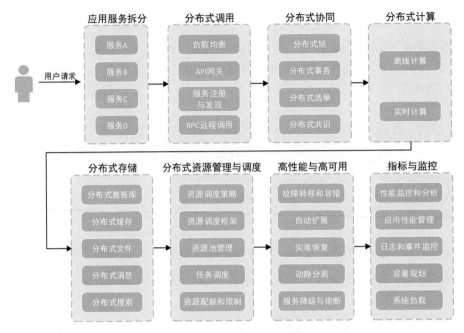

图 2-12　分布式架构的组成

3．分布式协同

为了让拆分的服务可以协同工作，需要让它们根据一定的逻辑和顺序进行交互。分布式协同涉及分布式锁、分布式事务等复杂的过程。

4．分布式计算

在处理数以百万计的商品和用户数据时，计算需求非常之多。分布式计算能够将这些计算任务分散到多个处理节点进行并行计算，提高效率。

5．分布式存储

电商系统存储了大量的数据，包括商品详情、用户信息和交易记录。分布式存储系统（包括分布式数据库和分布式文件系统）确保了数据的高速存取、冗余备份和灾难恢复。

6．分布式资源管理与调度

随着电商系统规模的扩大，对资源（如计算、存储、网络带宽）的需求也在不断增多。分布式资源管理与调度负责分配这些资源，确保各服务按需获取足够的资源。

7．高性能与高可用

在促销等高并发场景下，系统的性能和可用性尤为重要。分布式架构通过冗余设计、负载均衡和自动故障转移等机制，保证了系统的高性能和高可用。

8. 指标与监控

监控系统会收集服务的实时指标，如响应时间、错误率和资源使用率，以便开发和运维团队及时发现并解决问题。

2.3　一张图看懂本书的核心内容

本节在图 2-12 的基础上进一步细分，站在架构分层的角度讲解分布式架构涉及的核心技术，也是本书的核心内容，如图 2-13 所示。

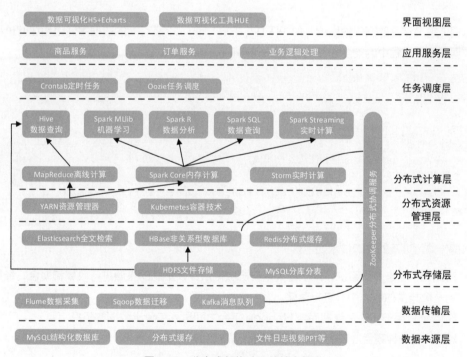

图 2-13　分布式架构涉及的核心技术

1. 数据来源层

数据来源层是数据生命周期的起点。在电商系统中，数据可以有多种来源，包括用户生成的内容（如商品评价、用户个人信息）、商家上传的商品信息、交易数据、网站日志等。这些数据可能是结构化的（存储在数据库中），也可能是非结构化的（存储在文件系统中），代码如下。

```python
# Python 伪代码 - 数据采集
class DataCollector:
    def collect_user_data(self, user):
        # 从用户界面获取数据
        pass

    def collect_transaction_data(self, transaction):
        # 从交易系统获取数据
        pass

    def collect_web_logs(self, logs):
        # 从服务器日志获取数据
        pass
```

2. 数据传输层

数据传输层涉及数据传输协议（如 HTTP、FTP 等），以及可能的数据序列化和加密过程，以确保数据在传输过程中的安全性和完整性，代码如下。

```python
# Python 伪代码 - 数据传输
import requests

def transfer_data(data):
    # 序列化数据
    serialized_data = serialize(data)
    # 发送数据到服务器
    response = requests.post("http://data-storage-service.com/data",
json=serialized_data)
    return response.status_code
```

数据传输层涉及的关键技术如下。

- Flume：日志收集系统，用于将大量日志数据从许多不同的来源进行收集和聚合，最终移动到一个集中的数据中心进行存储。
- Sqoop：用于在关系数据库与 Hadoop 平台之间导入和导出数据的工具。
- Kafka：一种高吞吐量的分布式发布订阅消息系统。

3. 分布式存储层

数据进入系统后，首先进入分布式存储层，被存储在多个服务器上。这一层涉及分布式数据库、分布式文件系统等技术。这一层的关键是确保数据的高可用性和一致性，同时提供快速访问以响应来自应用服务层的查询，代码如下。

```python
# Python 伪代码 - 分布式存储
class DistributedStorageService:
```

```
def save_data(self, key, data):
    # 将数据保存到分布式存储系统
    pass

def retrieve_data(self, key):
    # 从分布式存储系统获取数据
    pass
```

分布式存储层涉及的关键技术如下。

- HDFS（Hadoop Distributed File System）：提供高吞吐量访问的分布式文件系统。
- HBase：可伸缩的分布式数据库，支持大型表的结构化数据存储。底层使用 HDFS 存储数据，同时依赖 ZooKeeper 协调集群中的服务。
- Elasticsearch：基于 Lucene 的分布式全文搜索引擎。
- Redis：开源的、基于内存的键值存储系统，以高性能和灵活性而闻名。Redis 的数据通常存储在内存中，这使得它能提供极高的读写速度，非常适合需要快速访问的场景，如即时排行榜信息存储等。

4. 分布式资源管理层

这一层管理分布式系统中的资源（计算资源、存储资源和网络资源）。在电商系统中，这一层可能涉及容器编排工具（如 Kubernetes）。利用容器编排工具可以动态分配资源给不同的服务和应用，确保它们按需获得必要的资源，代码如下。

```
# Python 伪代码 - 资源管理
class ResourceManager:
    def allocate_resources(self, service_name, resources_needed):
        # 分配资源给服务
        pass
```

分布式资源管理层涉及的关键技术如下。

- YARN：用于任务调度和集群资源管理的框架。
- Kubernetes：开源的容器编排平台，用于自动部署、扩展和管理容器化应用。

5. 分布式计算层

当数据需要被处理时，它们会被发送到分布式计算层。在这里，在多个计算节点并行执行计算任务，代码如下。

```
# Python 伪代码 - 分布式计算
class DistributedComputation:
    def execute_computation(self, computation_task):
        # 在分布式节点上执行计算任务
        pass
```

分布式计算层涉及的关键技术如下。

- MapReduce：在 YARN 之上，用于并行处理大型数据集的系统。
- Hive：基于 Hadoop 的数据仓库工具，可以将结构化的数据文件映射为一张数据库表，并提供简单的 SQL 查询功能，还可以将 SQL 语句转换为 MapReduce 任务运行。
- Storm：分布式的实时计算系统。
- Spark：Hadoop 的数据计算引擎。

6. 任务调度层

这一层的主要职责是管理和安排各种后台计算任务的执行，核心作用如下。

- 任务分配：确定哪些任务需要执行，以及这些任务应该由系统中的哪个部分或服务来完成。
- 调度策略：制定任务执行的顺序和时间表，确保任务能够根据优先级和资源可用性得到合理调度。
- 资源优化：确保任务在执行时能够高效利用系统资源，避免资源冲突和浪费。

在电商系统中，这一层可能包括以下任务。

- 用户行为分析任务：定期收集和分析用户行为数据，如点击率、浏览历史和购买模式，以优化推荐算法和提升用户体验。
- 营销活动任务：根据市场策略和用户行为的分析结果，安排发送促销邮件、发放优惠券和投放社交媒体广告等营销活动。
- 数据备份和维护任务：确保系统数据的安全性和完整性，安排定期的数据备份和系统维护任务。

以下是任务调器的伪代码。

```python
# Python 伪代码 - 任务调度器
class TaskScheduler:
    def schedule_task(self, task, schedule_time):
        # 安排任务在特定时间执行
        pass
```

7. 应用服务层

这一层包括具体的业务逻辑和服务。它将任务调度层的结果和分布式存储层的数据结合起来，执行具体的业务逻辑，如处理订单、更新库存、生成用户界面所需的数据等。以下是处理订单逻辑的伪代码。

```python
# Python 伪代码 - 业务逻辑
class OrderService:
    def process_order(self, order_data):
        # 处理订单逻辑
```

```
    pass
```

8. 界面视图层

在这一层，处理后的数据被转化为用户界面的组件，如商品列表、购物车、订单确认页面等。这些组件通过 Web 前端技术（如 HTML、CSS、JavaScript 框架等）构建，并通过浏览器展示给用户，代码如下。

```html
<!-- HTML/CSS/JavaScript 伪代码 - 用户界面 -->
<!DOCTYPE html>
<html lang="en">
<head>
    <meta charset="UTF-8">
    <title>Product Page</title>
</head>
<body>
    <div id="product-list"></div>

    <script>
        // JavaScript - 在界面上展示商品信息
        function displayProducts(products) {
            const productList = document.getElementById('product-list');
            products.forEach(product => {
                productList.innerHTML+=`<p>${product.name}-
${product.price}</p>`;
            });
        }
    </script>
</body>
</html>
```

上面介绍的这 8 层共同构成了一个高效、可靠的电商系统，保证了用户在发起请求和与电商系统进行交互时，能够得到实时、准确、个性化的响应。

在实际的开发环境中，需要考虑如何使用特定的数据库、分布式存储解决方案、计算框架（如 Apache Spark 或 Hadoop）和任务调度器（如 Kubernetes 或 Apache Airflow）来构建系统。此外，前端界面将由前端开发框架（如 React、Vue.js）来构建，并与后端服务通过 API 进行通信。

> **提示**　接下来的章节将聚焦于图 2-13 中描绘的分布式存储层，以及与它们紧密相连的相关技术。
>
> 随着阅读的深入，你将全面理解这些技术的工作原理。笔者鼓励你在阅读的过程中积极思考，并通过实际的编程练习将这些原理应用到自己的项目中。

第 3 章
微服务间的交互

本章将深入探讨微服务间的交互机制，这是构建高效、可靠的电商系统的关键。

本章着重讲解为何微服务间需要交互，以及它们如何通过同步和异步通信方式相互协作，以及如何选择合适的通信协议。

3.1 为何微服务间需要交互

在微服务架构中，每个服务就像一个拼图块，只有将它们拼起来进行精确的交互才能组合成完整的业务画面。这种交互不仅包括数据的共享和传递，还包括服务之间的相互依赖和协作。

3.1.1 对比单体应用与微服务应用的交互模式

下面详细探讨这两种架构下服务交互模式的差异，以及其对系统设计和运行的影响。

1. 单体应用的交互模式

图 3-1 展示了一个单体应用内的不同服务（例如用户服务、订单服务、产品服务和支付服务）是如何紧密集成在一起的。

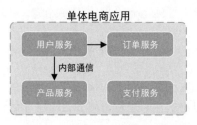

图 3-1 单体应用的交互模式

在一个单体架构的电商系统中，用户服务、订单服务、产品服务、支付服务等都由同一个应用处理。其特点如下。

- 内部调用：服务间的交互通常通过内部函数调用实现，没有网络延迟。
- 数据共享：所有的服务都共享一个数据库，易于数据访问和管理。
- 部署简单：整个应用作为一个整体进行部署，简化了部署流程。
- 性能瓶颈：随着功能增加，应用会变得庞大，性能和可维护性会出现问题。

假设有一个单体架构的电商系统，其中包含用户管理和订单处理功能，代码如下。

```python
# Python 伪代码 - 单体应用
class ECommerceApplication:
    def process_order(self, user_id, product_id):
        user = self.get_user(user_id)
        product = self.get_product(product_id)
        if user and product:
            # 处理订单逻辑
            return "订单处理成功"
        return "订单处理失败"

    def get_user(self, user_id):
        # 获取用户信息的逻辑
        return {"id": user_id, "name": "Alice"}

    def get_product(self, product_id):
        # 获取产品信息的逻辑
        return {"id": product_id, "name": "Laptop", "stock": 20}

# 使用单体应用处理订单
app = ECommerceApplication()
result = app.process_order(user_id=1, product_id=101)
```

在上述代码中，所有的逻辑都被封装在一个 ECommerceApplication 类中。process_order() 方法直接调用同一个类中的其他方法来处理订单。

2. 微服务应用的交互模式

微服务电商系统包含多个服务（如用户服务、订单服务和产品服务），每个服务都独立运行，并通过网络交换数据，如图 3-2 所示。

图 3-2 微服务电商系统的交互模式

这种架构方式带来了不同的交互模式，其特点如下。

- 网络通信：服务间通过网络进行通信，通常使用 RESTful API、消息队列等。
- 数据库分离：每个服务通常都有自己的数据库，保证了数据的自治和封装。
- 部署灵活：每个服务都可以独立部署和扩展，以适应不同的负载需求。
- 复杂的服务协调：需要有效管理服务间的依赖关系和通信标准。

用户服务（UserService）的代码如下。

```python
# Python 伪代码 - 用户服务
class UserService:
    def get_user(self, user_id):
        # 获取用户信息的逻辑
        return {"id": user_id, "name": "Alice"}
```

订单服务（OrderService）的代码如下。

```python
# Python 伪代码 - 订单服务
import requests

class OrderService:
    def process_order(self, user_id, product_id):
        user = requests.get(f"http://user-service/get_user/{user_id}").json()
        product =
requests.get(f"http://product-service/get_product/{product_id}").json()
        if user and product:
            # 处理订单的逻辑
            return "订单处理成功"
        return "订单处理失败"
```

在上述代码中，OrderService 通过网络请求与 UserService 交互来获取用户信息。服务间通过 API 进行通信，每个服务都独立运行且拥有自己的数据库和业务逻辑。

提示　在单体应用中，服务间通过内部函数调用进行交互；在微服务应用中，服务间通过网络请求进行交互。在电商系统中，这种差异对于系统设计和性能有着重要影响。

3.1.2　在电商系统中，用户下单业务的服务交互流程

在电商系统中，一般有用户服务、产品服务、订单服务、支付服务。它们有效地交互以完成整体业务流程。例如，当用户在电商系统下订单时，会涉及以下交互。

（1）用户选择商品并通过订单服务创建订单。

（2）订单服务通过用户服务进行权限验证。

（3）订单服务通过产品服务扣减库存。

（4）在创建订单后，订单服务通过支付服务处理支付信息。

在这个过程中，各个服务共享数据和状态，如用户身份信息、商品库存信息和支付状态。整个交互流程如图 3-3 所示。

图 3-3　用户下单业务的服务交互流程

实现服务间有效交互的常见方法是通过 API（应用编程接口）。例如，当用户下单时，订单服务可能需要调用用户服务的 API 来验证用户信息，再调用产品服务的 API 来确认商品库存，代码如下。

```python
# Python 伪代码 - 订单服务调用用户服务和产品服务
class OrderService:
    def create_order(self, user_id, product_id):
        # 验证用户信息
        user_valid =
requests.get(f"http://user-service/validate/{user_id}").json()
        # 确认商品库存
        product_available =
requests.get(f"http://product-service/check_stock/{product_id}").json()
        if user_valid and product_available:
            # 处理订单逻辑
```

```
        return "订单创建成功"
    return "订单创建失败"
```

3.1.3 【实战】基于 Spring Cloud 实现服务之间的交互

本节通过具体的代码来展示如何在电商系统中实现服务之间的交互，将重点关注一个常见的业务场景：用户在电商系统上浏览商品、添加到购物车，并最终完成购买。

1. 场景设定

假设电商系统有几个服务：产品服务（ProductService）、购物车服务（CartService）、订单服务（OrderService）、支付服务（PaymentService）。

这几个服务之间的交互流程如下，如图 3-4 所示。

（1）用户添加商品到购物车。用户通过 CartService 选择商品，该服务调用 ProductService 以获取商品详情。

（2）创建订单。用户决定结账，通过 OrderService 创建订单，该服务可能需要调用 CartService 和 ProductService 以获取购物车中的商品详情。

（3）处理支付。在订单创建过程中，OrderService 将调用 PaymentService 来处理支付。

图 3-4　服务交互流程

2. 业务流程实现

Spring Cloud 是基于 Spring Boot 的一套微服务工具集，它提供了在分布式系统中常用的多种模式的实现。使用 Spring Cloud，可以更容易地构建一些符合云原生应用的分布式系统，它对微服务架构中的服务注册与发现、配置管理、消息路由、负载均衡、断路器等模式提供了"开箱即用"的支持。

下面的代码使用 Spring Cloud 展示了在用户添加商品到购物车并下单时这些服务是如何交互的，并演示了一个微服务的基本构成和运作方式。

（1）产品服务。

产品服务（ProductService）的主要功能是提供产品信息。当外部服务或客户端发出请求查询特定产品的信息时，产品服务会响应该请求，并返回相关的产品数据。

下面使用 Spring Boot 和 Spring Cloud 快速搭建一个能够响应 HTTP 请求并返回数据的产品服务。

```java
// 标记为控制器组件，用于处理 HTTP 请求
@RestController
// 定义类级别的请求映射路径
@RequestMapping("/product")
public class ProductService {

    // 映射 HTTP GET 请求到具体的方法，处理获取产品信息的请求
    @GetMapping("/{productId}")
    public Product getProduct(@PathVariable String productId) {
        // 返回产品信息，在实际应用中，这里可能会连接数据库以获取数据
        return new Product(productId, "Laptop", 999);
    }
}

// 简单的产品类，包含产品的基本信息
class Product {
    private String id;
    private String name;
    private int price;

    // 构造函数
    public Product(String id, String name, int price) {
        this.id = id;
        this.name = name;
        this.price = price;
    }

    // Getter() 方法和 Setter() 方法省略
}
```

该服务的主要功能如下。

- 接收来自客户端或其他服务的 HTTP GET 请求。
- 根据请求中的参数（如产品 ID）执行业务逻辑，这里返回一个预定义的产品信息。
- 将结果以 JSON 格式返给请求方。

以下是该服务从接收请求到返回响应的整体流程。

①启动服务。

在运行该 Java 程序时，SpringApplication.run()方法会启动 Spring Boot 应用。Spring Boot 会自动配置必要的组件（如内嵌的 Tomcat 服务器）。

②处理 HTTP 请求。

Spring Boot 应用在启动后，会监听来自客户端的 HTTP 请求（例如一个 GET 请求 /product/{productId}）。当有针对产品信息的请求到达时，Spring 的 DispatcherServlet 会收到这个请求。

③映射请求到控制器方法。

DispatcherServlet 会根据请求的 URL 和 HTTP 方法查找相应的处理方法。在这个示例中，它会匹配到 ProductService 类中的 getProduct()方法。

④执行业务逻辑。

getProduct()方法被调用，接收 productId 作为参数。在这个方法内部包含获取产品信息的逻辑。在上述简化示例中，直接创建并返回了一个 Product 对象。在实际应用中，这里可能会涉及查询数据库或调用其他服务获取数据。

⑤返回响应。

返回的 Product 对象会被 Spring 自动转换为 JSON 格式（由于@RestController 注解的作用），之后作为 HTTP 响应的 body 部分发送回客户端。

⑥客户端接收响应。

客户端（如浏览器、其他服务或应用）在收到响应后，会根据需要处理或显示返回的产品信息。

在实际的电商系统中，这个产品服务可能会更加复杂和强大，包括但不限于：

- 从数据库或其他数据源动态获取产品信息。
- 处理更多种类的请求（如 POST、PUT 和 DELETE 请求），以支持产品的添加、更新和删除等操作。
- 集成服务注册与发现机制，使其能够在微服务架构中被其他服务发现和调用。
- 实现安全性和权限控制，确保数据的安全性和服务的可靠性。
- 加入错误处理和日志记录，增强服务的健壮性和可维护性。

通过这样的服务设计，微服务架构能够提供高度的可扩展性和灵活性，非常适合复杂的电商系统环境。

（2）购物车服务。

购物车服务（CartService）是电商系统中的一个关键组件，负责管理用户的购物车。购物车服务需要调用产品服务来获取商品信息。

```
@RestController
@RequestMapping("/cart")
public class CartService {

    @Autowired
    private RestTemplate restTemplate;

    @PostMapping("/add")
    public String addToCart(@RequestParam String userId, @RequestParam String
productId) {
        Product product =
restTemplate.getForObject("http://product-service/product/" + productId,
Product.class);
        // 将产品添加到购物车的逻辑
        return "商品添加到购物车";
    }
}
```

购物车服务的主要功能是处理用户"将商品添加到购物车"的操作。当用户选择一个商品时,购物车服务会被调用来执行"将商品添加到购物车"的操作。

以下是购物车服务从接收请求到返回响应的整体流程。

①接收"将商品添加到购物车"的请求。

当用户选择添加商品到购物车时,前端应用会发送一个 HTTP POST 请求到/cart/add,请求中携带了用户 ID 和产品 ID。

②调用产品服务获取商品信息。

购物车服务在收到请求后,会使用 RestTemplate 调用产品服务。这是一个服务间的同步 HTTP 调用,用于获取被添加商品的详细信息。在实际应用中,调用可能包括获取产品的价格、描述、库存等信息。

③处理业务逻辑。

购物车服务在收到产品服务返回的产品信息后,将执行"将商品添加到购物车"的操作。这通常包括检查商品库存、更新用户购物车中的商品列表、计算购物车总价等。

④返回响应。

一旦商品被成功添加到购物车,购物车服务会返回一个确认消息(例如"商品已添加到购物车")。这个响应会发送回发起请求的客户端(通常是用户的浏览器或移动应用)。

在真实环境中，购物车服务可能还包含其他复杂的功能，具体如下。

- 管理购物车状态：例如保存购物车的内容，以便用户稍后返回时可以看到之前添加的商品。
- 处理优惠和促销：根据当前的促销活动自动应用折扣。
- 集成用户服务：验证用户的身份，确保购物车操作的安全性。
- 容错机制：处理产品服务不可用的情况，确保用户体验的连贯性。
- 日志记录和监控：记录操作日志，监控服务性能和异常。

通过这样的设计和实现，购物车服务在电商系统中扮演着核心角色，不仅提供基本的购物车管理功能，还与其他服务（如产品服务、用户服务）紧密协作，共同提升整个电商系统的用户体验和运行效率。

（3）订单服务。

订单服务（OrderService）用于处理创建订单的请求。

```java
@RestController
class OrderService {

    private final PaymentClient paymentClient;  // 注入 Feign 客户端
    public OrderService(PaymentClient paymentClient) {
        this.paymentClient = paymentClient;  // 通过构造器注入 Feign 客户端
    }

    @PostMapping("/create-order")
    public String createOrder(@RequestBody OrderRequest request) {
        // 使用 Feign 客户端调用支付服务
        PaymentStatus paymentStatus =
paymentClient.processPayment(request.getUserId(), request.getTotalPrice());

        if ("success".equals(paymentStatus.getStatus())) {
            return "订单创建成功";
        } else {
            return "订单创建失败";
        }
    }
}

// 定义 Feign 客户端接口
@FeignClient(name = "payment-service")
interface PaymentClient {
    @RequestMapping(method = RequestMethod.POST, value = "/pay")
    PaymentStatus processPayment(String userId, double amount);
}
```

```
class OrderRequest {
    private String userId; //用户 ID
    private double totalPrice; //订单总价

    // Getter()方法和 Setter()方法省略
}

class PaymentStatus {
    private String status; //支付状态

    // Getter()方法和 Setter()方法省略
}
```

订单服务接收包含用户 ID 和订单总价的请求体，通过 Feign 客户端 PaymentClient（定义了对支付服务的远程调用。@FeignClient 注解指定服务名称，方法定义了调用的细节）与支付服务进行交互，处理支付逻辑。根据支付服务返回的状态（成功或失败），订单服务将返回订单创建的结果。

以下是订单服务从接收请求到返回响应的整体流程。

①订单服务启动。通过 SpringApplication.run()方法启动 Spring Boot 应用，并启用 Feign 客户端。

②接收创建订单请求。用户请求创建订单，订单服务的 createOrder()方法被调用。它接收包含用户 ID 和订单总价的请求体。

③调用支付服务。通过注入的 PaymentClient（一个 Feign 客户端），createOrder()方法调用远程的支付服务。Feign 客户端抽象了 HTTP 请求的细节，使得远程服务调用更简洁。

④处理支付结果。根据支付服务返回的状态，createOrder()方法返回"订单创建成功"或"订单创建失败"。

通过这种实现方式，订单服务可以优雅地与支付服务进行通信，这在微服务架构中提供了更高的可读性和维护性。

（4）支付服务。

支付服务（PaymentService）处理来自订单服务的支付请求，它接收包含用户 ID 和支付金额的请求体。

```
@RestController
class PaymentService {

    @PostMapping("/pay")
```

```java
    public PaymentStatus processPayment(@RequestBody PaymentRequest request) {
        // 模拟支付处理逻辑
        return new PaymentStatus("success");
    }
}

class PaymentRequest {
    private String userId; //用户 ID
    private double amount; //支付金额
    // 构造函数、Getter()方法和 Setter()方法省略
}

class PaymentStatus {
    private String status;
    // 构造函数、Getter()方法和 Setter()方法省略
}
```

以下是支付服务从接收请求到返回响应的整体流程。

①启动服务。使用 SpringApplication.run()方法启动 Spring Boot 应用。

②接收支付请求。当订单服务请求支付处理时，PaymentService 的 processPayment()方法被调用。

③执行支付逻辑。在方法内部进行支付处理。在实际应用中，这可能涉及与外部支付网关的交互。

④返回支付结果。支付处理完成后，返回一个 PaymentStatus 对象，表示支付结果（如 success）。

该支付服务示例展示了如何使用 Spring Boot 创建一个处理支付请求的简单服务。在微服务架构中，支付服务可以被订单服务调用来完成交易过程。尽管这是一个简化的示例，但它清楚地说明了如何通过 Spring Cloud 构建微服务，处理核心业务逻辑，并与其他服务进行交互。

3. 其他配置

本示例展示了在电商系统中，服务如何通过网络请求进行交互，完成复杂的业务流程。每个服务都独立管理其职责范围内的业务逻辑，通过 API 调用与其他服务协作，共同完成用户的购物流程。通过这种方式，电商系统能够灵活地扩展和维护各个服务，同时保持整个系统的高效和稳定。

为了使这些服务能够相互发现并进行通信，在实际应用中还需要设置 Spring Cloud Netflix Eureka 作为服务注册与发现的解决方案，并使用 Spring Cloud OpenFeign 进行声明式的 REST 客户端创建。Spring Cloud 提供的丰富功能和模块化设计，是实现微服务架构的理想选择。

3.2　微服务间的通信方式——同步通信与异步通信

在深入探讨了微服务架构中服务间交互的重要性后，我们介绍微服务间的通信方式——同步通信与异步通信。

3.2.1　什么是同步通信

在微服务架构中，同步通信是一种广泛使用的通信方式，其核心在于请求和响应的直接关联性。

1. 同步通信的流程

在同步通信模型中，客户端服务在发出请求后需要等待响应。这种通信方式在许多交互式应用中非常普遍，如 Web 应用中的用户请求处理。每一步的请求和响应都是按顺序进行的，并且在得到响应前，后续的操作会被阻塞，这就是同步通信。

同步通信的流程如图 3-5 所示。

图 3-5　同步通信的流程

（1）客户端服务（例如一个用户界面或另一个微服务）发起一个请求到网关服务。

（2）网关服务在收到请求后，根据需要将该请求转发到适当的后端服务。

（3）后端服务处理收到的请求，并执行必要的业务逻辑，如数据库查询、数据处理等。

（4）后端服务在完成处理后，将响应结果返给网关服务。

（5）网关服务在收到后端服务的响应后，将响应返给最初发起请求的客户端服务。

（6）客户端服务收到响应后，根据响应内容进行下一步的操作或显示。

2. 同步通信的特点

同步通信的特点如下。

- 请求响应模型：同步通信遵循一种简单直接的模式，即发送方发出请求并等待接收方的响应。这种模式类似于常见的客户端与服务器交互。
- 实时性：同步通信提供实时或近实时的数据交换。发送方在发出请求后，会阻塞或等待直到收到响应。

- 直接性：由于同步通信的阻塞特性，它通常用于那些需要即时反馈的操作，例如表单提交、数据查询等。
- 简单性和直观性：同步通信易于理解和实现，因为它遵循了直接的逻辑流，即发送请求并获取响应。

3. 同步通信的应用场景

同步通信的应用场景如下。

- 用户交互操作：在电商系统中，用户登录、商品搜索、价格查询等场景需要快速响应，适合采用同步通信。
- 关键业务流程：对于那些需要即刻完成的业务逻辑，如订单确认、支付处理等，同步通信可以确保流程的连续性和一致性。
- 服务间依赖：在微服务架构中，如果一个服务的输出是另一个服务的输入，并且这两个服务之间的交互需要紧密协作，那么同步通信通常是首选。

3.2.2　同步通信在电商系统中的痛点

同步通信在电商系统中有如下痛点。

（1）性能存在瓶颈。在同步通信中，在一个服务等待另一个服务响应期间，相关的进程或线程将被阻塞。在电商系统的高峰时段，可能导致性能存在瓶颈。

（2）处理并发请求的效果有限。同步通信存在阻塞的特性，导致有时需要增加更多的服务实例，使得处理更多并发请求的效果可能有限。

（3）耦合度高。同步通信通常意味着服务间的紧密耦合。例如，订单服务在处理订单时可能需要同步调用库存服务和支付服务。这种紧密的依赖关系，使得维护和更新单个服务变得复杂。

（4）容错性差。如果一个关键服务（如支付服务）不可用，则会导致依赖它的其他服务（如订单服务）也无法正常工作。这种情况在同步通信中尤为突出，因为每个请求都直接依赖被调用服务的响应。

（5）影响用户体验。如果后端服务处理缓慢，则用户会感受到明显的延迟，使用户体验不好。在电商系统中，用户期望快速加载页面和得到即时响应，同步通信的延迟可能导致用户不满。

为了缓解这些问题，电商系统需要采用以下策略。

- 采用异步通信：对于非关键路径或可延迟处理的任务，可以采用异步通信来减少阻塞。
- 分解和优化服务：进一步分解服务，以及优化后端服务的性能以确保快速响应。
- 采用负载均衡和自动扩展：这样可以更好地应对高流量。

- 实施熔断机制：当某个服务出现问题时，可以将其"熔断"以避免系统受到进一步的影响。

3.2.3　【实战】基于 Spring Cloud 实现简单的同步通信

下面展示在电商系统中如何基于 Spring Cloud 实现简单的同步通信。

假设我们正在实现一个商品查询服务，客户端需要同步地从商品信息服务中获取数据。

商品信息服务提供了一个 RESTful API，用于返回指定 ID 的商品信息，代码如下。

```
import org.springframework.boot.SpringApplication;
import org.springframework.boot.autoconfigure.SpringBootApplication;
import org.springframework.web.bind.annotation.GetMapping;
import org.springframework.web.bind.annotation.PathVariable;
import org.springframework.web.bind.annotation.RestController;

@SpringBootApplication
public class ProductInfoServiceApplication {

    public static void main(String[] args) {
        // 启动 Spring Boot 应用
        SpringApplication.run(ProductInfoServiceApplication.class,args);
    }
}

@RestController
class ProductInfoController {

    @GetMapping("/product/{id}")
    public ProductInfo getProductInfo(@PathVariable String id) {
        // 从数据库或其他来源中获取商品信息
        return new ProductInfo(id, "商品名称", "商品描述", 99.99);
    }
}

class ProductInfo {
    private String id;
    private String name; // 商品名称
    private String description; // 商品描述
    private double price; // 商品价格
```

```
      // 构造函数、Getter()方法和 Setter()方法省略
}
```

使用 Feign 客户端同步调用商品信息服务的 API，并等待响应。Feign 客户端的代码如下。

```java
import org.springframework.boot.SpringApplication;
import org.springframework.boot.autoconfigure.SpringBootApplication;
import org.springframework.cloud.openfeign.EnableFeignClients;
import org.springframework.web.bind.annotation.GetMapping;
import org.springframework.web.bind.annotation.PathVariable;
import org.springframework.web.bind.annotation.RestController;
import org.springframework.beans.factory.annotation.Autowired;

@SpringBootApplication
@EnableFeignClients // 启用 Feign 客户端
public class ClientServiceApplication {

    public static void main(String[] args) {
        // 启动 Spring Boot 应用
        SpringApplication.run(ClientServiceApplication.class, args);
    }
}

@RestController
class ClientController {

    @Autowired
    private ProductInfoClient productInfoClient; // 注入 Feign 客户端

    @GetMapping("/fetch-product/{id}")
    public ProductInfo fetchProductInfo(@PathVariable String id) {
        // 通过 Feign 客户端同步调用商品信息服务
        return productInfoClient.getProductInfo(id);
    }
}

@FeignClient(name = "product-info-service", url = "http://localhost:8081") //
定义 Feign 客户端
interface ProductInfoClient {
    // 将 Feign 客户端方法映射到商品信息服务的端点
    @GetMapping("/product/{id}")
    ProductInfo getProductInfo(@PathVariable String id);
}
```

上述代码的执行流程如下。

（1）用户请求商品信息。用户通过客户端的"/fetch-product/{id}"端点请求商品信息。

（2）调用商品信息服务。使用 Feign 客户端同步调用商品信息服务的"/product/{id}"端点，并等待响应。Feign 客户端抽象了远程调用的细节，使得从客户端到后端服务的通信过程变得简单直接。

（3）返回商品信息。商品信息服务处理请求，返回商品详情，客户端服务在收到响应后，将商品信息返给用户。

> **提示** 同步通信特别适用于那些需要即时数据和操作的场景，如商品信息的查询和展示。通过 Spring Cloud 的 Feign 客户端，服务间的同步调用变得简单高效。

3.2.4 什么是异步通信

在电商系统中，异步通信提供了一种有效的方式来处理那些不需要即时响应的操作。这种通信方式在处理大量数据、长时间运行的任务，以及需要解耦服务间直接关系的场景中尤其有用。

1. 异步通信的特色与应用场景

异步通信的特色如下。

- 非阻塞操作：异步通信允许发送方在发送请求后继续其他操作，无须等待响应。
- 资源优化：由于请求不会导致发送方的线程阻塞，所以异步通信有助于更好地利用系统资源，提高吞吐量。
- 解耦服务：异步通信减少了服务间的直接依赖，有助于提高系统的灵活性和可扩展性。
- 容错性：异步通信可以提供更强的容错机制，如在使用消息队列时，即使某个服务暂时不可用，消息也可以被存储起来，待服务恢复后再进行处理。

异步通信的应用场景如下。

- 订单处理：在电商系统中，订单的创建和处理可以采用异步通信。在用户下单后，系统可以立即返回订单提交的确认，而订单的实际处理（如库存检查、支付处理）则在后台异步进行。
- 邮件通知：发送订单确认邮件、促销通知等可以采用异步通信，以避免阻塞主要的用户请求处理流程。
- 数据同步与报告：大规模数据的同步或复杂报告的生成通常是时间消耗型任务，适合采用异步通信。
- 第三方服务集成：与外部系统（如支付网关、物流服务）的集成可以采用异步通信，以缩短用户响应时间，提高系统的整体性能。
- 分析用户行为和实现个性化推荐：用户的行为数据被异步发送到消息队列，不会阻塞用户的操作。后台的数据分析服务异步处理这些数据，运用机器学习算法来生成个性化推荐。这种异步处理允许进行复杂的分析，而不影响前端的性能。

2. 异步通信的工作原理

异步通信的工作原理如图 3-6 所示。

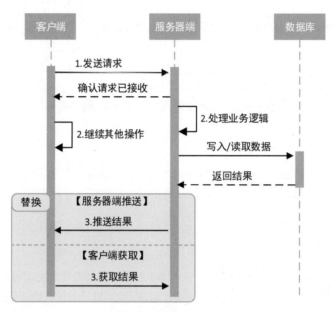

图 3-6 异步通信的工作原理

（1）客户端发送请求。

客户端向服务器端发送请求，如提交订单、获取数据或更新信息。服务器端在收到客户端的请求后，会立即向客户端返回一个响应，确认请求已接收。

（2）客户端继续其他操作。

客户端不需要等待服务器端完成请求的处理，就可以继续其他操作。这是异步通信的关键，使得客户端不会因为等待响应而被阻塞。

服务器端在后台处理业务逻辑，这通常涉及对数据库的操作，如写入新数据或读取现有数据。

（3）客户端得到请求结果。

服务器端处理完请求后，客户端将得到请求结果，包括以下两种方式。

- 服务器端推送结果：服务器端向客户端推送结果。这可以通过回调函数、WebSocket、服务器推送（如 Server-Sent Events）或其他事件驱动的方式实现。
- 客户端主动获取结果：客户端主动向服务器端发送请求以获取结果。

3.2.5　异步通信的实现方式 1——消息队列

使用 Spring Boot 配合 RabbitMQ 消息队列可以实现异步消息发送，代码如下。

```
@RestController
public class OrderController {

    @Autowired
    private RabbitTemplate rabbitTemplate;

    @PostMapping("/create-order")
    public String createOrder(@RequestBody OrderInfo orderInfo) {
        // 发送订单信息到消息队列
        rabbitTemplate.convertAndSend("orderQueue", orderInfo);
        return "订单提交成功";
    }
}
```

在这段代码中，当用户提交订单时，订单服务不会同步处理整个订单流程。它会将订单信息发送到一个消息队列中，并立即返回响应给用户。订单的实际处理（库存检查、支付处理等）将由监听该消息队列的其他服务异步完成。通过这种方式，电商系统能够快速响应用户操作，同时确保后台能够高效处理复杂或耗时的任务。

图 3-7 展示了电商系统中典型的异步通信流程。

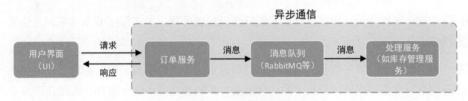

图 3-7　异步通信流程

（1）请求。用户通过用户界面（UI）发起请求，例如创建订单。

（2）响应。订单服务在收到请求后，将订单相关信息发送到消息队列，并立即向 UI 返回响应（如订单提交成功），而不需要等待订单处理的完成。

（3）将消息存入消息队列。消息队列（RabbitMQ 等）接收来自订单服务的消息，并保持消息直到被处理服务取走。

（4）异步处理消息。后台的处理服务（如库存管理服务）监听消息队列。当消息到达时，它会取出消息并异步处理，例如检查库存、更新数据库等。

（5）独立运行。由于使用的是异步通信，所以用户界面无须等待后台处理的完成，用户体验更流畅。另外，处理服务可以独立于订单服务运行，提高了系统的可靠性和伸缩性。

消息队列是实现异步通信的核心组件。它充当生产者（生产消息的服务）和消费者（消费消息的服务）之间的中间层，确保消息的有序、可靠传递，如图3-8所示。

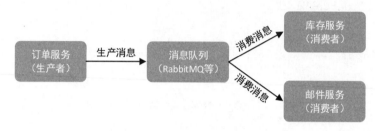

图 3-8　消息队列的消息传递

消息队列在高并发系统中的主要应用如下。

- 缓冲和解耦：消息队列提供了一个缓冲机制，可以暂存消息，从而解耦了系统中的不同部分。在高负载时期，它帮助平衡负载，防止系统过载。
- 可靠性保证：大多数消息队列提供了消息持久化、确认机制和故障恢复能力，确保了消息在发送过程中不会丢失。
- 支持多种消息模式：包括点对点、发布/订阅等消息模式，以适应不同的使用场景。

3.2.6　异步通信的实现方式 2——事件驱动

事件驱动是一种软件设计模式，它让不同的服务或组件通过发送和接收事件来相互交流，从而实现异步通信。

想象一下，你在一个繁忙的餐厅里工作。当顾客点菜（一个事件）时，厨房（一个服务）会收到通知并开始准备食物。同时，酒吧（另一个服务）可能也会监听这个事件，以便知道是否需要准备饮料。每个部门都在等待需要响应的事情，以便可以迅速采取行动。

在软件系统中，事件驱动的工作方式与上述餐厅里的工作方式类似，如图3-9所示。

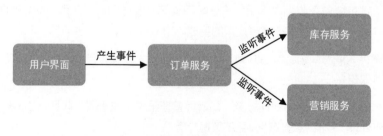

图 3-9　事件驱动的工作方式

（1）用户界面产生事件。就像顾客在餐厅下单一样，用户的操作（如单击按钮或提交表单）会产生一个事件。

（2）订单服务接收事件。订单服务就像厨房，它收到下单事件后，开始处理订单。

（3）其他服务监听事件。库存服务和营销服务就像酒吧和其他部门，它们监听订单事件，一旦检测到订单被创建，就会根据需要更新库存或发送促销信息。

上述各组件之间通过事件进行异步通信，而不是直接调用彼此的功能，从而实现松散耦合，使得系统各部分可以独立运行，提高系统的响应速度和吞吐量。

某些任务，如复杂的数据处理或大批量的库存更新，可能需要长时间运行。如果这些任务直接在主流程中处理，则会影响系统的响应速度和用户体验。为了解决这个问题，可以引入后台处理服务。

后台处理服务专门用于处理那些不需要立即完成但需要长时间运行的任务，如图 3-10 所示。

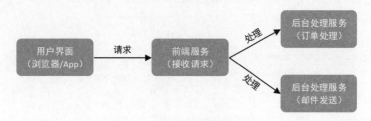

图 3-10　后台处理服务架构

用户界面通过前端服务发送请求，前端服务将一些复杂或耗时的任务交给后台处理服务进行异步处理，从而不影响前端服务的响应性。

3.2.7　【实战】基于 Spring Boot 实现异步通信

本节展示如何在电商系统中，借助 Spring Boot 框架与事件驱动模式实现异步通信。

我们将构建一个简单的电商订单处理系统，该系统包括以下几个关键服务。

- 订单服务：负责处理订单的创建。
- 库存服务：负责更新库存信息。
- 营销服务：负责发送促销信息。

当用户在前端界面下单时，订单服务会创建一个订单，并发布一个订单事件。库存服务和营销服务会监听这个订单事件，并各自执行相应的操作，如更新库存和发送促销信息，如图 3-11 所示。

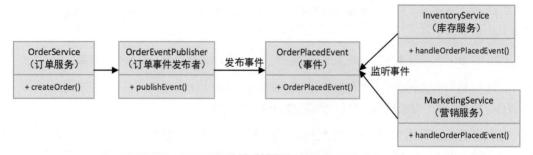

图 3-11　采用事件驱动模式的电商订单处理系统

具体实现步骤如下。

1. 定义事件

定义事件类 OrderPlacedEvent，用于封装和传递事件数据。在订单创建时，OrderPlacedEvent 负责将订单 ID 传递给其他服务进行处理，代码如下。

```java
// OrderPlacedEvent.java

public class OrderPlacedEvent {
    private final String orderId;

    // 构造函数
    public OrderPlacedEvent(String orderId) {
        this.orderId = orderId; // 初始化订单 ID
    }

    // 获取订单 ID 的方法
    public String getOrderId() {
        return orderId; // 返回订单 ID
    }
}
```

2. 定义事件发布者

Spring Boot 提供了事件发布和监听的机制，可以利用这一机制实现事件驱动模式。

定义一个事件发布者类 OrderEventPublisher，用于发布事件，代码如下。

```java
// OrderEventPublisher.java

@Component // 事件发布者类
public class OrderEventPublisher implements ApplicationEventPublisherAware {

    private ApplicationEventPublisher publisher;
```

```
@Override
public void setApplicationEventPublisher(ApplicationEventPublisher
publisher) {
    this.publisher = publisher; // 注入 Spring Boot 的事件发布器
}

// 发布订单事件
public void publishEvent(final String orderId) {
    // 创建订单事件
    OrderPlacedEvent event = new OrderPlacedEvent(orderId);
    publisher.publishEvent(event); // 发布订单事件
}
}
```

OrderEventPublisher 类实现了 ApplicationEventPublisherAware 接口，并通过 publishEvent()方法发布订单事件。

3. 定义事件监听器

事件监听器负责接收和处理事件。

为库存服务定义事件监听器，监听 OrderPlacedEvent 事件，并在收到事件时执行"更新库存"的业务逻辑，代码如下。

```
// InventoryService.java
import org.springframework.context.event.EventListener;

// 库存服务
@Component // 标识这是一个 Spring Boot 组件
public class InventoryService {

    @EventListener // 标识这是一个事件监听方法
    public void handleOrderPlacedEvent(OrderPlacedEvent event) {
        // 处理订单事件，更新库存
        System.out.println("更新库存..." + event.getOrderId());
    }
}
```

为营销服务定义事件监听器，监听 OrderPlacedEvent 事件，并在收到事件时执行"发送促销信息"的业务逻辑，代码如下。

```
// MarketingService.java
import org.springframework.context.event.EventListener;

// 营销服务
```

```java
@Component // 标识这是一个 Spring Boot 组件
public class MarketingService {

    @EventListener // 标识这是一个事件监听方法
    public void handleOrderPlacedEvent(OrderPlacedEvent event) {
        // 处理订单事件, 发送促销信息
        System.out.println("发送促销信息: " + event.getOrderId());
    }
}
```

4. 发布事件

在订单服务中, 创建订单时发布订单事件, 代码如下。

```java
// OrderService.java

// 订单服务
@RestController // 标识这是一个 REST 控制器
public class OrderService {

    private final OrderEventPublisher orderEventPublisher;

    // 构造函数, 注入"订单事件发布者"
    @Autowired
    public OrderController(OrderEventPublisher orderEventPublisher) {
        this.orderEventPublisher = orderEventPublisher;
    }

    // 处理创建订单的请求
    @PostMapping("/create-order")
    public String createOrder(@RequestBody OrderInfo orderInfo) {
        // 发布订单事件
        orderEventPublisher.publishEvent(orderInfo.getOrderId());
        return "订单提交成功"; // 返回响应
    }
}
```

这里将 OrderService 标识为一个 REST 控制器, 以便接收客户端请求。当客户端通过 POST 请求创建订单时, 该控制器会通过"订单事件发布者"发布一个订单事件。

3.3 服务间的通信协议——从 HTTP 到 gRPC

在 3.2 节中, 我们聚焦于微服务间的通信方式。但要实现这些通信, 就必须依赖特定的通信协议。本节将继续深入探讨服务间的通信协议——HTTP 和 gRPC。

3.3.1　HTTP、REST 和 RESTful 流行的主要原因

HTTP、REST 和 RESTful 在分布式系统中，可以使得不同组件之间能够以统一和直观的方式进行数据交换。

1. HTTP

HTTP 已经成为构建分布式系统的首选协议，其流行的主要原因如下。

- 简洁性：HTTP 定义了一套标准方法，如 GET()、POST()、PUT()和 DELETE()，这些方法直观地对应了数据的读取、创建、更新和删除操作。例如，在电商系统中，使用 GET()方法可以轻松检索产品信息，而 POST()方法则用于创建新的订单。
- 无状态性：HTTP 的无状态性意味着每个请求都是独立的，包含了处理该请求所需的所有信息。这种设计使得服务器端无须保持之前的会话状态，极大地增强了系统的可扩展性，因为任何服务器都能处理这些独立的请求。
- 跨平台兼容：HTTP 具有广泛的兼容性。任何能够发送 HTTP 请求的客户端，无论是网页浏览器、移动应用还是其他服务，都能通过 HTTP 与服务器端进行交互。

2. REST 和 RESTful

REST（REpresentational State Transfer，表述性状态转移）是一种基于 HTTP 的软件架构风格，提供了一套设计原则来指导如何构建网络服务。

RESTful 指遵循 REST 原则的 Web 服务或 API。RESTful API 是 REST 架构风格的具体实现，使用 HTTP 来提供服务。

例如，一个用于获取特定产品信息的 RESTful API 可能看起来像下面这样。

```
GET /api/products/{productId}
```

当我们说一个 API 是 RESTful 的时，意味着它遵循了 REST 的设计原则，如使用标准的 HTTP、无状态性等来提供服务。这种清晰和直接的接口设计使得开发、集成和维护变得更加容易。

在电商系统中，RESTful API 常被用于实现以下功能。

- 产品管理：提供产品信息的检索、添加、更新和删除等操作。
- 用户账户管理：管理用户的注册、登录、资料更新等。
- 订单处理：处理订单的创建、查询和状态更新等。

> **提示** HTTP、REST 和 RESTful 之所以在微服务架构中如此流行，主要归功于其简洁性、无状态性和跨平台兼容等特性。这些特性使其非常适合用于构建可扩展、高效且易于维护的电商系统。

3.3.2 RESTful 设计的痛点及解决办法

虽然 RESTful API 在微服务架构中（尤其是在电商系统中）应用广泛，但在高并发环境中，它也带来了一些特有的痛点。

1. 痛点

（1）网络开销。RESTful API 通常基于 HTTP，这意味着每个请求都涉及 HTTP 开销，如头信息处理和 TCP 连接管理。在高并发场景下，这些开销可能会积累，影响整体性能。

（2）数据过载。RESTful 接口有时可能返回比实际需要更多的数据。例如，产品列表 API 可能返回大量的产品详情，即使用户只需要一小部分信息。

（3）状态管理。RESTful 是无状态的，这使得维护用户会话状态变得更加复杂，尤其是在电商系统的场景下，例如用户的购物车信息和认证状态。

（4）横向扩展限制。尽管无状态性理论上便于横向扩展，但实际上 RESTful 服务可能受限于后端数据库或其他依赖的扩展能力。

（5）复杂交互的处理。RESTful API 可能不适合处理一些需要紧密交互的复杂业务流程，例如电商系统中的复杂购物车操作或个性化推荐。

2. 解决方案

面对这些痛点，电商系统可以采取以下措施。

- 使用高效的数据格式：如采用更紧凑的数据格式，例如用 JSON 代替 XML，使用更高效的序列化方式，减少数据传输量。
- API 优化：优化 RESTful API，确保它们只返回需要的数据（如提供字段筛选功能），实施 API 分页和数据缓存策略，减轻服务器负载。
- 状态管理策略：使用客户端存储、Token 或会话存储等技术，可以有效管理用户状态。
- 负载均衡和微服务分解：将大型 RESTful 服务分解为更小、更专注的微服务，以提高可扩展性。通过负载均衡技术来分配请求，可以减轻单个服务的负担。

通过这些策略，电商系统可以在维持 RESTful 设计优势的同时，有效地应对其带来的性能和扩展性挑战。

3.3.3　【实战】基于 Spring Boot 搭建一个 RESTful 产品信息服务

本节基于 Spring Boot 搭建一个简单的 RESTful 产品信息服务。

1. 设置 Spring Boot 项目

Spring Boot 是一个非常流行的 Java 框架，它简化了基于 Spring 的应用开发，尤其适用于微服务架构。我们可以使用 Spring Initializr（一个便捷的在线工具）快速生成 Spring Boot 项目的骨架。

2. 添加必要的依赖

在项目的 pom.xml 文件中，添加 Spring Web 依赖来支持创建 RESTful 服务。

```
<dependencies>
    <dependency>
        <groupId>org.springframework.boot</groupId>
        <artifactId>spring-boot-starter-web</artifactId>
    </dependency>
    <!-- 其他依赖 -->
</dependencies>
```

3. 创建主应用类

创建一个主应用类来启动应用。

```
import org.springframework.boot.SpringApplication;
import org.springframework.boot.autoconfigure.SpringBootApplication;

@SpringBootApplication
public class ProductServiceApplication {

    public static void main(String[] args) {
        // 启动 Spring Boot 应用
        SpringApplication.run(ProductServiceApplication.class, args);
    }
}
```

ProductServiceApplication 是 Spring Boot 应用的入口，负责启动整个应用。

4. 创建控制器类

创建一个控制器类，以提供 RESTful API 端点。

```
import org.springframework.web.bind.annotation.GetMapping;
import org.springframework.web.bind.annotation.PathVariable;
import org.springframework.web.bind.annotation.RestController;
```

```
@RestController
public class ProductController {

    @GetMapping("/product/{id}")
    public Product getProduct(@PathVariable String id) {
        // 从数据库或服务中获取产品信息
        return new Product(id, "示例产品", 9.99);
    }
}

// 一个简单的 Java 类，表示产品信息
class Product {
    private String id;
    private String name;
    private double price;

    // 构造方法、Getter() 方法和 Setter() 方法省略
}
```

ProductController 类处理对特定 URL 的 HTTP GET 请求，并返回产品信息。这里使用了模拟数据，在实际应用中可以从数据库中获取数据。

5. 运行和测试

运行 ProductServiceApplication 类，使用 Postman 或浏览器访问 http://localhost:8080/product/1 来测试 API。

在使用浏览器访问 http://localhost:8080/product/1 时，会显示如下结果。

```
{
    "id": "1",
    "name": "示例产品",
    "price": 9.99
}
```

这是一个 JSON 格式的响应，由上述刚刚创建的 RESTful 服务生成，表示一个具有 ID、名称和价格属性的产品。

在这个示例中，由于使用了固定的测试数据，所以不论访问的产品 ID 是什么（在本示例中是 1），返回的产品名称和价格都是固定的（在本示例中是"示例产品"和 9.99）。

对响应数据的解释如下。

- 这个响应是在上述 Spring Boot 应用中定义的 ProductController 控制器处理 GET 请求后的结果。

- @GetMapping("/product/{id}")注解表示当有 HTTP GET 请求发送到 "/product/{id}" 路径时，getProduct()方法会被调用。
- 在 getProduct()方法中创建并返回了一个新的 Product 对象，其字段值在这个示例中是硬编码的。

这个简单的示例展示了 RESTful 服务是如何处理 HTTP 请求并返回 JSON 格式数据的。

> **提示** 在实际的电商系统中，RESTful 服务通常会与数据库或其他数据源集成，以便动态地返回真实的产品数据。例如，它可能会根据请求的 ID 从数据库中查询产品信息，再将这些信息封装成一个 Product 对象返回。

3.3.4 为何越来越多企业选择 gRPC

gRPC 是一个由 Google 开发的开源远程过程调用（RPC）系统。gRPC 是一个协议，因为它定义了客户端和服务器之间交换数据的规则。gRPC 也是一个框架，因为它提供了实现这些通信规则的工具和库。

gRPC 受到越来越多企业青睐的主要原因如下。

（1）性能高。

gRPC 基于 HTTP/2，这意味着它可以提供更低的延迟和更高的吞吐量。在电商系统中，这有助于快速处理大量的用户请求和数据交换。

gRPC 使用 Protobuf（Protocol Buffers）作为其接口定义语言和消息序列化格式，这种二进制格式比 JSON 和 XML 等文本格式更加紧凑高效。

（2）支持多种编程语言。

gRPC 支持多种编程语言，包括 Java、C#、JavaScript 等，这使得不同技术栈的系统能够更容易交互。这对于技术多样化的电商系统尤为重要。

（3）明确定义服务接口和消息结构。

gRPC 使用 Protobuf 作为 IDL，可以明确定义服务接口和消息结构。这有助于生成一致的客户端和服务器代码，并确保不同服务之间的通信清晰。

（4）支持双向流和流控制。

这使得服务可以在一个连接上发送和接收多个消息，非常适合处理连续的数据流。

（5）提供更复杂的服务发现和负载均衡机制。

gRPC 与 Kubernetes 和服务网格技术（如 Istio）兼容，提供了更复杂的服务发现和负载均衡机制，这对于动态扩展的电商系统至关重要。

（6）精确处理错误。

gRPC 允许在响应中发送明确的错误代码和元数据，以精确处理错误。

3.3.5　gRPC 在电商系统中的应用

gRPC 在电商系统中的应用如图 3-12 所示。

图 3-12　gRPC 在电商系统中的应用

（1）从客户端应用到用户认证服务。当用户登录或注册时，客户端应用通过 gRPC 与用户认证服务进行通信：客户端应用发送 gRPC 请求，包括用户凭据或注册信息；用户认证服务处理请求，执行验证，并通过 gRPC 响应返回认证结果（如 token 或错误信息）。

（2）从用户认证服务到商品信息服务。在用户认证成功后，客户端应用可以请求商品信息。此时用户认证服务可以使用 gRPC 调用商品信息服务，获取用户的推荐商品列表或特定商品的详细信息。

（3）从商品信息服务到库存管理服务。当客户端应用请求商品信息时，商品信息服务需要确保显示的库存数据是最新的。商品信息服务可以通过 gRPC 与库存管理服务进行通信，以获取最新的库存信息。库存管理服务响应商品的当前库存状态。

> **提示**　在上述应用中，每个服务都可以高效地处理数据和请求，这样电商系统在高并发情况下仍能提供实时且准确的信息。

3.3.6　对比 gRPC 与 HTTP

gRPC 与 HTTP 的对比如表 3-1 所示。

表 3-1　gRPC 与 HTTP 的对比

特　　点	gRPC	HTTP
并发请求	适合快速响应大量请求	适合并发要求不高的场景
数据传输	二进制格式，传输数据量少，速度快	文本格式，便于调试
实时数据处理	流控制功能，适合实时更新的场景	可通过长轮询实现，但不如 gRPC 实时高效
跨服务交互	支持跨语言，交互容易且高效	支持跨语言，但复杂交互可能需要额外的数据格式转换

在电商系统中，选择 gRPC 还是选择 HTTP 作为通信协议，应根据具体的业务需求和场景来决定。

- 对于那些需要高性能、大数据传输和实时处理的场景，gRPC 可能是更优的选择。
- 对于标准的、面向文档的 API 交互和不太复杂的数据交换需求，HTTP 仍然是一个可靠的选择。

理想的策略是，将两者结合使用，各取所长，以满足电商系统不同服务的具体需求。

3.3.7　【实战】从零搭建 gRPC 服务

本节将从零搭建一个 gRPC 服务——一个简单的产品信息查询服务，它提供了检索产品信息的功能。

1. 环境准备

确保开发环境中安装了以下工具。

- Java：gRPC 服务需要 Java 环境。
- Gradle 或 Maven：用于构建项目。
- Protobuf Compiler：用于编译.proto 文件。

2. 创建项目

创建一个 Java 项目，并在项目中添加与 gRPC 相关的依赖。如果使用 Gradle，则需要在 build.gradle 文件中添加以下依赖。

```
plugins {
    id 'java'
    id 'com.google.protobuf' version '0.8.12'
}

dependencies {
    implementation 'io.grpc:grpc-netty:1.30.0'
    implementation 'io.grpc:grpc-protobuf:1.30.0'
    implementation 'io.grpc:grpc-stub:1.30.0'
}
```

3. 定义服务接口和消息类型

在项目中创建一个新的.proto 文件（这里创建的是 productinfo.proto），并在其中定义 gRPC 服务接口和消息类型。

```
syntax = "proto3";
```

```
package productinfo;

// 定义产品信息服务
service ProductInfo {
    // 获取产品详情的 RPC 方法
    rpc getProductInfo(ProductId) returns (Product) {}
}

// 产品 ID 消息
message ProductId {
    string value = 1;
}

// 产品详情消息
message Product {
    string id = 1;
    string name = 2;
    string description = 3;
    float price = 4;
}
```

这段代码是使用 Protocol Buffers（Protobuf）语法编写的。关于 Protobuf 的语法，此处不做过多讲解。

4. 生成 Java 代码

使用 Protobuf Compiler 编译 .proto 文件以生成 Java 代码。在 Gradle 或 Maven 项目中，通常通过构建工具自动完成。

5. 实现服务逻辑

下面实现 gRPC 服务接口，提供服务逻辑。

```java
import io.grpc.stub.StreamObserver;
import productinfo.ProductInfoGrpc;
import productinfo.ProductInfoOuterClass;

public class ProductInfoServiceImpl extends
ProductInfoGrpc.ProductInfoImplBase {
    // 获取产品信息
    @Override
    public void getProductInfo(ProductInfoOuterClass.ProductId request,
StreamObserver<ProductInfoOuterClass.Product> responseObserver) {
        // 创建一个包含产品信息的对象。在实际应用中，此处往往通过数据库查询
        ProductInfoOuterClass.Product product =
```

```
ProductInfoOuterClass.Product.newBuilder()
        .setId(request.getValue()) // 产品 ID
        .setName("产品名称")
        .setDescription("这是一个产品描述")
        .setPrice(100.0f) // 产品价格
        .build();

    responseObserver.onNext(product); // 向客户端发送响应
    responseObserver.onCompleted();// 标记响应发送完毕
    }
}
```

这段代码介绍了如何具体处理产品信息查询请求。当客户端请求某个产品的信息时，产品信息服务会创建一个包含产品详情的响应并发送给客户端。

> 提示　在实际应用中，getProductInfo()方法中会包含从数据库或其他数据源中检索产品信息的逻辑。

6. 创建并启动 gRPC 服务器

创建一个主程序来启动 gRPC 服务器。

```
import io.grpc.Server;
import io.grpc.ServerBuilder;

public class GrpcServer {

    public static void main(String[] args) throws IOException,
InterruptedException {
        // 创建 gRPC 服务器
        Server server = ServerBuilder.forPort(9090)
                .addService(new ProductInfoServiceImpl())// 添加服务实例
                .build();
        server.start();// 启动 gRPC 服务器
        System.out.println("Server started at " + server.getPort());
        server.awaitTermination();// 使主线程阻塞并等待服务器终止
    }
}
```

这段代码使用 ServerBuilder 类创建了一个新的 gRPC 服务器实例，并指定 gRPC 服务器监听的端口号为 9090（gRPC 服务器接收 gRPC 请求的网络端口）。

gRPC 服务器在启动后将持续运行并等待来自客户端的远程过程调用，为客户端提供产品信息查询服务。

7. 运行和测试

下面运行和测试产品信息查询服务。

（1）运行 gRPC 服务器。

在 IDE 中运行 GrpcServer 类。这将启动 gRPC 服务器并监听 9090 端口。在 gRPC 服务器启动后，在控制台可以看到类似于 "Server started at 9090" 的消息，表明 gRPC 服务器正在运行。

（2）创建 gRPC 客户端。

由于 gRPC 是一个 RPC 框架，所以需要创建一个 gRPC 客户端来调用 gRPC 服务器。

以下是创建 gRPC 客户端的简单代码示例。

```java
import io.grpc.ManagedChannel;
import io.grpc.ManagedChannelBuilder;
import productinfo.ProductInfoGrpc;
import productinfo.ProductInfoOuterClass;

public class GrpcClient {

    public static void main(String[] args) {
        // 创建通道并连接服务器
        ManagedChannel channel = ManagedChannelBuilder.forAddress("localhost",
9090)
                .usePlaintext() // 使用非加密传输，适用于测试和开发环境
                .build();

        // 创建一个 stub，用于调用远程方法
        ProductInfoGrpc.ProductInfoBlockingStub stub =
ProductInfoGrpc.newBlockingStub(channel);

        // 构建请求
        ProductInfoOuterClass.ProductId request =
ProductInfoOuterClass.ProductId.newBuilder()
                .setValue("1") // 设置产品 ID 为 1
                .build();

        // 调用 gRPC 方法，得到服务器的响应信息
        ProductInfoOuterClass.Product response = stub.getProductInfo(request);

        System.out.println("从服务器接收到的信息:\n" + response);
```

```
    // 关闭与服务器的连接通道
    channel.shutdown();
    }
}
```

这段代码创建了一个 gRPC 客户端，连接到运行在 localhost 上的 9090 端口的 gRPC 服务器，并调用服务器的 getProductInfo()方法，之后等待服务器响应。从服务器接收到的信息被存储在 response 变量中，之后被打印到控制台上。

（3）测试 gRPC 调用。

运行 gRPC 客户端的 GrpcClient 类，将调用服务器的 getProductInfo()方法，并打印返回的响应信息。

在控制台上应该看到类似于以下的输出结果。

```
从服务器接收到的信息：
id: "1"
name: "产品名称"
description: "这是一个产品描述"
price: 100.0
```

从输出结果中可以看出，客户端通过 gRPC 请求成功获取了产品信息。返回的产品信息是在服务器中定义的模拟数据，这验证了 gRPC 服务器和客户端之间的通信是正常的。

第 2 篇

分布式技术专项

第4章
分布式系统的通信机制

在第 3 章中，我们深入探索了微服务架构中的服务间交互，了解了同步通信和异步通信方式，以及不同通信协议的应用。本章将更深入地介绍分布式系统的通信机制。

4.1　分布式系统组件之间是如何通信的

在构建复杂分布式应用时，组件之间的通信机制对于确保各组件协同工作至关重要。

4.1.1　RPC 的工作原理

RPC（Remote Procedure Call，远程过程调用）是一种常用的通信机制，它使得调用远程服务器上的函数就像调用本地函数一样简单。

RPC 的工作原理如图 4-1 所示。

（1）客户端发起 RPC 调用——调用一个远程服务器上的函数。系统将这个调用作为消息发送给远程服务器。

（2）远程服务器接收到消息，执行相应函数。

（3）远程服务器将函数的执行结果返回客户端。

图 4-1　RPC 的工作原理

4.1.2　【实战】基于 RPC 远程获取用户信息

以下示例将基于 RPC 远程获取用户信息。

服务器端提供了一个用户信息服务,该服务返回指定用户 ID 的用户信息,它使用 RPC 框架监听其特定的端口,等待客户端的调用请求,代码如下。

```java
// UserService.java
public class UserService {

    // 提供获取用户信息的方法
    public String getUserInfo(int userId) {
        // 假设这是从数据库中获取用户信息的逻辑, 此处简化为返回一个字符串
        return "UserID: " + userId + ", 姓名: 王强, 年龄: 30";
    }
}

// Server.java
public class Server {

    public static void main(String[] args) {
        // 创建 UserService 实例
        UserService userService = new UserService();

        // RPC 框架代码 (伪代码) 用于接收客户端请求并调用 UserService
        RpcFramework.export(userService,1234);// 假设 1234 是服务器监听的端口
    }
}
```

在这段服务器端代码中,UserService 类包含了一个 getUserInfo()方法,用于获取用户信息;Server 类使用 RPC 框架(上面用伪代码表示)发布了这个服务。

客户端通过 RPC 框架连接服务器端,代码如下。

```java
// Client.java
public class Client {

    public static void main(String[] args) {
        // 创建 RPC 客户端
        RpcClient rpcClient = new RpcClient();

        // 连接服务器端
        UserService userService = rpcClient.import(UserService.class,
"127.0.0.1", 1234);
```

```
    // 调用远程服务
    String userInfo = userService.getUserInfo(123);
    System.out.println(userInfo);
  }
}
```

在这段客户端代码中，首先创建了一个 RPC 客户端，并通过 import()方法连接服务器；然后调用远程 UserService 中的 getUserInfo()方法，打印返回的用户信息。

在实际应用中，RPC 框架会处理许多底层细节，如网络通信、序列化和反序列化等。

4.1.3 消息传递的工作原理

在分布式系统中，消息传递机制使得系统组件之间通过交换消息进行通信，避免了直接调用彼此方法的复杂性。

消息传递通常涉及以下几个步骤，其流程如图 4-2 所示。

（1）一个系统组件（生产者）创建并发送消息。

（2）消息被发送到消息队列中等待被处理。

（3）另一个系统组件（消费者）从消息队列中接收消息并处理。

图 4-2　消息传递流程

这种消息传递方式的主要优点如下。

- 高可扩展性：消息队列可以缓冲大量消息，以支持高并发处理。
- 松耦合：生产者和消费者不直接交互，易于系统维护和扩展。
- 高可靠性：消息队列可以保证消息的可靠传递。

4.1.4 【实战】使用 RabbitMQ 进行消息传递

下面使用 RabbitMQ 作为消息队列，编写生产者和消费者的代码。

生产者连接 RabbitMQ 服务器，创建一个消息队列（如果 RabbitMQ 中已经存在，则不会重新创建），并向消息队列发送消息。生产者的代码如下。

```
// 引入 RabbitMQ 的客户端库
import com.rabbitmq.client.Channel;
import com.rabbitmq.client.Connection;
import com.rabbitmq.client.ConnectionFactory;
```

```java
public class Producer {
    private final static String QUEUE_NAME = "testQueue";

    public static void main(String[] argv) throws Exception {
        // 创建连接工厂，并设置 RabbitMQ 服务器的地址
        ConnectionFactory factory = new ConnectionFactory();
        factory.setHost("localhost");

        // 创建连接和通道
        try (Connection connection = factory.newConnection();
             Channel channel = connection.createChannel()) {

            // 创建一个消息队列（如果 RabbitMQ 中已经存在，则不会重新创建）
            channel.queueDeclare(QUEUE_NAME, false, false, false, null);
            String message = "Hello World!";

            // 发送消息到消息队列
            channel.basicPublish("", QUEUE_NAME, null, message.getBytes());
            System.out.println(" 发送的消息： '" + message + "'");
        }
    }
}
```

对关键代码的解析如下。

- ConnectionFactory：创建与 RabbitMQ 服务器的连接。
- Connection：创建与 RabbitMQ 服务器的物理连接。
- Channel：通道，消息的发布和订阅都在其中完成。
- queueDeclare：创建一个消息队列。如果 RabbitMQ 中已经存在，则不会重新创建。
- basicPublish：向指定的消息队列发送消息。

消费者同样需要连接 RabbitMQ 服务器，并创建相同的消息队列（如果 RabbitMQ 中已经存在，则不会重新创建），之后等待接收生产者发送的消息。在接收到消息后，消费者将其打印出来。消费者的代码如下。

```java
// 引入 RabbitMQ 的客户端库
import com.rabbitmq.client.*;

public class Consumer {
    private final static String QUEUE_NAME = "testQueue";

    public static void main(String[] argv) throws Exception {
        // 创建连接工厂，并设置 RabbitMQ 服务器的地址
```

```
ConnectionFactory factory = new ConnectionFactory();
factory.setHost("localhost");

// 创建连接和通道
Connection connection = factory.newConnection();
Channel channel = connection.createChannel();

// 创建一个消息队列（如果 RabbitMQ 中已经存在，则不会重新创建）
channel.queueDeclare(QUEUE_NAME, false, false, false, null);

// 创建消息处理回调
DeliverCallback deliverCallback = (consumerTag, delivery) -> {
    String message = new String(delivery.getBody(), "UTF-8");
    System.out.println(" 接收到的消息: '" + message + "'");
};

// 设置消息队列的消费者
channel.basicConsume(QUEUE_NAME, true, deliverCallback, consumerTag ->
{ });
    }
}
```

对关键代码的解析如下。

- DeliverCallback：一旦有消息到达，就会执行回调以处理消息。
- basicConsume：注册消费者以监听消息队列的消息。

4.1.5 Socket 网络通信的工作原理

网络通信在分布式系统中涉及多种通信协议和数据传输技术，以确保不同服务和组件能够有效沟通。

1. 网络通信的要素

网络通信的要素如下。

（1）客户端和服务器端。

- 客户端：发起请求的一方，通常是用户的浏览器或移动应用。
- 服务器端：响应请求的一方，通常是服务器或后端服务。

（2）协议。

- HTTP：超文本传输协议，广泛用于 Web 应用的请求和响应。
- TCP：传输控制协议，提供可靠的双向字节流。

- UDP：用户数据报协议，提供快速但不可靠的数据传输。

（3）数据传输。

- 格式：数据在网络中以特定格式传输，如 JSON、XML 等。
- 加密：为确保数据安全，传输时常使用加密技术，如 SSL/TLS。

2. Socket 网络通信

Socket 是一种基于 TCP 或 UDP 的网络通信机制，它在分布式系统和网络编程中使用广泛。Socket 提供了在网络上进行数据交换的方式，允许不同计算机上的程序通过网络进行通信。

Socket 网络通信的工作原理如图 4-3 所示。

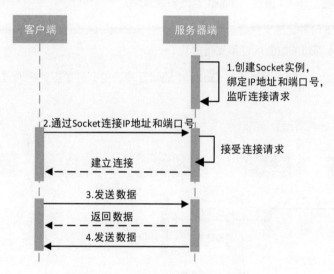

图 4-3　Socket 网络通信的工作原理

（1）创建 Socket 实例。

- 客户端和服务器端各自创建一个 Socket 实例。
- 服务器端绑定一个特定的 IP 地址和端口号，监听来自客户端的连接请求。

（2）建立连接。

- 客户端通过 Socket 连接服务器端的 IP 地址和端口号，发起连接请求。
- 服务器端接受客户端的连接请求，双方建立连接。

（3）数据传输。

- 在建立连接后，客户端和服务器端可以通过 Socket 发送和接收数据。
- 数据以字节流形式传输，可以是字符串、文件、图片等。

（4）关闭连接。

在通信结束后，客户端和服务器端关闭 Socket 连接，释放资源。

4.1.6　Socket 网络通信在电商系统中的应用

下面结合电商系统的具体业务场景，详细讲解如何应用 Socket。

在用户下单后，系统需要实时反馈订单的处理状态，例如订单确认、支付成功、订单发货等。

（1）用户在电商系统中选中一件商品并点击"下单"。

（2）前端应用通过 Socket 向订单服务发送订单请求。订单服务收到订单请求后，确认订单并生成订单 ID，然后将订单 ID 通过 Socket 返回前端应用。

（3）用户发起支付并完成支付后，支付服务通过 Socket 通知订单服务去更新订单状态，订单服务再通过 Socket 通知前端应用订单支付成功。

（4）当订单发货时，物流服务通过 Socket 通知订单服务，订单服务再通过 Socket 通知前端应用订单已发货。

整个流程如图 4-4 所示。

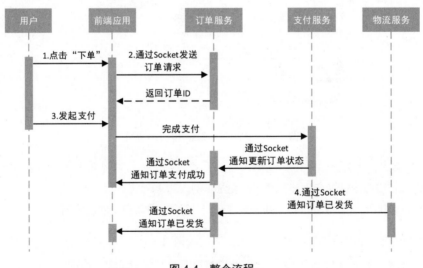

图 4-4　整个流程

4.1.7　【实战】基于 Socket 实现网络通信

下面是一个基于 Socket 实现网络通信的简单示例。

服务器端在指定端口上监听和接受客户端的连接请求，接收客户端发来的消息并返回响应。

Socket 服务器端的代码如下。

```java
import java.io.*;
import java.net.ServerSocket;
import java.net.Socket;

public class ServerExample {
    public static void main(String[] args) throws IOException {
        // 监听指定的端口
        int port = 8080;
        ServerSocket serverSocket = new ServerSocket(port);
        System.out.println("服务器端正在监听端口: " + port);

        // 接受客户端连接请求
        Socket socket = serverSocket.accept();
        System.out.println("新的客户端已连接! ");

        // 获取输入流
        BufferedReader input = new BufferedReader(new
InputStreamReader(socket.getInputStream()));
        // 获取输出流
        PrintWriter output = new PrintWriter(socket.getOutputStream(), true);

        // 读取客户端发送的消息
        String message = input.readLine();
        System.out.println("客户端消息内容: " + message);

        // 响应客户端
        output.println("消息已收到! ");

        // 关闭连接
        socket.close();
        serverSocket.close();
    }
}
```

Socket 客户端主动连接到服务器端的指定端口, 向服务器端发送消息, 并接收服务器端的响应, 其代码如下。

```java
import java.io.*;
import java.net.Socket;

public class ClientExample {
    public static void main(String[] args) throws IOException {
        // 服务器端的 IP 地址和端口号
```

```java
        String host = "localhost";
        int port = 8080;

        // 创建 Socket 连接
        Socket socket = new Socket(host, port);
        System.out.println("已连接到服务器端。");

        // 获取输出流，向服务器端发送消息
        PrintWriter output = new PrintWriter(socket.getOutputStream(), true);
        output.println("Hello, Server!");

        // 获取输入流，读取服务器端响应
        BufferedReader input = new BufferedReader(new
InputStreamReader(socket.getInputStream()));
        String response = input.readLine();
        System.out.println("服务器端返回的消息内容: " + response);

        // 关闭连接
        socket.close();
    }
}
```

首先运行服务器端程序，然后运行客户端程序。

观察到服务器端控制台输出以下内容。

```
服务器端正在监听端口: 8080
新的客户端已连接!
客户端消息内容: Hello, Server!
```

观察到客户端控制台输出以下内容。

```
已连接到服务器端。
服务器端返回的消息内容: 消息已收到!
```

4.2 分布式系统中的时钟、事件与一致性

分布式系统中的时钟不同于单机系统中的全局时钟。因为分布式环境中的每个节点都有自己的时钟，而网络存在延迟且系统中存在各种不确定性，所以跨系统的事件顺序和时间协调成为一个挑战。

4.2.1　物理时钟与逻辑时钟

分布式系统中的时钟分为物理时钟和逻辑时钟。

1. 物理时钟

物理时钟基于实际的时间流逝来计时，通常与世界标准时间保持一致。每台计算机都有自己的物理时钟。但在分布式环境中，不同计算机的物理时钟可能由于各种原因（如时钟漂移）而不完全同步。

物理时钟的时间同步机制和应用场景如下。

- 同步机制：通常使用网络时间协议（NTP）来同步多台计算机上的物理时钟，但很难实现完全同步。
- 应用场景：用于记录日志、定时执行任务等需要根据实际时间进行的操作。

物理时钟的 Java 代码如下。

```java
// 获取本计算机当前的物理时间
long currentTime = System.currentTimeMillis();
System.out.println("当前物理时间: " + currentTime);
```

2. 逻辑时钟

逻辑时钟并不直接度量实际时间，而是为分布式系统中的各种"动作"或"活动"（又被称为"事件"，例如消息的发送和接收）提供一种确定其发生顺序的方法。这样，我们就能追踪并明确这些事件在系统中的相对顺序。其中，Lamport 时钟就是一种常见的逻辑时钟，它通过一个计数器来标记每个事件的顺序（关于如何使用 Lamport 时钟进行事件排序，请参见 4.2.3 节）。

逻辑时钟的工作原理与应用场景如下。

- 工作原理如下。
  - 递增规则：每当本地发生一个事件（如数据修改、操作执行等）时，该节点的逻辑时钟值就会递增。
  - 消息传递规则：当节点 A 向节点 B 发送消息（也就是"发送事件"）时，它会把自己的逻辑时钟值附加在消息上。当节点 B 收到这个消息后，它会将自己的逻辑时钟值更新为"max(接收的时钟值,自己当前的时钟值)+ 1"，即接收的时钟值和自己当前的时钟值中的较大者加 1。
- 应用场景：用于在分布式系统中确定事件的先后顺序以及它们之间的因果关系。这在解决数据库冲突、对事件进行排序等问题时特别有用。

下面是逻辑时钟的 Java 代码。

```java
public class LamportClock {
    private int time = 0;

    // 当有事件发生时，递增逻辑时钟值
    public void tick() {
        time++;
    }

    // 当发送消息时，附加当前逻辑时钟值
    public int sendEvent() {
        tick();
        return time;
    }

    // 当接收消息时，根据接收的逻辑时钟值更新本地时钟值
    public void receiveEvent(int receivedTime) {
        time = Math.max(time, receivedTime) + 1;
    }

    public int getTime() {
        return time;
    }
}

// 使用示例
LamportClock clock = new LamportClock();
clock.tick(); // 本地发生了一个事件
int timeToSend = clock.sendEvent(); // 发送事件
clock.receiveEvent(timeToSend); // 接收事件
System.out.println("Lamport time: " + clock.getTime());
```

在上述代码中，LamportClock 类提供了递增时钟、发送事件和接收事件的方法。它可以在分布式系统的节点间追踪事件的顺序。

> **提示** 逻辑时钟适用于处理分布式系统中的并发操作，保证数据的一致性和系统的稳定性。

4.2.2 逻辑时钟的代表 Lamport 时钟——事件排序工具

Lamport 时钟的核心在于突出分布式系统中事件的先后顺序，而非精确追踪实际的时间。

使用 Lamport 时钟，可以为分布式系统中的事件建立一个全局的关系，例如：

- 如果事件 A 的 Lamport 时钟值小于事件 B 的 Lamport 时钟值，则说明事件 A 发生在事件 B 之前。

- 如果两个事件的 Lamport 时钟值相同或者不可比（发生在不同的进程上），则认为它们是并发事件。

Lamport 时钟的应用场景如下。

- 解决潜在冲突：在分布式数据库和分布式文件系统中，Lamport 时钟有助于我们根据事件的顺序，解决潜在的冲突。
- 分布式协调：在分布式锁和资源管理中，Lamport 时钟有助于我们确认哪个请求的优先级更高。
- 系统监控与调试：在日志记录和系统故障诊断中，Lamport 时钟有助于我们清晰地了解事件发生的顺序。

> **提示** 尽管 Lamport 时钟对于排序事件非常有效，但它并不能完全跟踪事件之间的因果关系。例如，它不能区分并发事件。为了解决这个问题，Vector 时钟（向量时钟）、版本向量等被提出，它们可以跟踪更细粒度的因果关系。

4.2.3 【实战】使用 Lamport 时钟对事件进行排序

在分布式系统中，需要一种机制来确定在多个节点同时发生的事件的顺序。这就是事件排序。

下面的示例使用 Lamport 时钟来演示事件排序。该示例会创建两个独立的线程来模拟分布式节点，并排序它们之间的事件，代码如下。

```java
import java.util.concurrent.atomic.AtomicInteger;

// Lamport 时钟类
class LamportClock {
    // 使用原子整数来确保线程安全
    private AtomicInteger time = new AtomicInteger(0);

    // 模拟本地事件，并递增时钟值
    public void localEvent() {
        time.incrementAndGet();
        System.out.println(Thread.currentThread().getName() + " - 本地事件, 本地
时钟值: " + time);
    }

    // 模拟发送事件，并递增时钟值，返回当前时钟值
    public int sendEvent() {
        int sendTime=time.incrementAndGet();
        System.out.println(Thread.currentThread().getName() + " - 发送事件, 发送
时钟值: " + sendTime);
        return sendTime;
```

```
    }

    // 模拟接收事件，并根据接收的时钟值更新本地时钟值
    public void receiveEvent(int receivedTime) {
        time.set(Math.max(receivedTime, time.get()) + 1);
        System.out.println(Thread.currentThread().getName() + " - 接收到事件, 本
地时钟值: " + time);
    }
}


// 主类
public class EventOrderingExample {
    public static void main(String[] args) throws InterruptedException{
        final LamportClock clockA = new LamportClock();
        final LamportClock clockB = new LamportClock();

        // 模拟节点 A 的线程
        Thread nodeA = new Thread(() -> {
            clockA.localEvent(); // A 发生本地事件
            int time = clockA.sendEvent(); // A 发送事件
            clockB.receiveEvent(time); // B 接收 A 的事件
        }, "NodeA");

        // 模拟节点 B 的线程
        Thread nodeB = new Thread(() -> {
            clockB.localEvent(); // B 发生本地事件
            int time = clockB.sendEvent(); // B 发送事件
            clockA.receiveEvent(time); // A 接收 B 的事件
        }, "NodeB");

        // 启动两个线程
        nodeA.start();
        nodeB.start();

        // 等待线程结束
        nodeA.join();
        nodeB.join();
    }
}
```

对代码的解析如下。

- LamportClock 类：维护了一个基于 Lamport 算法的逻辑时钟。每当发生本地事件或发送、接收消息时，逻辑时钟的值都会更新。

- localEvent()方法：模拟本地事件，并递增逻辑时钟值。
- sendEvent()方法：模拟发送消息的事件，并递增时钟值，返回当前逻辑时钟值。
- receiveEvent()方法：模拟接收消息的事件，并根据接收的逻辑时钟值更新本地时钟值。
- 主类 EventOrderingExample：创建了两个线程（NodeA 和 NodeB）来模拟两个分布式节点的行为。每个线程都首先执行本地事件，然后模拟发送消息事件和接收消息事件，每次执行相应事件（包括本地事件、发送事件、接收事件）时都会根据 Lamport 时钟规则更新其时钟值。

运行上述代码后，可能的输出结果如下。

```
NodeB - 本地事件，本地时钟值：1
NodeA - 本地事件，本地时钟值：1
NodeB - 发送事件，发送时钟值：2
NodeA - 发送事件，发送时钟值：2
NodeB - 接收到事件，本地时钟值：3
NodeA - 接收到事件，本地时钟值：3
```

输出结果的具体顺序可能因操作系统线程调度的不同而略有不同，即每次运行相同的代码后，线程的实际执行顺序可能会不同，从而输出不同的结果。但无论结果如何，线程的执行整体都会遵循以下步骤。

（1）NodeA 和 NodeB 分别执行本地事件，递增各自的时钟值。

（2）NodeA 发送一个事件给 NodeB，并递增其时钟值。NodeB 接收到这个事件，并更新自身的时钟值。

（3）NodeB 发送一个事件给 NodeA，并递增其时钟值。NodeA 接收到这个事件，并更新自身的时钟值。

下面详细解析上述输出结果。

- NodeB - 本地事件，本地时钟值：1。

这一行表示 NodeB 执行了一个本地事件，比如处理一个内部任务。执行这个事件时，NodeB 的时钟值从 0 递增到 1。

- NodeA - 本地事件，本地时钟值：1。

这一行表示 NodeA 执行了一个本地事件，其时钟值也从 0 递增到 1。请注意，尽管 NodeA 和 NodeB 的时钟值都是 1，但这并不意味着这两个事件在时间上是同时发生的，因为它们是在不同的节点上独立发生的。

- NodeB - 发送事件，发送时钟值：2。

这一行表示 NodeB 发送了一个事件给 NodeA。根据 Lamport 时钟规则，在处理这个发送事件时，NodeB 将其时钟值+1。由于 NodeB 的当前时钟值为 1，因此 NodeB 将时钟值更新为 2，并将更新后的时钟值发送给 NodeA。

- NodeA－发送事件，发送时钟值：2。

这一行表示 NodeA 发送了一个事件给 NodeB。NodeA 的时钟值也从 1 更新为 2，并将更新后的时钟值发送给 NodeB。

- NodeB－接收到事件，本地时钟值：3。

这一行表示 NodeB 收到了 NodeA 发送的一个事件。根据 Lamport 时钟规则，在处理这个接收事件时，NodeB 将其时钟值设置为 "max(当前时钟值,接收到的时钟值)+1"。由于 NodeB 的当前时钟值为 2，而接收的事件的时钟值也为 2（来自 NodeA），因此 NodeB 将时钟值更新为 "max(2,2)+1 =3"。

- NodeA－接收到事件，本地时钟值：3。

这一行表示 NodeA 收到了 NodeB 发送的一个事件。同样，NodeA 根据 Lamport 时钟规则更新其时钟值。NodeA 的当前时钟值为 2，而接收的时钟值为 2，因此 NodeA 将时钟值更新为 "max(2,2)+1 =3"。

上述 NodeA 和 NodeB 的事件执行序列如图 4-5 所示。

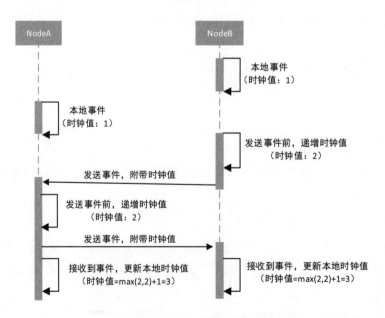

图 4-5　NodeA 和 NodeB 的事件执行序列

4.2.4　【实战】使用 Vector 时钟跟踪事件因果关系

Vector 时钟用来确定分布式系统中事件的因果关系。

> **提示**　因果关系是分布式系统中的一个关键概念,如果事件 A 的发生导致了事件 B 的发生,那么事件 A 和事件 B 之间就存在因果关系。

因果关系的关键概念如下。

- 因果顺序:在分布式系统中,如果一个事件肯定发生在另一个事件之前,那么这两个事件就存在因果顺序。
- 独立事件:如果两个事件之间没有因果关系,则它们被认为是并发的或独立的。

下面展示 Vector 时钟如何在接收消息时合并不同节点的时钟值,并确保每个节点上系统中的事件顺序都一致。这对于维持分布式系统中的事件顺序和因果关系至关重要。

```java
import java.util.HashMap;
import java.util.Map;

// Vector 时钟类
class VectorClock {
    // 存储每个节点的时钟值
    private Map<String, Integer> clock = new HashMap<>();

    // 初始化 Vector 时钟
    public VectorClock() {
        // 初始时所有节点的时钟值都是 0
    }

    // 更新当前节点的时钟值
    public void tick(String nodeId) {
        clock.put(nodeId, clock.getOrDefault(nodeId, 0) + 1);
    }

    // 在发送消息时更新时钟
    public Map<String, Integer> onSend(String nodeId) {
        tick(nodeId);
        return new HashMap<>(clock);
    }

    // 在接收消息时合并时钟
    public void onReceive(Map<String, Integer> receivedClock, String nodeId) {
        for (Map.Entry<String, Integer> entry : receivedClock.entrySet()) {
```

```
        String key = entry.getKey();
        clock.put(key, Math.max(clock.getOrDefault(key, 0),
entry.getValue()));
    }
    tick(nodeId);
}


// 获取当前的时钟值
public Map<String, Integer> getClock() {
    return clock;
}
}


// 主类, 用于演示 Vector 时钟的使用
public class VectorClockExample {
    public static void main(String[] args) {
        // 创建两个 Vector 时钟, 代表两个节点
        VectorClock clockA = new VectorClock();
        VectorClock clockB = new VectorClock();

        // 节点 A 发生本地事件
        clockA.tick("A");
        System.out.println("节点 A 发生本地事件后, 节点 A 的时钟值: " +
clockA.getClock());

        // 节点 A 发送消息给节点 B
        Map<String, Integer> clockFromA = clockA.onSend("A");
        clockB.onReceive(clockFromA, "B");
        System.out.println("节点 B 收到节点 A 的消息后, 节点 B 的时钟值: " +
clockB.getClock());

        // 节点 B 回复消息给节点 A
        Map<String, Integer> clockFromB = clockB.onSend("B");
        clockA.onReceive(clockFromB, "A");
        System.out.println("节点 A 收到节点 B 的消息后, 节点 A 的时钟值: " +
clockA.getClock());
    }
}
```

对代码的解析如下。

- Vector 时钟类（VectorClock）：用于管理和更新分布式系统中各节点的时钟值。
  - tick(String nodeId)：模拟本地事件，并递增指定节点的时钟值。
  - onSend(String nodeId)：在节点发送消息后，更新并返回其时钟的当前值。
  - onReceive(Map<String, Integer> receivedClock, String nodeId)：在节点接收消息后，合并收到的时钟值和本地时钟值，然后递增本地时钟值。
  - getClock()：返回当前的时钟值。
- 主类（VectorClockExample）：演示了两个节点（A 和 B）如何使用 Vector 时钟来跟踪事件的因果关系。

上述代码的运行结果如下。

```
节点 A 发生本地事件后，节点 A 的时钟值：{A=1}
节点 B 收到节点 A 的消息后，节点 B 的时钟值：{A=2，B=1}
节点 A 收到节点 B 的消息后，节点 A 的时钟值：{A=3，B=2}
```

对该运行结果的分析如下。

（1）节点 A 发生本地事件。

- 初始时，节点 A 的时钟值为 {"A": 0}。
- 节点 A 执行本地事件，节点 A 的时钟值递增到 1，即 {"A": 1}。

（2）节点 A 发送消息给节点 B。

- 节点 A 发送事件时，再次递增节点 A 的时钟值，此时节点 A 的时钟值为 {"A": 2}。
- 节点 B 接收节点 A 的消息，合并时钟值，节点 B 的时钟值更新为 {"A": 2, "B": 1}（节点 B 的时钟值递增）。

（3）节点 B 发送消息给节点 A。

- 节点 B 发送事件时，递增节点 B 的时钟值，此时节点 B 的时钟值为 {"A": 2, "B": 2}。
- 节点 A 接收节点 B 的消息，合并时钟值，节点 A 的时钟值更新为 {"A": 3, "B": 2}（节点 A 的时钟值递增）。

上述节点 A 和节点 B 的事件执行序列如图 4-6 所示。

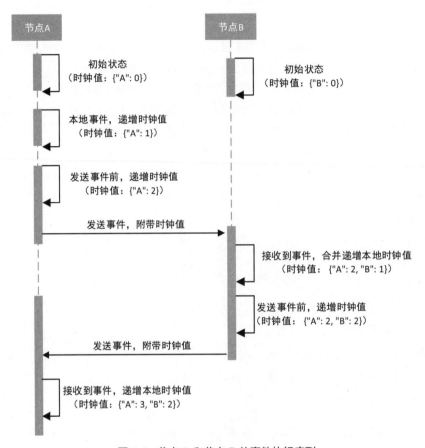

图 4-6　节点 A 和节点 B 的事件执行序列

4.3　CAP 定理——三者不可兼得

为了保证系统的稳定运行，必须在数据一致性、服务可用性等性能之间做出取舍，这就不得不面对一个无法回避的现实——CAP 定理。

4.3.1　CAP 定理基础

CAP 定理阐述了在分布式数据存储系统中，一致性（Consistency）、可用性（Availability）和分区容错性（Partition Tolerance）这三个基本需求最多只能同时满足其中两个，即要么满足 AP，要么满足 CP，要么满足 AC，不能同时满足，如图 4-7 所示。

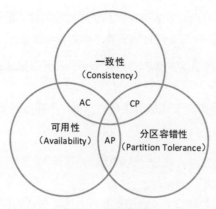

图 4-7　CAP 定理

1. 一致性（Consistency）

一致性是指，在分布式系统中，所有节点在同一个时间看到的数据是一致的，即任何时刻，所有用户都应该能读取到同一份最新的数据副本。

在分布式系统中，维护一致性意味着，在一个节点上更新数据时，这个更新必须立即在所有其他节点上可见。这在网络出现延迟或发生故障时极其困难。

2. 可用性（Availability）

可用性是指，系统在任何时候都能对用户的请求做出响应，即使是在部分节点或网络发生故障的情况下。

3. 分区容错性（Partition Tolerance）

分区容错性是指，系统在发生网络分区（即系统的某些部分无法通信）时仍能继续运行。

4.3.2　网络分区

网络分区是指，在分布式系统中，网络故障导致系统中的某些节点之间的通信临时或持久中断，使得系统被分割成两个或多个彼此无法通信的区域或子集。在这种情况下，系统的一部分可能无法访问另一部分的数据和服务，如图 4-8 所示。

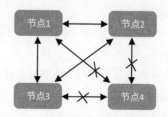

图 4-8　分布式系统中的网络分区

节点1、节点2、节点3、节点4代表分布式系统中的服务器,它们需要彼此通信来协调操作和同步数据。在网络分区发生时,节点4和其他节点之间的通信被切断。由此出现以下情况。

- 分区一侧(节点1、节点2、节点3):这些节点仍然可以彼此通信,但它们无法访问或接收来自节点4的信息。
- 分区另一侧(节点4):这个节点被隔离在另一侧,不能与其他节点通信。

这种情况给分布式系统带来了以下问题。

- 数据一致性问题:如果节点4在分区期间继续处理请求,则它的数据可能与系统的其他部分不同步,导致出现数据不一致问题。
- 服务中断:对于那些需要与节点4通信的操作,可能会遇到服务中断或延迟。

> **提示** 网络分区在分布式系统中是不可避免的,无法做到100%可靠,主要原因如下。
> - 网络故障:网络无法做到100%可靠,硬件故障、软件缺陷或配置错误都可能导致网络中断,使得系统的一部分节点失去联系。
> - 延迟和超时:即使没有完全网络中断,过高的网络延迟也可能导致节点之间的通信断开,因为消息可能不会在预期时间内到达。
> - 地理分布:分布式系统可能跨越多个地理位置,增加了网络不稳定性和网络分区的风险。

为了应对分布式系统中的网络分区现象,系统设计时需要综合运用数据复制、数据分片及容错机制等策略,来确保系统的持续可用。

> **提示** CAP定理揭示了分布式系统在面对不可避免的网络分区时必须做出的关键抉择:在一致性(C)与可用性(A)之间权衡,同时保证分区容错性(P)。因此分布式系统理论上不可能选择CA架构,只能选择CP或者AP架构。需要注意,这个抉择的前提是系统确实遭遇了网络分区现象。若网络连接始终稳定可靠,即网络分区不存在,则我们没有必要牺牲一致性或可用性——在这种情况下,C和A是可以同时实现的。

4.3.3　CAP定理在电商系统中的应用

CAP定理在电商系统中有着广泛的应用,具体如下。

1. 一致性(Consistency)

假设一个电商系统上有一款热销商品,只剩下10件库存。用户A和用户B几乎同时查询了这款商品的库存,电商系统服务器显示还有10件。

接下来用户A和用户B几乎同时各自下单1件。在没有一致性保证的系统中,两个订单可能都会被接受,导致库存超卖。整个下单过程如图4-9所示。

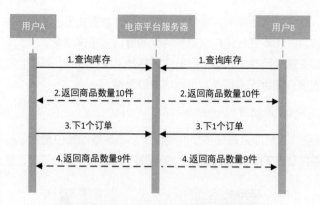

图 4-9　无一致性保证的电商系统的下单过程

为了保证一致性，在用户 A 下单后，系统需要立刻更新库存信息，并确保其他用户（如用户 B）看到的是最新的库存（现在是 9 件）。这样在用户 B 下单时，系统显示的库存是正确的。

系统需要确保按照正确的顺序处理请求。如果用户 A 的订单先到达，则系统应先处理用户 A 的订单，在更新库存后再处理用户 B 的订单。

在高并发情况下，系统需要快速地更新和同步库存信息，这对数据库和应用逻辑是一个巨大的压力。保持数据的一致性变得极为复杂。传统的事务管理机制在分布式环境下可能不再适用，因此需要新的方法来确保事务的原子性和一致性（详见第 7 章关于分布式事务的讨论）。

2. 可用性（Availability）

假设在大型促销活动期间，用户 A 和用户 B 几乎同时尝试下单购买商品，电商系统服务器需要处理这些请求，包括检查库存、计算价格、生成订单等。在可用性的保证下，无论请求处理成功还是失败，系统都需要及时响应用户，告知他们下单的结果。整个下单过程如图 4-10 所示。

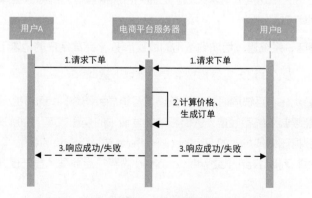

图 4-10　在可用性保证下的电商系统的下单过程

在高并发系统中，为了保证可用性，需要克服以下挑战。

- 高并发处理：在促销活动期间，服务器可能会同时收到成千上万的请求。系统需要能够处理这些高并发请求，而不是让用户面对长时间的等待或错误消息。
- 故障恢复：即使部分组件（如某个数据库服务器）发生故障，系统也应该能够继续处理用户请求。这可能涉及使用冗余组件、负载均衡等策略。

3. 分区容错性（Partition Tolerance）

假设一个电商系统的数据库分布在多个地理位置，而这些地理位置之间的网络连接突然中断。这时用户 A 向电商系统发出下单请求，在分区容错性的保证下，整个下单过程如图 4-11 所示。

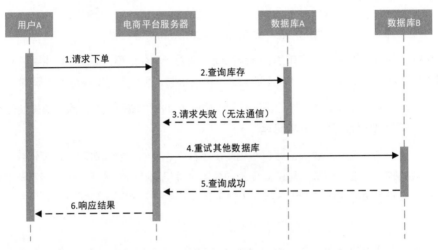

图 4-11　在分区容错性保证下的电商系统的下单过程

当用户 A 向电商系统请求下单时，电商平台服务器尝试查询数据库 A 以确认库存和生成订单。数据库 A 由于网络分区无法访问，请求失败。电商平台服务器检测到与数据库 A 的通信失败，自动重试查询备用的数据库 B。

尽管面临网络分区，系统通过切换到备用的数据库 B 来完成用户的请求下单，并成功响应。

在高并发系统中，为了保证分区容错性需要克服以下挑战。

- 延迟和吞吐量优化：系统同时接收大量请求可能导致网络拥堵和响应延迟。此外，不恰当的数据处理可能限制系统吞吐量，进而影响并发请求的处理效率。为解决这些问题，我们可以采用高效的数据压缩技术，如 Protocol Buffers 或 Apache Avro，以减小数据包并缩短传输时间。同时，利用 Redis 或 Memcached 缓存热点数据，显著提升系统吞吐量和响应速度。
- 监控和告警系统：缺乏有效的监控和告警机制可能导致系统在出现问题后长时间无法恢复，进而引发严重的服务中断。为此，我们可以利用开源工具（如 Prometheus）进行实时监控和指标收集，并结合 Grafana 实现可视化展示。同时，设定合理的告警阈值，确保系统性能下降或发生故障时，能够通过邮件、短信等方式及时通知管理员。此外，ELK（Elasticsearch、Logstash、Kibana）日志分析系统可帮助我们迅速分析和定位问题。

4.3.4 高并发系统中一致性与可用性的权衡

在电商系统中，如果你希望用户无论何时访问都能看到最新的产品信息、价格和库存数据，就要求系统具有强一致性。然而，强一致性通常意味着当一部分系统进行数据更新时（例如系统正在更新该商品的价格和库存信息），系统可能需要暂时锁定这部分数据，直到更新完成。在这个过程中，用户可能无法访问这个商品的最新信息，因此部分用户可能需要等待，以确保每个用户都能看到相同的数据。这种等待会影响系统的可用性，用户体验到的是系统响应的延迟。

下面演示在电商系统中处理库存更新的场景，展示了如何在更新库存时尝试保持一致性，以及如何影响系统的可用性。Java 代码如下。

```java
import java.util.concurrent.locks.Lock;
import java.util.concurrent.locks.ReentrantLock;

// 库存管理类
class Inventory {
    private int stock = 10; // 假设初始库存为10
    private Lock lock = new ReentrantLock();// 使用锁保证操作的原子性和一致性

    // 减少库存的方法
    public boolean reduceStock(int quantity) {
        lock.lock(); // 获取锁以保证一致性
        try {
            if (quantity <= 0 || quantity > stock) {
                return false; // 请求无效或库存不足
            }
            // 模拟网络延迟或处理时间
            Thread.sleep(100);
            stock -= quantity; // 减少库存
            System.out.println("库存更新成功，当前库存: " + stock);
            return true;
        } catch (InterruptedException e) {
            return false;
        } finally {
            lock.unlock(); // 释放锁
        }
    }
}
```

```
    // 获取当前库存的方法
    public int getStock() {
        return stock;
    }
}

// 模拟电商系统的类
public class ECommercePlatform {
    public static void main(String[] args) {
        Inventory inventory = new Inventory();

        // 模拟两个用户同时下单
        Thread user1 = new Thread(() -> {
            // 用户 1 尝试减少 1 件库存
            boolean success = inventory.reduceStock(1);
            System.out.println("用户 1 下单" + (success ? "成功" : "失败"));
        });

        Thread user2 = new Thread(() -> {
            // 用户 2 尝试减少 1 件库存
            boolean success = inventory.reduceStock(1);
            System.out.println("用户 2 下单" + (success ? "成功" : "失败"));
        });

        user1.start();
        user2.start();
    }
}
```

对上述代码的解析如下。

- 库存管理（Inventory 类）：负责管理商品的库存。它使用一个 ReentrantLock 类来确保减少库存操作的数据一致性。
- 减少库存（reduceStock()方法）：尝试减少库存。为了模拟一致性带来的可用性影响，在更新库存前添加了一个模拟的延迟（Thread.sleep(100)）。这个延迟代表了在确保数据一致性时可能需要的处理时间。
- 电商系统（ECommercePlatform 类）：模拟了一个简单的电商系统，其中两个用户（表示为线程）尝试同时下单购买商品。

运行上述代码，将输出显示哪个用户成功下单（即成功减少库存），以及当前的库存状态，具体运行结果如下。

库存更新成功，当前库存：9
用户 2 下单成功
库存更新成功，当前库存：8
用户 1 下单成功

当一个线程（用户）持有锁并更新库存时，另一个线程（用户）必须等待锁的释放。这保证了库存更新的一致性，但在高并发情况下，等待可能导致系统的响应时间增加，影响可用性。

提示 在实际的电商系统中，设计者需要仔细考虑如何在一致性和可用性之间进行权衡，可以通过使用更复杂的一致性和锁策略、读写分离、数据副本等技术来优化性能和用户体验。

4.3.5 提高高并发系统可用性的策略

下面介绍在高并发系统中提高可用性的策略。

1. 使用冗余和复制

通过在不同的服务器、数据中心，甚至地理位置复制数据和服务，可以提高系统的容错能力和可用性。

例如，电商系统通常会在多个数据中心部署数据的副本，确保即使一个数据中心完全下线，其他数据中心仍能提供服务。

2. 采用负载均衡器

电商系统可能会遇到突然的流量高峰。负载均衡器可以将流量分散到不同的服务器或服务实例，防止单点过载，并在某些实例不可用时将请求重定向到健康实例。

3. 实施服务降级和熔断机制

服务降级是指在系统压力过大时暂时关闭某些功能或降低它们的质量，以保持核心服务的可用性。熔断机制是指当检测到某个服务实例出现问题时，自动停止向其发送请求，以防故障蔓延。

例如，电商系统在高峰期可能会暂时关闭或简化一些非核心功能（如推荐系统），以确保订单处理和支付等核心功能的高可用性。

4. 采用异步通信和消息队列

采用异步通信和消息队列可以减少对实时处理的依赖，即使某些部分的系统暂时不可用，也不会立即影响到用户的操作。

例如，在处理订单时，电商系统可以先将订单请求放入消息队列，再进行异步处理。这样即使订单服务短暂不可用，用户的请求也不会丢失，一旦服务恢复就可以继续处理这些请求。

第 5 章
分布式数据库

本章讲述如何在电商系统中高效地部署和利用分布式数据库来解决实际问题。

5.1 分布式存储的原理

分布式存储是一种能够高效处理海量数据、支持高并发访问的大数据存储解决方案。

5.1.1 一张图看清分布式存储与传统存储的区别

分布式存储与传统存储的区别如图 5-1 所示。

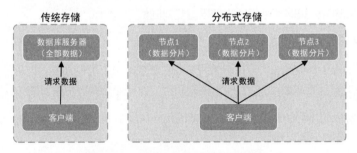

图 5-1 分布式存储与传统存储的区别

分布式存储与传统存储的区别主要有以下几方面。

1. 物理结构

传统存储通常指单体存储系统，如传统的关系数据库。它们往往运行在单个节点或服务器上，所有数据都集中存储在一处。

分布式存储将数据分散存储在网络中的多个节点上。每个节点只存储整个数据集的一部分，数据通过分片（参见 5.1.2 节）和复制进行管理。

2. 数据管理

传统存储的数据管理相对简单，因为所有数据都位于单个位置，但这也意味着所有读写操作都集中在一个点上，可能带来性能瓶颈。

分布式存储的数据管理策略很复杂，但通过分散数据，可以在多个节点间分散读写负载，提高系统的性能和可用性。

3. 扩展性

传统存储的扩展性有限，通常依赖于垂直扩展（升级现有硬件的配置来扩展）。

分布式存储具有良好的水平扩展性，可以通过添加更多节点来增加存储容量，提高处理能力。

4. 容错性

传统存储的单点故障可能导致整个系统不可用。

分布式存储通过数据的副本和分布式架构，使得整个系统在部分节点失效的情况下仍然可以继续运行。

5.1.2 数据分片与数据副本——分散读写负载

在分布式存储系统中，分散读写负载主要有两种策略——数据分片与数据副本。

1. 数据分片

想象一下，你有一家非常大的图书馆，里面有成千上万本书。如果将所有的书都放在一个房间里，那当很多人同时来找书时，就会非常混乱且效率低下。现在，如果把这个大房间分成许多小房间，每个房间只存放一部分书，那么当很多人同时来找书时，他们便可以分散到不同的房间，这样每个人找书的速度都会快很多。

在分布式系统中，数据分片的原理也是类似的。我们有一个庞大的数据集，比如一个电商系统的所有订单数据。如果把所有数据都存储在一个服务器上，那么当很多用户同时访问时，服务器可能会应对不过来，导致访问速度变慢。为了解决这个问题，可以采用数据分片。

数据分片就是把大量的数据分散存储到多个服务器上。每个服务器只负责存储和处理一部分数据，我们称每部分数据为一个"分片"。这样，当用户发出请求时，系统会根据请求的内容决定去哪个分片上查找数据。

数据分片的好处如下。

- 如果一个服务器出了问题，则它不会影响其他服务器，整个系统的可靠性也会提高。
- 随着用户数量的增加，可以通过增加更多的服务器和分片来扩展系统，使其能够处理更多的数据和请求。

以电商系统的订单数据为例，数据分片的存储原理如图 5-2 所示。

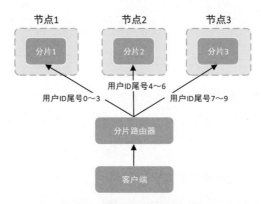

图 5-2　数据分片的存储原理

（1）客户端用户通过电商系统下单，订单信息包括用户 ID。

（2）分片路由器是分布式系统中的一个重要组件，负责确定和管理数据应该存储在哪个分片上。例如，根据用户 ID（分片键），结合定义好的路由规则（例如根据用户 ID 的尾号分配），确定订单应该路由到哪一个分片。

（3）每个分片都存储一部分用户的订单数据。

（4）每个分片都对应一个数据库服务器（节点 1、节点 2 或节点 3），负责处理和存储分配给它的订单数据。

2．数据副本

如果负责存储分片数据的其中一个服务器突然发生故障，那么这部分数据就无法访问，用户的订单信息可能就会丢失。为了防止这种情况发生，需要引入"数据副本"的概念。

在分布式系统中，数据副本意味着在不同的服务器上保留数据的一份或多份复制品。这样，即使一个服务器出现问题，其他有着相同数据副本的服务器也可以提供服务。

那么，如何在分布式系统中实现数据副本呢？我们继续以电商系统的订单数据为例进行讲解。数据副本的存储原理如图 5-3 所示。

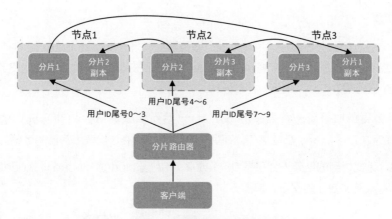

图 5-3 数据副本的存储原理

（1）当客户端用户在电商系统上下单时，订单信息被发送到分片路由器。

（2）分片路由器决定这个订单应该存储在哪个分片上，比如分片 1。

（3）分片 1 的节点接收到订单数据，并将其存储起来。同时，分片 1 的节点还会将这份订单数据发送到一个或多个其他节点上进行复制。这些节点可能是专门的备份服务器，也可能是负责存储其他分片的服务器。

假设分片 1 所在的服务器（节点 1）突然发生故障，则其数据恢复流程如下。

（1）系统会检测到这个故障，并迅速在其他有分片 1 副本的服务器中选择一个来接管分片 1 的任务。

（2）客户端用户的请求被重新路由到这台新的服务器，他们甚至可能完全没有察觉到故障的发生。

（3）系统管理员会修复或替换发生故障的服务器。一旦这个服务器恢复正常，则它可以从其他服务器上获取最新的数据副本，并将其重新加入系统。

> 提示　虽然数据副本大大提高了系统的稳定性和可靠性，但它也带来了一些挑战。比如，如何确保所有的副本都是最新的？如果数据在一个地方被更新了，则其他地方的副本也需要同步更新。这就涉及复杂的同步机制。此外，存储多份副本会占用更多的存储空间，需要考虑成本。

5.1.3　一致性哈希算法——定位数据所在的节点

在分布式系统中，如何有效地定位数据所在的节点是一个关键问题。一致性哈希算法是解决这个问题的强大工具。

1. 产生背景

假设有一个由 3 个服务器组成的存储系统，服务器的编号分别为 node0、node1 和 node2。现在有 3000 万条订单数据（每条数据都用 key 表示）需要被均匀地分布存储在这 3 个服务器上。该如何实现这个任务呢？

我们可能会直觉地采用一种直接的方法———哈希取模算法。具体来说，就是通过计算 hash(key)%n 来决定每个 key 都应该存储在哪个节点上，其中 n 代表服务器的数量。

由于 n=3，因此得到的结果无外乎是 0、1 或 2，恰好与 node0、node1、node2 相对应。因此，每个 key 都找到了自己的归宿，如图 5-4 所示。

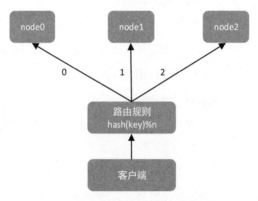

图 5-4 哈希取模算法的数据分配原理

然而，在现实的生产环境中，根据业务需求的变化，可能需要增加或减少服务器的数量。这时问题就出现了：一旦 n 发生变化，则之前通过 hash(key)%n 计算得出的结果也会随之变动。想象一下，如果一个服务器节点因故障下线，计算公式从 hash(key)%3 变成了 hash(key)%2，那么此时几乎所有数据的存储位置都会发生变化。这意味着，之前存储的大量数据都将变得无用，极可能导致整个系统崩溃。

这不仅是一个性能问题，还是一个系统设计上的重大缺陷。为了解决这个问题，需要一种更加智能、灵活的数据分配算法———一致性哈希算法。

2. 一致性哈希算法的原理

一致性哈希算法也是一种取模算法，与上述普通哈希取模算法不同，一致性哈希算法是对固定值（2 的 32 次方）取模。因此取模的最终结果总是在 0 和 $2^{32}-1$ 之间。

一致性哈希算法将 0~$2^{32}-1$ 的所有值组成了一个虚拟的圆环，这个圆环被称为哈希环。哈希环的开始值为 0，结束值为 $2^{32}-1$，开始值和结束值相接。哈希环的逻辑表示如图 5-5 所示。

系统中的每个节点都通过哈希函数计算一个哈希值，这个值确定了节点在哈希环上的映射位置。每条数据也都通过哈希函数计算一个哈希值，这个值确定了数据项在哈希环上的映射位置。

假设现在有 3 条数据（数据项 X、数据项 Y、数据项 Z）需要存储在 3 个节点（节点 A、节点 B、节点 C）上。使用一致性哈希算法确定数据项与节点的映射关系，如图 5-6 所示。

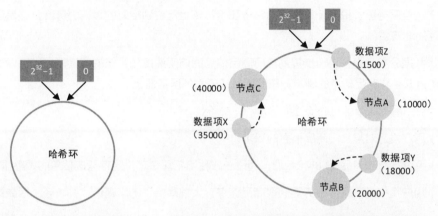

图 5-5　哈希环的逻辑表示　　　图 5-6　使用一致性哈希算法确定数据项与节点的映射关系

（1）对存储节点（节点 A、节点 B、节点 C）进行哈希计算，确定存储节点在哈希环上的位置。比如根据节点的 IP 地址进行哈希计算。括号内的数字表示节点在哈希环上的位置。

（2）对数据（数据项 X、数据项 Y、数据项 Z）进行哈希计算，确定数据项在哈希环上的位置。括号内的数字表示数据项的哈希值。

（3）每个数据项都会被存储在它在哈希环顺时针方向上遇到的第一个节点上。

- 数据项 Z 的哈希值是 1500，所以它会被存储在节点 A 上。
- 数据项 Y 的哈希值是 18000，所以它会被存储在节点 B 上。
- 数据项 X 的哈希值是 35000，所以它会被存储在节点 C 上。

当添加或移除节点时，只有在哈希环顺时针方向上从该节点到下一个节点之间的数据项需要被重新分配。

提示　一致性哈希算法通过构建一个虚拟的哈希环，让数据分布更加平滑，能够将数据均匀地分配到多个节点上，即使在节点增减时也能保持大部分数据的位置不变，从而最小化数据重新分配的数量，有效避免了大规模的缓存失效和雪崩问题。

5.1.4　【实战】在电商系统中使用一致性哈希算法

一致性哈希算法能够优化热门商品信息的存取效率，同时保持电商系统的负载均衡和高可用性。

1. 缓存和访问热门商品信息的流程

缓存热门商品信息的流程如下。

（1）计算哈希值。对每个热门商品的唯一标识（如商品 ID）都使用一致性哈希算法计算一个哈希值。

（2）定位服务器。根据计算出的哈希值在哈希环上定位到相应的缓存服务器，这是该商品信息将被缓存的地方。

（3）数据分布。为了进一步提高热门商品信息的访问速度和系统的容错能力，可以通过增加虚拟节点的方式，将商品信息的副本分布到哈希环的其他服务器上。

访问热门商品缓存信息的流程如下。

（1）用户发起对某热门商品信息的请求。

（2）系统计算该商品 ID 的哈希值，通过一致性哈希算法定位到存储该信息的缓存服务器。

（3）用户直接从该缓存服务器获取商品信息，大幅降低了访问延迟，并减轻了后端数据库的压力。

2. 具体实战

下面演示如何使用一致性哈希算法将热门商品信息均匀地分配到不同的缓存节点上。在添加或移除缓存节点时，大部分商品信息的缓存位置保持不变，从而降低了因节点变动引起的缓存失效风险。

（1）定义一个简单的 ProductInfo 类，用于模拟电商系统中的商品信息，代码如下。

```
public class ProductInfo {
    private String productId; // 商品 ID
    private String name; // 商品名称
    private double price; // 商品价格

    // 构造器、getter()方法和 setter()方法省略
}
```

（2）实现一致性哈希算法的核心逻辑。为了简化代码，此处只实现最基本的功能，代码如下。

```
public class ConsistentHashingCache {
    // 使用 TreeMap 模拟一致性哈希环，键是节点哈希值，值是节点标识
    private final SortedMap<Integer, String> hashCircle = new TreeMap<>();

    // 添加节点到哈希环
    public void addNode(String node) {
        int hash = node.hashCode(); // 计算节点的哈希值
```

```
        hashCircle.put(hash, node); // 将节点按哈希值添加到哈希环上
    }

    // 从哈希环移除节点
    public void removeNode(String node) {
        int hash = node.hashCode(); // 计算节点的哈希值
        hashCircle.remove(hash); // 根据哈希值从哈希环上移除节点
    }

    // 根据商品 ID 定位数据所在的节点
    public String getNode(String productId) {
        if (hashCircle.isEmpty()) {
            return null; // 如果哈希环为空，则直接返回 null
        }
        int hash = productId.hashCode(); // 计算商品 ID 的哈希值
        if (!hashCircle.containsKey(hash)) {
            // 如果哈希环上没有直接对应这个哈希值的节点
            // 则找到哈希环上距离这个哈希值最近的下一个节点
            SortedMap<Integer, String> tailMap = hashCircle.tailMap(hash);
            hash = tailMap.isEmpty() ? hashCircle.firstKey() :
tailMap.firstKey();
            // 如果给定的哈希值在哈希环的末尾，则回到哈希环的开始
        }
        return hashCircle.get(hash); // 返回定位到的节点
    }
}
```

（3）使用上述已经定义好的相关方法对热门商品信息数据进行存储和查询，代码如下。

```
public class ConsistentHashingDemo {
    public static void main(String[] args) {
        ConsistentHashingCache cache = new ConsistentHashingCache();

        // 假设有 3 个缓存节点
        cache.addNode("CacheNode1");
        cache.addNode("CacheNode2");
        cache.addNode("CacheNode3");

        // 模拟存储热门商品信息
        String productId = "HotProduct123";
        String cacheNode = cache.getNode(productId);
        System.out.println("商品 " + productId + " 的信息将被缓存到 " + cacheNode);

        // 模拟查询热门商品信息
        cacheNode = cache.getNode(productId);
```

```
        System.out.println("商品 " + productId + " 的信息可以从 " + cacheNode + "
中获取");
    }
}
```

5.1.5　数据恢复与自动故障转移——节点出现故障时的处理方案

在分布式系统中，数据恢复通过数据副本来实现。自动故障转移是指在检测到节点故障时，系统能够自动将故障节点上的任务转移至健康节点，以保持服务的连续性。

假设在一个分布式系统中，某个节点突然由于硬件故障而宕机，那么系统会立即通过故障检测机制发现这种情况，并同时开始数据恢复与自动故障转移流程，如图 5-7 所示。

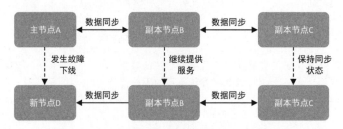

图 5-7　分布式系统的数据恢复与自动故障转移流程

（1）故障检测。系统通过定期的心跳检查或健康检查机制，对系统中所有节点的运行状态进行检测。

（2）故障发生。副本节点 B 和副本节点 C 通过数据同步机制拥有与主节点 A 相同的数据备份。此时，主节点 A 因为某些原因发生故障，需要被下线。

（3）副本提供服务。在主节点 A 下线后，根据预先设定的策略，所有原本由主节点 A 处理的任务和请求，自动转移至健康的副本节点 B。副本节点 B 立即接管服务，并开始对外提供数据服务，保证系统的连续性。副本节点 C 同样保持同步状态，准备在需要时提供服务。

（4）数据恢复。系统引入新节点 D 替代主节点 A，开始数据恢复过程。副本节点 B 将其数据同步到新节点 D 上，完成数据恢复。

（5）服务转移。数据恢复完成后，新节点 D 成为新主节点，开始对外提供服务。副本节点 B 和副本节点 C 继续作为副本节点，确保数据的安全和服务的高可用性。

5.2　分布式关系数据库

分布式关系数据库为实现高并发、高可用和数据一致性提供了坚实的数据存储和管理能力。

5.2.1　分布式关系数据库的优缺点

在面对电商系统的数据管理需求时，分布式关系数据库成为一种重要的解决方案。

1. 优点

分布式关系数据库的优点如下。

- 可以保证高一致性：分布式关系数据库通过实现 ACID 事务，为电商系统提供了数据强一致性。这对于金融交易和订单处理等敏感操作非常关键。
- 易于查询：相比于非关系数据库，分布式关系数据库支持强大的 SQL 查询语言，使得复杂的数据查询和报表生成变得更加方便、快捷。

2. 缺点

分布式关系数据库的缺点如下。

- 水平扩展复杂：尽管分布式关系数据库的设计初衷是更好地扩展，但相较于非关系数据库，其水平扩展（增加更多的服务器来处理更大的负载）的复杂度较高，特别是在数据分片和跨节点事务处理方面。
- 成本较高：部署和维护分布式关系数据库通常需要较高的成本，包括硬件投入、许可证费用及人员成本。
- 复杂性增加：虽然分布式关系数据库可以保证高一致性，但在分布式环境中维护 ACID 事务的复杂性也随之增加，尤其是在网络分区和节点故障常发生的情况下。

在电商系统中，分布式关系数据库可以用于处理商品库存、用户信息、订单处理等核心业务。例如，通过分布式事务保证订单的一致性处理，确保用户下单时商品库存的准确扣减。

5.2.2　【实战】对电商系统进行分库分表

分库分表策略是实现数据库水平扩展的关键技术之一，它帮助系统管理庞大的数据，同时保证高效的数据访问。

1. 商品信息存储

在电商系统中，商品数据通常包括商品的基本信息、价格、库存、评价等，对这些信息的高效访问直接关系到用户体验和系统性能。

（1）分库策略。

电商系统中的商品种类繁多，为了提高数据管理的效率和查询速度，可以对商品信息按照不同的维度（如品类、品牌）进行分库操作。这有助于将数据进行物理隔离，降低单个数据库的负载，提高系统的整体性能。

- 按品类分库：将不同品类的商品存储在不同的数据库中。例如，将电子产品、服饰、家居用品分别存放在 3 个独立的数据库中，以便针对不同品类的商品实施特定的优化策略。
- 按品牌分库：对于品牌集中度较高的商品，可以考虑按品牌进行分库。这有助于品牌专场营销时快速查询某个品牌下的所有商品，同时便于管理和分析数据。

例如，将商品信息按品类分库，如图 5-8 所示。

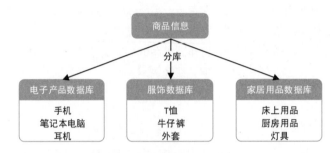

图 5-8　将商品信息按品类分库

（2）分表策略。

随着电商系统的发展，单个商品表中的数据量可能会迅速膨胀，造成查询和维护上的困难。通过分表策略，可以将大表拆分成多个小表，有助于分散单表的数据量压力，提高查询和写入性能。

- 垂直分表：将一个表按照业务功能或数据使用频率进行列的拆分，每个表都存储部分列。例如，将商品表分为商品基础信息表和商品详细信息表，分别存储基础信息（例如商品名称、价格、类别等）和详细信息（例如商品描述、评价等）。
- 水平分表：将表中的行按某个规则分散到多个表中，每个表都存储一部分行。例如，将商品表按商品上架时间分表（如按上架月份分表存储商品数据）、按商品 ID 范围分表等。

例如，根据商品 ID 范围将电子产品数据库中的手机表水平分为多个表，如图 5-9 所示。

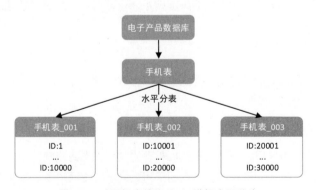

图 5-9　对手机表按商品 ID 进行水平分表

2. 用户信息存储

在电商系统中，用户信息管理是一个典型的场景，其中包含大量的用户数据。例如用户信息表可能包含的字段：用户 ID、姓名、电子邮箱、电话号码、地址、生日、注册日期、最后登录时间等。随着时间的推移，这个表的数据量会变得非常大，查询和更新操作可能会变得缓慢。为了优化性能，可以采用垂直分表策略，将用户信息表拆分为用户基础信息表和用户详细信息表，如图 5-10 所示。

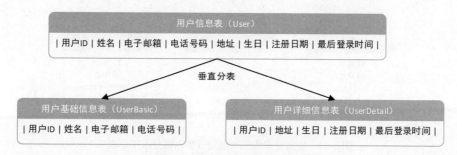

图 5-10　对用户信息表进行垂直分表

通过这种方式，当需要查询用户的基础信息时，只需要查询 UserBasic 表，而不必每次都去加载包含大量非必需数据的原始表。这不仅提高了查询效率，也简化了数据管理。同时，对于不频繁变动的详细信息，将其分离到 UserDetail 表中，可以减小主要操作表的数据量，提高整体数据库的性能。

此外，这种分表方式需要维护表间的关联，如通过用户 ID 关联 UserBasic 表和 UserDetail 表。这可能会带来关联查询的需求，设计时需要考虑如何高效地实现这些关联操作。

3. 订单信息存储

在电商系统中，随着订单数量的急剧增加，单个订单表的数据量可能会迅速膨胀，导致数据访问和处理的速度下降。为了解决这个问题，可以采取水平分表的策略来优化订单数据的存储和管理。

对于订单表，常见的水平分表策略如下。

- 按订单生成时间分表：根据订单生成时间，将订单数据分散到不同的表中，如按月或按周分表。这样可以快速查询特定时间段内的订单数据，同时方便历史数据的归档和备份。
- 按用户 ID 范围分表：根据用户 ID 范围将订单分散到不同的表中。这种方法有利于均衡各表的数据量和访问压力，提高订单操作的并发处理能力。

例如，根据订单生成时间对订单表进行水平分表，如图 5-11 所示。

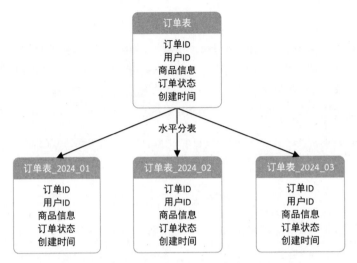

图 5-11　根据订单生成时间对订单表进行水平分表

5.2.3　主从复制的工作原理

主从复制（Master-Slave Replication）通过将数据从一个主数据库复制到一个或多个从数据库，系统可以在主数据库维护写操作的同时，在从数据库中读取数据，从而分散读取操作的压力，提高数据访问的效率。主从复制的整体过程如图 5-12 所示。

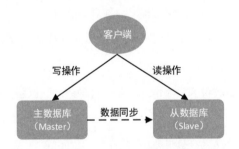

图 5-12　主从复制的整体过程

- 写操作：客户端所有的写操作都在主数据库上执行。例如电商系统的订单创建、修改和删除操作。这些操作涉及库存调整、价格更新、用户信息变更等关键数据的处理。
- 读操作：为了降低主数据库的负载，提高查询效率，所有的读操作都在从数据库上进行。例如电商系统的订单查询、商品浏览等。
- 数据同步：从数据库通过定期同步主数据库的二进制日志来更新数据，保持数据的一致性。在同步过程中，从数据库可以继续提供查询服务，不影响用户体验。

主从复制的工作原理如图 5-13 所示。

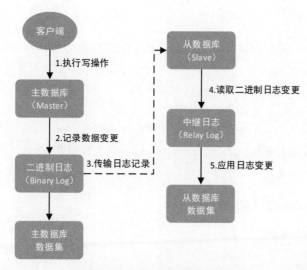

图 5-13　主从复制的工作原理

（1）执行写操作。客户端发起的所有对数据的写操作（新增、更新、删除等）首先在主数据库（Master）上执行。

（2）记录数据变更。主数据库会将所有的数据变更操作都记录在二进制日志（Binary Log）中。这个日志详细记录了每一项数据变更的内容，包括对数据库进行更改的 SQL 语句和数据等。

（3）传输日志记录。从数据库定期与主数据库通信，检查是否有新的日志记录。如果有，则从数据库会开始复制这些日志。

（4）读取二进制日志变更。从数据库首先将主数据库的二进制日志变更复制到自己的中继日志（Relay Log）中。这个过程通常是自动进行的，确保了从数据库能够接收所有的数据变更信息。

（5）应用日志变更。从数据库会逐条读取中继日志中的数据变更，并将这些变更应用到自己的数据集中。这样，从数据库就能够保持与主数据库的数据一致性。

> **提示**　主从数据库的数据复制可以是同步进行的，也可以是异步进行的。同步复制可以保证数据的强一致性，但可能影响系统的响应速度；异步复制虽然提高了系统性能，但在某些情况下可能会导致数据不一致。

5.2.4　【实战】配置主从复制

以 MySQL 为例，配置主从复制的具体步骤如下。

1. 配置主数据库

配置主数据库的步骤如下。

（1）修改配置文件。

打开主数据库的 MySQL 配置文件 my.cnf，通常位于/etc/mysql/my.cnf 或/etc/my.cnf 下。添加或修改以下配置。

```
[mysqld]
log-bin=mysql-bin        # 启用二进制日志
server-id=1              # 设置主数据库的服务 ID，通常为 1
```

这些配置确保主数据库启用了二进制日志功能，记录所有数据更改操作。

（2）重启 MySQL 服务。

为了使配置生效，需要重启 MySQL 服务。

```
sudo service mysql restart
```

（3）创建复制用户。

在主数据库上，创建一个用户，用于进行数据复制，并为这个用户授予必要的权限，SQL 命令如下。

```
CREATE USER 'replicator'@'%' IDENTIFIED BY 'password';
GRANT REPLICATION SLAVE ON *.* TO 'replicator'@'%';
FLUSH PRIVILEGES;
```

对命令的解析如下。

- 创建名为 replicator 的用户，并设置密码为 password。
- 授予 replicator 用户从任意主机远程连接到 MySQL 的权限。
- 授予 replicator 用户 REPLICATION SLAVE 权限。即允许该用户读取二进制日志，执行复制操作，这对于主从复制是必需的。

2. 配置从数据库

配置从数据库的步骤如下。

（1）修改配置文件。

打开从数据库的 MySQL 配置文件 my.cnf，添加或修改以下配置。

```
[mysqld]
server-id=2              # 设置从数据库的服务 ID，每个从数据库的服务 ID 都必须是唯一的
log-bin=mysql-bin        # 启用二进制日志（用于复制）
binlog-ignore-db=mysql   # 忽略复制 MySQL 自带的系统数据库
```

这些配置确保从数据库可以正常连接主数据库并接收数据更新。

（2）重启 MySQL 服务。

为了使配置生效，需要重启 MySQL 服务。

```
sudo service mysql restart
```

（3）获取主数据库信息。

在主数据库上，执行以下 SQL 命令，获取当前的二进制日志文件名和位置。

```
SHOW MASTER STATUS;
```

输出信息中将包括变量 File 和变量 Position 的值，这些值在配置从数据库时需要使用。

（4）配置从数据库连接主数据库

在从数据库上，执行以下 SQL 命令，设置主数据库信息并启动复制进程。

```
CHANGE MASTER TO
MASTER_HOST='主数据库 IP',
MASTER_USER='replicator',           # 主数据库用户名
MASTER_PASSWORD='password',         # 主数据库密码
MASTER_LOG_FILE='mysql-bin.000001',  # 这里使用上一步获取的变量 File 的值
MASTER_LOG_POS=0;                   # 这里使用上一步获取的变量 Position 的值
START SLAVE;
```

3. 验证复制状态

为了确保主从复制正常运行，需要在从数据库上执行以下 SQL 命令，检查复制状态。

```
SHOW SLAVE STATUS\G;
```

输出结果将显示大量信息，重点检查以下两项。

- Slave_IO_Running：应为 Yes。
- Slave_SQL_Running：应为 Yes。

这两项均为 Yes 表示复制正常进行。

提示　从数据库的数据同步是实时进行的，或者说是接近实时的。在主数据库生成一个新的二进制日志条目后，从数据库会立即获取并应用这些更改。因此，从数据库的数据会不断更新，与主数据库保持同步。实际的同步频率取决于以下因素。

- 网络延迟：主从数据库之间的网络延迟会影响同步的实时性。
- 服务器性能：主从数据库的服务器处理能力也会影响同步的速度。
- 工作负载：在高负载情况下，主数据库生成二进制日志的速度较快，从数据库需要足够的资源和时间来处理这些日志。

5.2.5　在数据增长时无缝扩容数据库

随着业务量的增长，电商系统原有的数据库架构可能无法满足数据存储和访问的需求，这时就需要扩容数据库。扩容数据库的目标是在不中断服务的前提下，提高数据库的存储能力和处理能力，确保系统能够处理更大的数据量和更多的并发请求。

扩容数据库面临的主要挑战如下。

- 如何在扩容过程中迁移大量现有数据，而不影响线上服务？
- 如何确保迁移和扩容过程中数据的一致性？

1. 扩容数据库策略

扩容数据库策略分为垂直扩容和水平扩容。

- 垂直扩容：提升单个数据库服务器的硬件性能，如增加 CPU、内存和存储空间。这种方法简单直接，但成本高，且存在物理硬件的上限。
- 水平扩容：增加更多数据库服务器，通过分库分表、主从复制等策略分散数据和负载。相比于垂直扩容，水平扩容更灵活，扩展性更好，更适合处理电商系统的高并发和大数据量。水平扩容的核心是数据分片。

2. 实现无缝水平扩容的关键步骤

（1）预分片。在系统设计初期就规划好数据分片的策略，预留足够的分片数量，为未来的数据增长和扩容留出空间。

（2）动态扩展。实现数据分片和数据库实例的动态添加和移除。当系统检测到某个分片或数据库的负载过高时，自动将数据迁移到新的分片或数据库实例，实现负载均衡。

（3）使用一致性哈希算法分配和定位数据分片。确保数据分布的均匀性，同时简化数据迁移和扩容过程。

假设某电商系统初期采用单个数据库存储所有商品信息。随着商品种类和数量的增长，单个数据库面临性能瓶颈。为了解决这个问题，平台采取对商品信息数据库进行水平扩容的策略，扩容原理如图 5-14 所示。

（1）将商品信息按照类别进行初始分片。例如将电子产品、服饰、家居用品分别存储在不同的数据库实例中，形成初始的数据分片。这种分片策略能够将查询负载均匀分布到多个数据库实例上，减轻单个数据库的压力，提高查询效率。

（2）系统采用一致性哈希算法管理这些分片和数据库实例。每个分片和数据库实例都被映射到哈希环的一个点上。

（3）对于某些特别热门的商品类别，可能仍然面临单个分片的性能瓶颈。此时，需要对这些热门商品类别进行进一步的细分，以实现更高效的负载均衡。例如，将访问量特别高的商品类别，如电子产品中的智能手机，进一步细分到更多的数据库实例中，实现更细粒度的负载均衡。

（4）当某个分片的访问压力过大时，系统可以动态添加新的数据库实例，并通过一致性哈希算法将部分数据自动迁移到新实例上，从而实现无缝动态扩容。

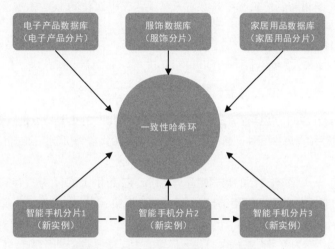

图 5-14　商品信息数据库水平扩容原理

5.3　分布式 NoSQL 数据库

分布式非关系数据库（Not Only SQL，NoSQL）在分布式系统中具有灵活性和扩展性的优势，支持大规模数据的高效处理和存储。

NoSQL 旨在处理大量非结构化和半结构化数据，比如社交媒体帖子、地理位置信息、视频流等。

在数据模型与结构方面，NoSQL 与传统 SQL 的区别如下。

- SQL 遵循严格的表格结构，每一行、每一列都有明确的定义，适合处理结构化数据。
- NoSQL 支持多种数据模型，比如键值对（像字典，查找速度快）、文档（像电子书，内容丰富可嵌套）、列族（按列族分类存储，适合大数据分析）和图形（用节点和边表示实体间的关系），这使得它能更好地处理复杂、灵活的数据结构。

在一致性与事务处理方面，NoSQL 与传统 SQL 的区别如下。

- SQL 数据库强调 ACID 特性，确保数据在任何情况下都能保持高度一致。

- NoSQL 数据库遵循 BASE 原则（基本可用、软状态、最终一致性），牺牲部分数据即时一致性来换取更高的可用性和扩展性，适合读多写少、容错性要求高的场景。

> **提示** NoSQL 和传统 SQL 数据库各有千秋，选择哪一种取决于具体业务需求。
> - 如果需要处理的数据结构灵活多变，对扩展性和读写速度有高要求，那么 NoSQL 可能是更好的选择。
> - 如果业务逻辑清晰，对数据一致性有严格要求，那么传统 SQL 数据库仍然是可靠的选择。

5.3.1 主流的 NoSQL 数据库

下面介绍一些主流的 NoSQL 数据库。

- Redis：一个开源的、数据存储在内存中的系统。Redis 的主要特点是具有极高的读写速度，适合作为缓存和消息中间件。通过主从复制、哨兵和集群等机制，Redis 可以实现高可用性和水平扩展。
- MongoDB：一个面向文档的数据库管理系统，它使用 JSON 格式存储文档。MongoDB 支持分片功能，因此可以存储和处理大规模的数据集。MongoDB 还提供了强大的语言查询和索引支持，以及数据复制和高可用性功能。
- Cassandra：专为跨多个数据中心和云环境的大规模数据处理而设计。Cassandra 采用了基于列族的数据模型，这为其带来了卓越的可扩展性和可靠性。它支持数据的自动分区和复制，从而确保了系统不会出现单点故障。
- HBase：一个构建在 Hadoop 文件系统（HDFS）之上的分布式列式存储数据库。HBase 专门设计用于高效存储大规模稀疏数据集，这些数据集可能包含数以亿计的行和列。利用 HBase，开发者可以构建出高度可扩展的分布式应用系统。HBase 的自动分片功能和对数据高可用性的支持，使其成为处理大规模数据需求的理想选择。
- Couchbase：一款面向文档的 NoSQL 数据库，以其易于扩展的分布式架构而著称。它能够承载高并发的读写操作，同时保证访问的低延迟。Couchbase 通过其数据复制和持久化技术，确保了数据的高度可用性和持久存储。此外，Couchbase 还提供了强大的查询功能和全文搜索功能，是处理复杂查询和搜索任务的理想选择。

5.3.2 MongoDB 基础

NoSQL 数据库凭借其灵活多变的数据模型，成功满足了当今多样化的应用需求。其中，MongoDB 以其独特的文档存储模型备受瞩目。

1. MongoDB 文档存储模型

在 MongoDB 中，"文档"这个概念并非我们日常所见的 Word 或 PDF 文件，而是一种 JSON

格式的数据结构。这种结构由键值对构成，能够轻松存储复杂的嵌套数据，非常适合表示现实世界中实体之间的复杂关系。而且不同的文档可以拥有不同的字段，这为数据的动态增减提供了极大的便利和灵活性。

例如，一个用户信息文档的数据结构可能如下。

```
{
    "_id": ObjectId("6309f94a102fd854b0e5c7a8"), // MongoDB 自动生成的唯一标识符
    "username": "JohnDoe", // 用户名
    "email": "johndoe@example.com", // 电子邮件地址
    "password": "hashed_password", // 密码的哈希值
    "age": 30, // 年龄
    "address": { // 地址信息，可以是一个嵌套的文档
        "street": "新华街道 123 号",
        "city": "北京",
        "zip": "10001"
    },
    "phoneNumbers": ["18623562356", "13623656589"] // 电话号码列表，可以是一个数组
}
```

在这个示例中，用户信息文档包含多个字段，如_id、username、email、password、age、address 和 phoneNumbers。这些字段共同构成了一个完整用户信息记录。根据实际需要，可以轻松地添加或删除某些字段。例如，如果想要添加用户的生日信息，只需在该文档中新增一个 birthday 字段即可。同样，如果某个字段不再需要，也可以轻松地将其从文档中删除。这种灵活性使得 MongoDB 能够很好地适应不断变化的数据需求。

2. MongoDB 的存储原理

MongoDB 的存储原理如下。

- B 树索引管理：MongoDB 为文档中的字段（默认是_id 字段，但也可以是其他字段）自动创建索引，并通过 B 树（平衡树）来维护这些索引。B 树索引的优势在于其能够保持数据的平衡分布，从而确保快速查询文档，尤其是在处理庞大数据集时更为显著。
- 数据分片：为了应对海量数据的存储和查询挑战，MongoDB 引入了分片功能。通过分片，数据可以跨多个服务器进行分布式存储。这种设计不仅提高了数据的存储容量，还实现了查询性能的横向扩展，使其能够轻松应对大规模数据集的存储和处理需求。
- 复制集保障高可用性：MongoDB 通过复制集技术来保障数据的高可用性。一个复制集由多个 MongoDB 服务器组成，其中一个服务器作为主节点，负责处理来自客户端的请求；而其他服务器则作为从节点，同步复制主节点的数据。这种架构设计的巧妙之处在于，一旦主节点发生故障，系统能够自动将从节点中的一个提升为新的主节点，从而确保数据库服务的持续稳定运行。

3. MongoDB 应用场景

MongoDB 的应用场景如下。

- 内容管理系统：MongoDB 的灵活性使其成为存储动态内容的理想选择，如博客平台、社交媒体等内容管理系统（CMS）。
- 电商系统：电商系统需要处理大量复杂的商品数据，MongoDB 不仅能够高效地存储各式各样的商品信息，还能通过强大的查询功能实现商品的快速检索。
- 物联网（IoT）：随着物联网技术的飞速发展，传感器产生的数据呈现爆炸式增长。MongoDB 凭借其出色的数据存储和查询能力，成为处理这些结构化或半结构化数据的得力助手。无论是温度、湿度还是位置信息，MongoDB 都能轻松应对。

5.3.3 【实战】操作 MongoDB 中的商品信息

下面演示如何使用 MongoDB Java API 操作电商系统数据库中的商品信息。

（1）添加 MongoDB Java 驱动到项目的 pom.xml 文件中。

```
<dependency>
    <groupId>org.mongodb</groupId>
    <artifactId>mongodb-driver-sync</artifactId>
    <version>4.2.3</version>
</dependency>
```

（2）使用 MongoDB Java API 进行基本操作，包括连接 MongoDB 数据库、创建文档、将文档插入集合、查询文档和更新文档，代码如下。

```
// 导入 MongoDB 客户端类
import com.mongodb.client.MongoClients;
import com.mongodb.client.MongoClient;
// 导入操作数据库的类
import com.mongodb.client.MongoDatabase;
// 导入操作集合的类
import com.mongodb.client.MongoCollection;
// 导入 BSON（Binary JSON）文档结构的类。MongoDB 底层使用 BSON，是对 JSON 的扩展
import org.bson.Document;
// 导入过滤器工具类，用于查询操作
import com.mongodb.client.model.Filters;
// 导入更新工具类，用于更新操作
import com.mongodb.client.model.Updates;

public class MongoDBExample {
    public static void main(String[] args) {
        // 使用 MongoClients 的工厂方法创建一个 MongoClient 实例连接本地的 MongoDB 服务
```

```java
MongoClient mongoClient =
MongoClients.create("mongodb://localhost:27017");

    // 选择或创建一个名为 ecommerce 的数据库
    MongoDatabase database = mongoClient.getDatabase("ecommerce");

    // 选择或创建一个名为 products 的集合（类似于关系数据库中的表）
    MongoCollection<Document> collection =
database.getCollection("products");

    // 创建一个新的文档，这里用 Document 表示，用于存储商品信息
    Document newProduct = new Document("name", "手机")
                          .append("category", "电子产品")
                          .append("price", 99.99);

    // 将新创建的文档插入 products 集合
    collection.insertOne(newProduct);

    // 查询名为"手机"的文档，这里使用 Filters.eq 来创建查询条件
    Document foundProduct = collection.find(Filters.eq("name", "手机
")).first();
    // 打印查询的文档
    System.out.println("找到的商品: " + foundProduct.toJson());

    // 更新查询到的文档——将价格从 99.99 更新为 109.99
    collection.updateOne(Filters.eq("name", "手机"), Updates.set("price",
109.99));

    // 再次查询更新后的文档，以确认更新成功
    Document updatedProduct = collection.find(Filters.eq("name", "手机
")).first();
    // 打印更新后的文档
    System.out.println("更新后的商品: " + updatedProduct.toJson());
    }
}
```

5.3.4　Redis 基础

在现今的大数据时代，快速、高效地处理数据变得至关重要。Redis，作为一种开源的内存数据存储系统，以其出色的性能和灵活的数据结构，在众多 NoSQL 数据库中脱颖而出。

1. Redis 的数据模型

Redis 不使用 MongoDB 的文档模型，而是采用简单的键值对模型来存储数据。每个键都与一

个值关联，值可以是字符串、列表、集合、有序集合、哈希（Hash）、位图或地理空间索引等复杂数据结构。这种模型非常适合快速访问和修改单个数据项。

例如，要在 Redis 中存储用户信息，可以使用哈希数据结构。哈希允许存储多个键值对，其中键代表字段名（field），值代表字段的值（value）。这种方式非常适合表示具有多个属性的实体。

一条用户信息数据在 Redis 中的表示如下。

```
# 设置用户信息
HSET user:1 username JohnDoe
HSET user:1 email johndoe@example.com
HSET user:1 password hashed_password
HSET user:1 age 30
HSET user:1 address "{\"street\":\"新华街道 123 号\",\"city\":\"北京\",\"zip\":\"10001\"}"
HSET user:1 phoneNumbers "[\"18623562356\",\"13623656589\"]"
```

在这个示例中，HSET 是 Redis 命令行中用于操作哈希数据结构的命令。user:1 被用作这条数据的键，这里的 user:是一个前缀，用于标识这是一个与用户信息相关的键，而 1 可以看作用户的唯一标识符，类似于 MongoDB 中的_id 字段。这种命名方式有助于组织和识别存储在 Redis 中的不同类型的数据。

这条数据的值又包含多个键（如 username、email、password 和 age 等），每个键都有一个与之对应的值（如 JohnDoe、johndoe@example.com、hashed_password 和 30 等）。这样，user:1 这个键下可以存储用户的多个字段，每个字段都是键值对的形式。

若要通过 Redis 命令获取这条用户信息数据中的用户姓名，则可以使用 HGET 命令。

```
HGET user:1 username
```

这条命令将返回与 username 键相关联的值，在这个示例中是"JohnDoe"。

值得注意的是，对于一些复杂的数据类型，如地址信息和电话号码列表，在 Redis 中直接存储可能会有一些挑战，因为 Redis 的哈希字段值只能是字符串。为了解决这个问题，可以将这些复杂数据类型序列化为 JSON 字符串进行存储。例如，地址信息可以被序列化为一个包含 street、city 和 zip 键值对的 JSON 对象：{"street":"新华街道 123 号","city":"北京","zip":"10001"}。同样，电话号码列表也可以被序列化为一个 JSON 数组：["18623562356","13623656589"]。

通过这种方式，可以在 Redis 中灵活地存储和检索具有复杂数据结构的用户信息。

2. Redis 的存储原理

Redis 的存储原理如下。

- 内存存储：与 MongoDB 不同，Redis 是一个基于内存的数据库。它将所有数据都存储在内存中，从而实现了极高的读写速度。

- 键值对存储：Redis 以键值对的形式存储数据。其中，键是唯一的标识符，用于检索值。
- 持久化支持：尽管 Redis 主要在内存中工作，但也提供了数据持久化的功能。通过 RDB（Redis DataBase）和 AOF（Append Only File）两种方式，Redis 可以定期将内存中的数据保存到磁盘上，以防止数据丢失。
- 数据结构和操作：Redis 支持多种数据结构，并为这些数据结构提供了丰富的操作命令。
- 分布式支持：为了应对大规模数据的存储和处理需求，Redis 提供了分布式解决方案，如 Redis Cluster。通过分片技术，数据可以跨多个 Redis 节点存储和查询，从而实现了数据的可扩展性和高可用性。

3. Redis 的应用场景

Redis 的应用场景如下。

- 缓存：在 Web 应用中，可以将热点数据（即经常访问的数据）存储在 Redis 中作为缓存。当请求到达时，首先检查 Redis 中是否有所需的数据，如果有，则直接从 Redis 中获取，避免了对数据库的访问，大大提高了系统的响应速度。
- 分布式锁：Redis 提供了原子性的操作，用来实现分布式锁。例如，在电商系统中，当多个用户同时尝试购买同一件商品时，可以使用 Redis 的分布式锁来确保商品库存的正确更新，防止发生超卖或少卖的情况。
- 地理位置信息存储：对于需要处理地理位置信息的应用，如 LBS（Location-Based Service）应用，Redis 的地理空间索引数据结构非常有用。可以方便地将用户的坐标信息存储在 Redis 中，进而利用 Redis 提供的地理位置查询功能迅速检索附近的用户或地点，为应用提供强大的位置服务功能。
- 快速数据检索：对于需要快速访问大量数据的应用，如社交媒体的实时动态更新、股票市场的行情数据传输等，Redis 是理想的选择，能够提供微秒级别的数据处理速度。

5.3.5 【实战】使用 Redis 缓存和检索用户的浏览历史

下面的示例展示了如何在电商系统中使用 Redis 进行数据缓存和检索，包括缓存商品的价格信息，以及跟踪和展示用户的浏览历史。

（1）确保项目中添加了 Jedis 依赖。如果是 Maven 项目，则需要在 pom.xml 文件中添加以下依赖。

```
<dependency>
    <groupId>redis.clients</groupId>
    <artifactId>jedis</artifactId>
    <version>最新版本号</version>
```

```
</dependency>
```

（2）对于电商系统，使用 Java 操作 Redis 的代码如下。

```java
import redis.clients.jedis.Jedis;
import java.util.List;

public class EcommerceRedisExample {
    public static void main(String[] args) {
        // 连接 Redis 服务器, 这里假设 Redis 服务器安装在本地
        Jedis jedis = new Jedis("localhost");

        // 示例 1: 存储并获取商品价格信息
        // 设置商品的价格, key 为商品 ID, value 为价格
        jedis.set("productId:1001", "59.99");
        // 获取商品价格
        String price = jedis.get("productId:1001");
        System.out.println("商品 1001 的价格: " + price);

        // 示例 2: 维护用户的最近浏览商品列表
        // 用户浏览了 3 个商品, 使用 lpush 命令将这些商品 ID 添加到用户的浏览列表中
        // key 为用户 ID
        jedis.lpush("recentlyViewed:userId:5001", "1003", "1002", "1001");
        // 获取用户最近浏览的 3 个商品的 ID
        List<String> recentlyViewedProducts =
jedis.lrange("recentlyViewed:userId:5001", 0, 2);
        System.out.println("用户 5001 最近浏览的商品: " + recentlyViewedProducts);

        // 关闭连接
        jedis.close();
    }
}
```

对代码的解析如下。

- 连接 Redis 服务器：通过创建一个 Jedis 实例来连接运行在本地的 Redis 服务器。
- 存储商品价格信息：使用 set 命令用"productId:商品 ID"格式的键存储商品的价格。
- 获取商品价格：用商品 ID 作为键，使用 get 命令获取商品价格，并打印出来。
- 维护用户浏览列表：使用 lpush 命令将用户最近浏览的商品 ID 按访问顺序存储在列表中，键的格式为"recentlyViewed:userId:用户 ID"。
- 获取最近浏览的商品：使用 lrange 命令获取用户最近浏览的 3 个商品的 ID，并打印出来。

5.3.6　Cassandra 基础

Cassandra 和 HBase 是两个广泛使用的列存储系统。下面先介绍 Cassandra。

1. Cassandra 的数据模型

Cassandra 的数据模型是基于列存储的，它使用了一种被称为"宽列存储"的模型。这种模型与传统的关系数据库的行存储模型有着显著的区别。在 Cassandra 中，数据以列族（Column Family）的形式组织，每个列族都包含多个行（Row），每行都包含多个列（Column）。每列都由一个名称和一个值组成，而且每列都可以存储不同的数据类型。

Cassandra 的数据模型如表 5-1 所示。

表 5-1　Cassandra 的数据模型

行键	列族			列族	
	列	列	列	列	列
行	值	值	值	值	值
行	值	值	值	值	值
行	值	值	值	值	值
行	值	值	值	值	值

例如，电商系统中使用 Cassandra 存储用户的购物车信息。具体表设计如下。

（1）列族设计。

首先创建一个名为 shopping_carts 的列族。这个列族将用于存储系统中所有用户的购物车数据。

（2）行键（Row Key）的选择。

在 Cassandra 中，行键是唯一标识一行数据的键。此处可以选择用户 ID 作为行键，因为每个用户的购物车都是独立的，且用户 ID 是唯一的。这样可以通过用户 ID 快速定位用户的购物车数据。

（3）列的设计。

在 shopping_carts 列族中，每一行都代表一个用户的购物车数据。而购物车数据中的每个商品则都可以作为这一行中的一个列来存储。列名可以使用商品的 ID 或唯一标识符，这样就可以确保每个列都是唯一的。

（4）值的存储。

列的值用于存储商品的具体信息。此处可以选择将商品的数量和价格等信息用一个 JSON 对象表示，并将其作为列的值来存储。这样做的好处是，可以灵活地存储和检索商品的详细信息，而不需要预先定义固定的表结构。

以 ID 为 123 的用户为例，其购物车数据可能如表 5-2 所示。

表 5-2　用户购物车数据

行键	shopping_carts		
	product_1	product_2	product_3
123	{ "quantity": 2, "price": 99.9 }	{ "quantity": 1, "price": 69 }	{ "quantity": 1, "price": 35 }

这个用户的购物车包含了 3 种商品：product_1、product_2、product_3，每种商品的值都是一个 JSON 对象，包含了商品的数量和价格信息。如 product_1 的数量为 2，价格为 99.9；product_2 的数量为 1，价格为 69。

> **提示**　Cassandra 的数据模型非常灵活，允许动态添加或删除列，这种灵活性使得 Cassandra 能够轻松应对不断变化的数据需求。此外，Cassandra 还支持集合类型（如 Set、List 和 Map），进一步增强了其数据模型的表达能力。

2. Cassandra 的存储原理

Cassandra 的存储原理如下。

- 分布式存储：Cassandra 将数据按照一致性哈希算法分布在多个节点上，确保数据分布均衡和负载均衡。
- 数据分片：Cassandra 通过行键对数据进行分片，每个分片都包含数据的一部分。
- 数据复制：Cassandra 会自动将每个分片的数据都复制到集群中的多个节点上，而且可以根据需要配置每个分片的副本数量。
- 数据写入：Cassandra 优化了写入过程，数据首先写入内存中的结构化数据表，然后定期刷新到磁盘。这种写入机制使得 Cassandra 能够快速处理大量写入操作。
- 数据读取：Cassandra 会根据行键确定数据所在的分片和节点。由于数据在多个节点上都有副本，因此可以并行地从多个节点上读取数据，提高读取性能。
- 数据压缩：Cassandra 支持数据压缩，可以减少存储空间的使用。

3. Cassandra 的应用场景

Cassandra 的应用场景如下。

- 社交网络：Cassandra 能够高效地存储社交网络中的用户信息、朋友关系、消息和活动日志等，并支持快速查询和更新。例如，社交巨头 Meta 使用 Cassandra 来存储海量的用户数据。
- 物联网：物联网设备产生的数据量巨大且增长迅速，Cassandra 能够处理这些设备的实时数据流。例如，智能家居系统、工业监控和车联网系统等物联网应用，都可以利用 Cassandra 来存储和处理数据。

- 大数据分析：Cassandra 可以作为大数据分析的后端存储，支持高吞吐量的数据写入和读取。通过与大数据处理工具（如 Apache Spark、Hadoop 等）结合，可以实现数据的实时分析和批量处理。Cassandra 特别适用于金融交易分析、用户行为分析和市场预测等场景。
- 在线游戏：在线游戏需要处理大量的玩家数据和实时交互，Cassandra 可以存储玩家状态、得分和游戏事件日志，确保游戏数据的快速读写。

5.3.7 【实战】使用 Cassandra 存储和分析温度传感器数据

假设你正在构建一个用于存储和分析温度传感器数据的系统。由于传感器每分钟都会生成大量的数据，因此需要一个高性能的数据存储解决方案来存储这些时间序列数据。

在 Cassandra 中，你可以创建一个列族来存储温度传感器数据，其中每一行都代表一个传感器，行键是传感器的 ID，列名可以是数据点的时间戳，列值是相应的温度值。创建表的命令如下。

```
CREATE TABLE sensor_data (
    sensor_id text,
    timestamp timestamp,
    temperature double,
    PRIMARY KEY (sensor_id, timestamp)
) WITH CLUSTERING ORDER BY (timestamp DESC);
```

这种设计使得查询单个传感器在特定时间范围内的所有温度读数变得非常高效，同时方便进行跨多个传感器的分析查询。

使用 Java API 可以方便地操作 Cassandra 中的表数据。使用时，需要提前在项目中添加 Cassandra 的 Java 驱动依赖，代码如下。

```
<dependency>
    <groupId>com.datastax.cassandra</groupId>
    <artifactId>cassandra-driver-core</artifactId>
    <version>最新版本号</version>
</dependency>
```

查询特定传感器的温度记录，代码如下。

```
import com.datastax.driver.core.Cluster;
import com.datastax.driver.core.Session;
import com.datastax.driver.core.ResultSet;
import com.datastax.driver.core.Row;

public class CassandraQueryExample {
    public static void main(String[] args) {
        // 创建连接 Cassandra 的 Cluster 对象
```

```
        Cluster cluster = Cluster.builder()
                .addContactPoint("127.0.0.1") // Cassandra 服务地址
                .build();

        // 建立会话
        Session session = cluster.connect("your_keyspace_name"); // 指定 Keyspace

        // 执行 CQL 查询语句，查询特定传感器的温度读数
        String sensorId = "sensor1"; // 假设的传感器 ID
        String cql = "SELECT * FROM sensor_data WHERE sensor_id = '" + sensorId
+ "' ORDER BY timestamp DESC LIMIT 10;";
        ResultSet resultSet = session.execute(cql);

        // 遍历查询结果
        for (Row row : resultSet) {
            System.out.println("Timestamp: " + row.getTimestamp("timestamp") + ",
Temperature: " + row.getDouble("temperature"));
        }

        // 关闭会话和集群连接
        session.close();
        cluster.close();
    }
}
```

对代码的解析如下。

- 创建 Cluster 对象：这一步建立了应用与 Cassandra 集群的连接。addContactPoint()指定了 Cassandra 节点的地址。
- 建立会话：session 对象代表与 Cassandra 的一次会话，用于执行 CQL 语句。需要指定操作的 Keyspace 名称。Keyspace 类似于关系数据库中"数据库"的概念。
- 执行 CQL 查询：通过 session.execute()执行 CQL 查询语句。这里查询的是特定 sensor_id 的最新 10 条温度记录，按时间戳降序排列。CQL 是专为 Cassandra 数据库设计的类似 SQL 的查询语言。
- 遍历查询结果：ResultSet 和 Row 对象用于遍历和访问查询结果。打印每条记录的时间戳和温度值。
- 资源清理：最后关闭会话和集群连接，释放资源。

5.3.8 NoSQL 的查询优化

NoSQL 的查询优化是确保系统能够高效响应应用用户请求的关键，主要包括以下几方面。

1. 数据模型的设计

在 NoSQL 中，数据模型的设计是关键因素之一，它直接影响数据库的读写性能、存储效率，以及查询速度。

使用预先聚合和去规范化两种方式优化数据模型设计。

- 预先聚合：在某些情况下，将数据预先聚合或计算，并存储为可直接查询的形式，可以减少查询时的计算和关联操作，提高查询效率。
- 去规范化：相对于关系数据库的规范化设计，非关系数据库更倾向于去规范化。通过在单个文档、键值对或列族中存储相关联的数据，可以减少查询时的跨表连接操作，加快数据检索速度。

在电商系统中，可以根据查询需求灵活地设计数据模型，无须受制于数据库的种种约束，从而真正实现数据模型与业务需求的契合。

例如，电商系统中需要频繁查询用户的订单信息，包括订单详情信息和用户基本信息。在关系数据库中，通常需要分别从用户表和订单表中查询并进行关联。而在非关系数据库中，可以将用户基本信息和其订单详情信息存储在同一文档（如 MongoDB）或键值对（如 Redis）中，这样每次查询用户的订单信息时，只需要进行单次读取即可。数据模型设计如下。

```json
{
  "userId": "1001",
  "name": "张三",
  "orders": [
    { "orderId": "5001", "product": "手机", "price": 1200 },
    { "orderId": "5002", "product": "显示器", "price": 800 }
  ]
}
```

2. 索引的使用

在非关系数据库中，索引的使用对查询性能有着直接的影响。合理地利用索引可以大幅提高查询效率。

假设电商系统中的商品信息存储在 MongoDB 中，每个商品都有唯一的商品 ID。为了快速查询特定商品信息，可以为商品 ID 字段创建索引。这样，当用户通过商品 ID 查询商品信息时，数据库可以利用索引直接定位该商品的文档，避免了全表扫描。创建索引的代码如下。

```
db.products.createIndex({ productId: 1 });
```

此外，用户经常根据商品分类、品牌、价格等条件进行商品查询。为了优化这些查询，可以为商品信息的相关字段创建索引。例如，对于使用 MongoDB 存储的商品信息，可以为 category、brand 和 price 字段创建索引。

```
db.products.createIndex(new Document("category", 1));
db.products.createIndex(new Document("brand", 1));
db.products.createIndex(new Document("price", 1));
```

这样，在执行基于这些字段的查询时，MongoDB 可以利用索引快速对数据进行过滤和排序，而不是进行全表扫描，从而提高查询效率。

电商系统还需要处理大量的订单查询操作，如用户查看自己的历史订单。为了提高订单数据的查询速度，可以为用户 ID 和订单创建时间等字段创建索引。

```
db.orders.createIndex(new Document("userId", 1));
db.orders.createIndex(new Document("createTime", -1));
```

这样一来，当用户通过界面查询自己的历史订单时，数据库便能够利用这些索引快速返回相关的订单数据。

非关系数据库支持多种类型的索引，常用的索引类型如下。

- 主键索引：自动为主键字段创建，用于快速访问主键指定的数据。
- 辅助/二级索引：为非主键字段创建，用于提高特定查询条件下的数据查询速度。
- 全文索引：用于支持对文本内容的快速查询，适用于对商品描述、评论等文本信息的查询。
- 地理空间索引：用于地理位置数据的快速查询，适用于基于位置的商品搜索和推荐。

索引创建的注意事项如下。

- 选择正确的索引字段：根据应用的查询模式选择合适的索引字段，避免为不常用的查询字段创建索引，因为索引也是有维护成本的。
- 限制索引数量：每个额外的索引都会消耗更多的存储空间，并在数据写入时增加额外的维护成本。因此，需要平衡索引的好处和其维护成本。
- 监控索引性能：定期监控索引的性能，评估索引的有效性。在实际运行中，某些索引可能并不如预期有效，需要根据实际情况进行调整。

3. 查询语句的调整

在 NoSQL 环境中，尤其是在面对电商系统这种高并发、数据密集型的应用场景时，查询语句的优化变得尤为重要。正确地调整查询语句，不仅能显著提升查询效率，还能降低数据库的负载，提高系统的整体性能。

（1）避免全表扫描。

全表扫描是数据库查询中性能消耗最大的操作之一。优化查询语句、尽量避免全表扫描是提升查询效率的关键。

例如，在电商系统的订单查询功能中，如果用户想要查询订单记录，应确保查询语句中包含作为查询条件的时间范围，并且在相关字段上有索引。这样可以减少数据库扫描的数据量，提高查询效率。

（2）利用分页查询。

对于返回大量数据的查询，如商品列表、商品评论等，利用分页查询不仅可以提升用户体验，还能减轻数据库的压力。

例如，在展示商品评论时，如果一个商品下有成千上万条评论，则一次性加载所有评论是不现实的。此时通过分页查询，每次仅加载一小部分评论，可以显著减少单次查询的数据量，加快查询响应速度。

这里以 MongoDB 为例，展示如何实现商品评论的分页查询。假设有一个 comments（商品评论集合，类似于关系数据库中的表），每条评论都包含 productId（商品 ID）、comment（评论内容）和 timestamp（评论时间戳）。我们希望实现的是对特定商品 ID 的评论进行分页查询。

首先为 productId 和 timestamp 创建复合索引。

```
db.comments.createIndex({ productId: 1, timestamp: -1 });
```

然后对评论数据进行分页查询，并确保该查询是基于上面创建的索引（productId 和 timestamp）进行的。Java 代码如下。

```java
import com.mongodb.client.FindIterable;
import com.mongodb.client.MongoClients;
import com.mongodb.client.MongoCollection;
import org.bson.Document;

public class PaginationExample {
    public static void main(String[] args) {
    // 连接 MongoDB 的 ecommerce 数据库
        var client = MongoClients.create("mongodb://localhost:27017");
        var database = client.getDatabase("ecommerce");
        var collection = database.getCollection("comments");

        String productId = "12345"; // 假设查询的商品 ID 是 12345
        int pageSize = 10; // 每页展示 10 条评论
        int pageNumber = 1; // 当前是第一页

        // 计算跳过的文档数量
        int skip = (pageNumber - 1) * pageSize;

        // 创建查询条件，这里先展示最新的评论
        Document query = new Document("productId", productId);
```

```
    // 执行查询
    FindIterable<Document> comments = collection.find(query)
                            .sort(new Document("timestamp", -1))
                            // 按评论时间戳降序排序
                            .skip(skip) // 跳过前面的评论
                            .limit(pageSize); // 限制返回的评论数量

    // 遍历查询结果
    for (Document comment : comments) {
        System.out.println(comment.toJson());
    }

    client.close();
    }
}
```

这段代码首先连接 MongoDB 的 ecommerce 数据库，然后从 comments 中查询特定商品的评论。通过排序（.sort(new Document("timestamp",-1))）、跳过一定数量的文档（.skip(skip)）和限制结果数量（.limit(pageSize)），实现对评论的分页查询。

这样一来，无论评论有多少条，每次都只加载和展示指定数量的评论，既提升了查询速度，又优化了用户体验。

（3）优化查询条件。

优化查询条件，减少不必要的计算和数据加载，是提升查询性能的有效手段。

例如，在电商系统的用户行为分析中，可能需要查询某段时间内用户的点击行为。如果点击行为数据每天都以独立的文档存储（例如一份文档记录一天的所有点击行为），那么查询特定时间段内的数据时，应尽量通过文档的日期字段进行筛选，避免加载不在时间范围内的文档。

（4）优化查询语句结构。

合理构造查询语句结构，利用数据库的查询优化器，可以提高查询的执行效率。

例如，在对电商系统的商品进行分类统计时，比如统计每个分类下商品的平均价格，应优先使用数据库提供的聚合功能，而不是在应用层手动计算。大多数非关系数据库都提供了强大的聚合功能（如 MongoDB 的聚合管道），可以有效地进行此类计算。

下面使用 MongoDB 的 Java API，利用 MongoDB 的聚合管道功能，构建聚合查询，统计每个分类下商品的平均价格，代码如下。

```
import com.mongodb.client.MongoClients;
import com.mongodb.client.MongoCollection;
import com.mongodb.client.MongoDatabase;
```

```java
import com.mongodb.client.AggregateIterable;
import org.bson.Document;
import java.util.Arrays;

public class AggregationExample {
    public static void main(String[] args) {
        // 连接 MongoDB
        var client = MongoClients.create("mongodb://localhost:27017");
        var database = client.getDatabase("ecommerce");
        var collection = database.getCollection("products");

        // 构建聚合查询
        AggregateIterable<Document> result =
collection.aggregate(Arrays.asList(
            // 第一步：根据"category"字段分组，并计算每个分类下商品的平均价格
            new Document("$group", new Document("_id", "$category")
                                .append("averagePrice", new Document("$avg",
"$price")))
        ));

        // 输出结果
        for (var doc : result) {
            System.out.println(doc.toJson());
        }

        // 关闭 MongoDB 连接
        client.close();
    }
}
```

对代码的解析如下。

- 通过 MongoClients.create()方法连接本地的 MongoDB 实例。
- 使用 getDatabase()方法和 getCollection()方法分别获取数据库和集合的引用。
- 使用 aggregate()方法执行聚合查询，其中：
  - 使用$group 操作符根据 category 字段进行分组。
  - 在$group 操作符内，通过$avg 操作符计算每个分类下商品的平均价格，并将结果命名为 averagePrice。
- 遍历聚合查询的结果并打印。

4. 缓存的应用

在电商系统中，某些商品可能会因为促销活动成为热门商品，这些商品的详情页的访问量会急

剧增加。如果每次访问都直接查询数据库，将对数据库造成巨大压力，影响系统的响应速度。此时，可以将这些热门商品的详情信息，包括商品描述、价格、库存量等，缓存在如 Redis 这样的内存数据库中。

例如，当商品被标记为热门时，系统自动将其详情信息写入 Redis 缓存，并设置适当的过期时间。当用户访问这些热门商品的详情页时，系统先检查 Redis 缓存中是否存在该商品的详情信息，如果存在，则直接从缓存中读取，否则从主数据库查询并更新到缓存中。

> **提示** 在数据更新时，必须同步更新缓存中的数据，以保证缓存数据的一致性。例如，当热门商品的价格调整时，应同时更新数据库和缓存中的价格信息。此外，应合理设置缓存的过期时间，对于那些变化频率较高的数据，应设置较短的过期时间。对于变化不频繁的数据，如用户的基本信息，可以设置较长的过期时间或者采用事件驱动的方式来更新缓存。

5.4 防范常见的数据库安全问题

随着数据量的增加和系统的复杂性提高，数据库可能面临多种安全威胁，包括未授权访问、数据泄露、SQL 注入攻击等。

5.4.1 未授权访问

针对未授权访问的防范措施如下。

（1）强化认证机制。

强化认证机制，确保只有合法用户才能访问数据库。

（2）采用细粒度的权限控制。

对数据库采用细粒度的权限控制，具体包括以下两方面。

- 最小权限：根据用户的角色和职责，为其分配最小的数据访问权限。例如，客服人员可能只能访问用户的订单信息，不能访问用户的支付信息。
- 细化访问控制：对不同类型的数据操作（如读写、删除）设置不同的权限。即某些用户只能查看数据，不能修改或删除数据。

> **提示** 在电商系统的数据库中，支付服务只能访问支付相关的表，不能访问用户个人信息表；营销服务只有向用户个人信息表添加营销标签的权限，而没有查看用户的敏感信息的权限。

5.4.2　数据泄露

针对数据泄露的防范措施如下。

（1）加密数据。

对数据库中存储的敏感信息（如用户密码、支付信息等），使用强加密算法进行加密。即使数据被非法访问，没有相应的密钥也无法解密数据内容。

> 提示　在电商系统中，可以使用 AES 加密算法对用户密码进行加密存储。

（2）加密传输通道。

所有客户端和服务器之间的数据传输都应通过 SSL/TLS 加密通道进行。

> 提示　电商系统的所有页面和 API 都通过 HTTPS 访问，确保用户提交的订单信息、支付信息在网络传输过程中得到加密保护。

5.4.3　SQL 注入攻击

SQL 注入攻击是指，攻击者将恶意的 SQL 代码插入应用的输入参数，随后这些恶意的 SQL 代码会在后端数据库的查询过程中被运行。

针对 SQL 注入攻击的防范措施如下。

（1）参数化查询。

参数化查询能够将 SQL 命令与用户输入的数据明确分离，从而确保用户输入的内容不会被错误地解析为 SQL 命令的一部分。

> 提示　在电商系统中，对于所有数据库查询操作都应使用参数化查询。例如，在用户登录时，系统通过参数化查询验证用户名和密码，而不是将用户输入直接拼接到 SQL 语句中。

（2）输入验证。

对所有用户输入都进行严格的验证，确保输入内容符合预期的格式。

> 提示　在电商系统中，对于用户提交的评论、商品描述等文本信息，应过滤 SQL 关键字和特殊字符，防止 SQL 注入攻击。

（3）其他防范措施

Web 应用防火墙（WAF）能够识别并拦截包含恶意 SQL 代码的请求，提供一层额外的防护。

5.5 分布式数据库的数据迁移

如何在确保数据完整性和一致性的同时，高效、安全地将数据从一个分布式数据库迁移到另一个分布式数据库？这是高并发分布式系统要考虑的非常重要的问题。

5.5.1 数据迁移的流程

分布式系统数据迁移的流程如图 5-15 所示。

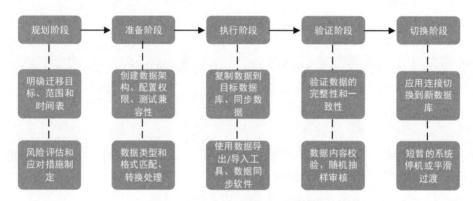

图 5-15　分布式系统数据迁移的流程

（1）规划阶段。

在此阶段，需要明确数据迁移的目标、范围和时间表。这包括确定哪些数据需要迁移（如用户信息、订单记录、商品目录等）、迁移的优先级，以及迁移过程对业务的影响评估。此外，还需制定详细的迁移计划，包括资源需求、人员分配、风险评估和应对措施。

（2）准备阶段。

此阶段的目的是为数据迁移创建必要的前提条件。这通常包括在目标数据库系统中创建相应的数据架构和表结构、配置必要的数据库权限和网络设置等。此外，还需要确保源数据库和目标数据库的兼容性，比如数据类型和格式的匹配。在电商系统中，这可能意味着需要对某些数据进行转换或格式化处理。

（3）执行阶段

此阶段是数据迁移的核心，涉及将数据从源数据库复制到目标数据库。根据数据量和业务需求，此阶段可以通过直接复制数据库文件、使用数据导出/导入工具或利用数据同步软件等方式完成。在电商系统中，执行阶段需要特别注意避免对业务操作造成影响，可能需要在系统的低峰时段进行。

（4）验证阶段

数据迁移完成后，需要对迁移的数据进行严格的验证，确保数据的完整性和一致性。这包括对比源数据库和目标数据库的记录数、进行数据内容校验、随机抽样审核等。此外，也需要验证目标数据库的性能和功能，确保迁移后的数据库能够满足电商系统的需求。

（5）切换阶段

在确认数据迁移成功且目标数据库能够正常工作后，将应用的数据库连接切换到新的目标数据库。此阶段可能需要进行短暂的系统停机或采用平滑过渡的方式，如先让新旧数据库同时运行一段时间，逐步切换用户请求到新数据库。

5.5.2 数据迁移的常见问题及解决方法

在分布式数据库的数据迁移过程中，会遇到各种问题。如果这些问题处理不当，可能会导致数据丢失、服务中断甚至更严重的后果。下面是数据迁移过程中的一些常见问题及解决方法。

1. 数据不一致问题

在大型电商系统中，由于系统的复杂性和数据量较大，数据不一致问题更加突出，主要发生在以下几方面。

（1）用户信息更新。

假设在电商系统中，用户 A 更改了其个人信息（如地址或联系电话）。在数据迁移过程中，如果用户信息的更新操作发生在源数据库中，而此时迁移操作已经完成（即已经将源数据库中的用户信息复制到了目标数据库），则会导致目标数据库中的用户信息过时。如果有订单使用了目标数据库中的这些过时信息，则可能导致商品配送错误，从而影响用户体验。

上述问题的解决方法如下。

- 增量数据同步：在初次大规模数据迁移完成后，继续进行增量数据同步，直到数据迁移完全结束并切换到新的数据库。
- 数据验证和校对：在迁移完成后，通过脚本或工具对用户信息等关键数据进行验证和校对，确保数据的一致性。

（2）订单状态同步。

在电商系统中，订单从创建、支付到发货会经历多个状态变化。如果在数据迁移过程中，订单状态更新操作发生在源数据库中，而这些更新没有及时反映到目标数据库，则可能导致订单状态不一致。例如，一个订单在源数据库中已被标记为"已发货"，但在目标数据库中仍然是"待发货"状态，这会导致客户服务混乱，影响用户的购物体验。

上述问题的解决方法如下。

- 使用双写策略：在数据迁移期间，对于这类频繁变更的数据使用双写策略，即在源数据库和目标数据库中同时更新，保持数据的一致性。
- 使用消息队列：使用消息队列确保订单状态更新的操作能够按顺序执行，并且在两个数据库之间同步，减少数据不一致的风险。

（3）库存信息一致性。

电商系统的库存信息是高度动态的，数据迁移期间库存的不一致可能导致超卖或无法及时补货。例如，源数据库中的库存数量已经因为新的订单而减少，但这个变化没有及时同步到目标数据库。

上述问题的解决方法如下。

- 使用锁机制：对于库存数据这样的高并发写入数据，在迁移期间对其进行加锁处理，避免在数据迁移过程中进行修改。或者通过在应用层添加业务逻辑锁，以临时阻止库存变更操作。
- 使用实时数据同步：对于库存等关键数据，采用实时数据同步技术，确保数据在源数据库和目标数据库中的一致性。

2. 性能问题

性能问题不仅可能导致数据迁移任务的延迟，还可能影响线上业务的正常运行。

（1）订单系统性能下降。

在电商系统中，订单系统是核心业务之一，要求高度的实时性和可靠性。假设在高峰购物季期间（如双十一期间）进行数据迁移，由于数据迁移任务占用了大量的网络和数据库资源，所以导致订单系统的响应时间变长，用户下单体验变差，甚至出现订单超时、支付失败等问题。

上述问题的解决方法如下。

- 分批迁移数据：将数据迁移任务分批执行，减少每次数据迁移对系统资源的占用。
- 选择低峰时段进行数据迁移：在电商系统流量较低的时段（如深夜时段）进行数据迁移，减少对核心业务的影响。

（2）商品搜索延迟。

商品搜索是电商系统的另一项重要功能，要求快速准确。如果在数据迁移过程中，搜索服务的数据库资源被大量占用，则可能导致用户搜索请求的处理时间变长，影响搜索结果的实时性。

上述问题的解决方法如下。

- 采用读写分离：在数据迁移期间，采用读写分离策略，即将搜索请求主要转发到未参与迁移的数据库副本上，保证搜索服务的性能。
- 资源隔离：确保数据迁移任务和核心业务运行在不同的资源池中，避免数据迁移任务消耗过多资源，影响线上业务。

3. 兼容性问题

在数据迁移过程中，数据库兼容性问题是一个不可忽视的挑战。

（1）数据类型不兼容。

假设电商系统从 MySQL 迁移到 MongoDB，由于 MySQL 是关系数据库，支持静态数据类型，而 MongoDB 是文档数据库，支持动态数据类型，直接迁移可能会遇到数据类型不兼容的问题。例如，日期字段在 MySQL 中可能以 DATETIME 类型存储，而在 MongoDB 中则可能以 ISODate 类型存储。

上述问题的解决方法如下。

- 利用数据转换脚本：将 MySQL 中的 DATETIME 类型字段转换为 MongoDB 中的 ISODate 类型字段，确保数据在迁移过程中的一致性和准确性。
- 利用中间件：使用数据迁移工具或中间件，如 Apache NiFi 等，它们提供了数据类型转换的功能，可以自动处理不同数据库系统间的数据类型转换问题。

（2）编码方式差异。

在数据迁移时，可能会遇到编码方式的差异问题。例如，源数据库使用 UTF-8 编码，而目标数据库默认使用另一种编码方式，直接迁移可能导致字符乱码。

上述问题的解决方法如下。

- 统一编码设置：在数据迁移前对目标数据库进行相应的配置，确保源数据库和目标数据库使用统一的编码方式。
- 使用编码转换工具：在数据迁移过程中进行实时编码转换，确保数据在数据迁移后仍然保持正确的显示。

（3）数据模型不同。

电商系统的订单数据在关系数据库中可能通过外键关联存储在多个表中，如订单表、订单详情表、用户表等。而迁移到 DynamoDB 这样的 NoSQL 数据库时，需要重新设计数据模型，合理组织数据，以保持关联信息。

上述问题的解决方法如下。

- 重构数据模型：根据目标数据库的特性重构数据模型，可能需要将原本分散在多个表中的数据合并到单个文档或记录中。
- 开发迁移脚本：实现数据模型的转换和重构，确保迁移后的数据模型既符合新的数据库特性，又能保持业务逻辑的正确性。

5.5.3 【实战】将 MySQL 中的订单表数据迁移到 MongoDB

本节通过一个实例——将 MySQL 中的订单表数据迁移到 MongoDB，来介绍如何高效、安全地进行数据迁移。

1. 评估和规划

首先，对 MySQL 中的订单表进行评估，包括数据量大小、数据模型，以及特定字段的使用情况。然后，基于目标 NoSQL 数据库（MongoDB）的特点，设计新的数据模型，考虑如何将关系数据转换为文档数据。

2. 备份 MySQL 订单表

使用 MySQL 的备份工具（如 mysqldump）备份订单表，确保在数据迁移过程中有数据丢失的情况下能够恢复。备份命令如下。

```
mysqldump -u [username] -p [database] orders > orders_backup.sql
```

3. 在 MongoDB 中创建新的集合

在 MongoDB 中创建一个新的集合 orders，用于存储迁移后的订单数据。可以通过 MongoDB 的管理界面或者命令行工具进行。创建集合的代码如下。

```
db.createCollection("orders");
```

4. 迁移数据

编写一个脚本将 MySQL 中的订单数据转换为 MongoDB 的文档格式。

假设 MySQL 的 orders 表包含 order_id、user_id、order_date、total_amount 等字段，使用 Java 进行数据迁移。这样需要先连接 MySQL 和 MongoDB 数据库，查询 MySQL 中的订单数据，再转换成 MongoDB 的文档格式并插入 MongoDB。具体代码如下。

```java
import com.mongodb.client.MongoCollection;
import com.mongodb.client.MongoDatabase;
import org.bson.Document;
import java.sql.Connection;
import java.sql.DriverManager;
import java.sql.ResultSet;
import java.util.ArrayList;
import java.util.List;

public class DataMigration {
    public static void main(String[] args) throws Exception {
        // 连接 MySQL 数据库
        Connection mysqlConn = DriverManager.getConnection(
```

```
                "jdbc:mysql://localhost:3306/ecommerce", "user", "password");

        // 连接 MongoDB 数据库
        MongoClient mongoClient =
MongoClients.create("mongodb://localhost:27017");
        MongoDatabase mongoDatabase = mongoClient.getDatabase("ecommerce");
        MongoCollection<Document> ordersCollection =
mongoDatabase.getCollection("orders");

        // 查询 MySQL 中的订单数据
        ResultSet rs = mysqlConn.createStatement().executeQuery("SELECT * FROM
orders");

        // 转换数据并将其插入 MongoDB
        List<Document> mongoDocs = new ArrayList<>();
        while (rs.next()) {
            Document doc = new Document("orderId", rs.getString("order_id"))
                    .append("userId", rs.getString("user_id"))
                    .append("orderDate", rs.getDate("order_date"))
                    .append("totalAmount", rs.getDouble("total_amount"));
            mongoDocs.add(doc);
        }

        // 批量插入 MongoDB
        ordersCollection.insertMany(mongoDocs);

        // 关闭数据库连接
        rs.close();
        mysqlConn.close();
        mongoClient.close();
    }
}
```

5. 验证数据

在迁移完成后需要验证数据，有以下两种方法。

（1）对比记录数量。

编写脚本查询 MySQL 和 MongoDB 的记录总数，对比两者是否一致，这是最直观的完整性验证方法。代码如下。

```
// 在 MySQL 中查询记录总数
int mysqlCount = mysqlConn.createStatement().executeQuery("SELECT COUNT(*) AS
count FROM orders").getInt("count");
```

```
// 在 MongoDB 中查询记录总数
long mongoCount = ordersCollection.countDocuments();

if (mysqlCount == mongoCount) {
    System.out.println("记录总数一致，数据完整性校验通过。");
} else {
    System.out.println("记录总数不一致，数据完整性校验失败。");
}
```

（2）对比抽样数据。

从 MySQL 和 MongoDB 中抽取一部分样本数据，对比两者的详细记录是否一致。可以手动完成，也可以通过编写脚本自动化实现，代码如下。

```
// 伪代码，展示如何对比抽样数据
List<String> sampleOrderIds = getSampleOrderIds(); // 抽样的订单 ID 列表
for (String orderId : sampleOrderIds) {
    // 查询 MySQL 中的记录
    MySQLRow mysqlOrder = queryMySQLOrderById(mysqlConn, orderId);
    // 查询 MongoDB 中的记录
    Document mongoOrder = ordersCollection.find(eq("orderId", orderId)).first();

    // 对比两条记录的关键字段是否一致
    if (!compareOrders(mysqlOrder, mongoOrder)) {
        System.out.println("订单 ID 为 " + orderId + " 的记录在 MySQL 和 MongoDB 中不
一致。");
    }
}
```

6. 更改访问代码

更新电商系统——将原来访问 MySQL 订单表的数据库访问代码改为访问 MongoDB 的代码。根据 MongoDB 的查询语法，调整相关的查询、插入和更新操作。

7. 监控和优化

在完成数据迁移后，继续监控 MongoDB 的性能表现，根据实际运行情况进行必要的优化，如索引优化、查询优化等。

第6章
典型的分布式存储系统

本章介绍几种广泛应用于实际项目中的分布式存储系统。

6.1 HDFS——Hadoop 分布式文件系统

HDFS 是为处理大规模数据而设计的分布式文件系统。HDFS 以其高容错性、高吞吐量的特性，在大数据处理和存储领域占有重要地位。

HDFS 是 Hadoop 的核心子项目，在大数据开发中对海量数据进行存储与管理。它可以运行在廉价的商用服务器上，为海量数据提供了不怕故障的存储方法。

HDFS 的主要特征如下。

- 非常适合使用商用硬件进行分布式存储和分布式处理，具有容错性、可扩展性，并且扩展极其简单。
- 具有高度可配置性。在大多数情况下，仅需要针对非常大的集群调整默认配置。
- HDFS 可以运行于所有主流平台，因为 HDFS 是 Hadoop 的核心框架，而 Hadoop 是用 Java 编写的。
- 支持利用类似 Shell 的命令直接与 HDFS 交互。
- 内置了 Web 服务器，可以通过浏览器轻松检查集群的运行状态。

6.1.1 HDFS 的架构

HDFS 的架构如图 6-1 所示。

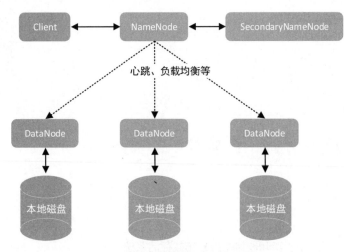

图 6-1　HDFS 的架构

HDFS 是一个主/从（Master/Slave）架构设计的分布式系统。在 HDFS 集群启动后，集群中会运行三种进程，名字分别为 NameNode、DataNode 和 SecondaryNameNode。

- NameNode 进程所在的节点被称为 NameNode 节点。
- DataNode 进程所在的节点被称为 DataNode 节点。
- SecondaryNameNode 进程所在的节点被称为 SecondaryNameNode 节点。

典型的 HDFS 集群由一个 NameNode 节点、多个 DataNode 节点和一个 SecondaryNameNode 节点组成。

（1）NameNode 节点。

NameNode 节点是 HDFS 集群的主节点，其主要职责是存储和管理元数据，例如文件名、文件大小及存储位置等关键信息。它维护了一个文件系统目录树，用于追踪所有文件和文件夹的元数据，并记录任何元数据的变化。在 HDFS 中，文件被拆分为多个数据块存储在 DataNode 节点上，这些文件与数据块的对应关系也由 NameNode 节点精心维护。

此外，NameNode 还负责记录数据块与 DataNode 节点之间的映射关系，包括哪些数据块存储在哪些 DataNode 节点上，以及每个 DataNode 节点上都存储了哪些数据块。

为了持续监控 DataNode 节点的状态，NameNode 节点会定期接收来自 DataNode 节点的"心跳"信号。"心跳"信号帮助 NameNode 节点了解 DataNode 节点的在线状态（活着还是宕机），从而做出相应的策略调整。

（2）DataNode 节点。

DataNode 节点作为 HDFS 的从节点，承担着存储数据块的任务。DataNode 节点会根据

NameNode 节点的指令来执行数据块的创建、删除和复制等操作，并定期向 NameNode 节点报告其所管理的数据块信息。

（3）SecondaryNameNode 节点。

SecondaryNameNode 节点并非作为备份 NameNode 节点存在，而是作为 NameNode 节点的辅助工具，帮助其更有效地管理元数据。

HDFS 的元数据主要保存在两个文件中：fsimage 和 edits。fsimage 存储元数据信息，包含文件系统的所有目录、文件信息，以及数据块的索引；edits 则记录了 HDFS 的所有修改日志。

当 NameNode 节点启动时，它会从 fsimage 文件中读取 HDFS 的当前状态，并合并 fsimage 和 edits 文件以获取完整的元数据。然而，在大型且繁忙的集群中，edits 文件可能会迅速增长，导致 NameNode 节点的启动时间显著延长。为了缓解这一问题，SecondaryNameNode 节点会定期协助 NameNode 节点合并 fsimage 和 edits 文件，从而控制 edits 文件的大小，确保集群高效运行。

SecondaryNameNode 节点的工作流程如图 6-2 所示。

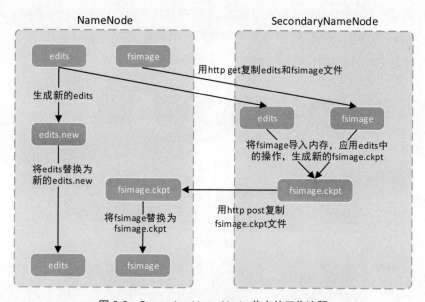

图 6-2　SecondaryNameNode 节点的工作流程

（1）SecondaryNameNode 节点在准备从 NameNode 节点获取元数据时，会先通知 NameNode 节点暂停对 edits 文件的写入操作。接到通知后，NameNode 节点会中止对 edits 文件的写入，转而将新的日志信息记录到另一个文件 edits.new 中。

（2）SecondaryNameNode 节点通过 http get 请求将 NameNode 节点的元数据文件 edits

和 fsimage 获取到本地，并将其合并为一个新的文件 fsimage.ckpt。

（3）完成合并后，SecondaryNameNode 节点会通过 http post 请求将新生成的 fsimage.ckpt 文件发送回 NameNode 节点。NameNode 节点在收到这个文件后，会用它来替换原有的 fsimage 文件，并删除旧的 edits 文件。同时，NameNode 节点还会将 edits.new 文件重命名为 edits，将接收的 fsimage.ckpt 文件重命名为 fsimage。

这一系列操作有效地防止了 NameNode 节点的日志文件无限制地增长，进而优化了 NameNode 节点的启动速度。

6.1.2　HDFS 数据的存储与复制

在 HDFS 中，任何文件都会被切割成大小为 128MB 的数据块进行存储。但是，如果某个文件的大小本身就小于一个数据块，那么它将按照其实际大小进行存储，并不会占用整个数据块的空间。

> **提示**　HDFS 的数据块大小为 128 MB 是为了减少寻址开销。数据块数量越多，寻址数据块所花费的时间就越多。

HDFS 的每一个数据块都默认有 3 个副本，分别存储在不同的 DataNode 节点上，以支持容错。因此，数据块的某个副本丢失并不会影响对数据块的访问。

HDFS 数据块的存储结构如图 6-3 所示。

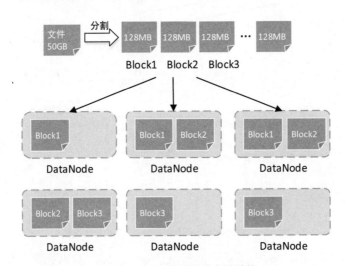

图 6-3　HDFS 数据块的存储结构

HDFS 允许管理员动态调整数据块的大小和副本数量，以适应不同文件的存储需求。如果某个数据块的副本数量低于配置的目标数量，则 NameNode 节点会指示 DataNode 节点创建更多副本；

反之，如果副本过多，则系统会自动删除多余的副本。

6.1.3　HDFS 中的数据读取/写入流程

在 HDFS 中，数据的读取/写入需要首先向 NameNode 节点发起请求。

1. 数据读取流程

HDFS 中的数据读取流程如图 6-4 所示。

（1）客户端在需要读取数据时，向 NameNode 节点发起读请求。

（2）NameNode 节点在收到请求后，会将请求文件的数据块在 DataNode 节点上的具体位置（元数据）返回给客户端。

（3）客户端根据文件数据块的位置找到相应的 DataNode 节点进行数据读取。

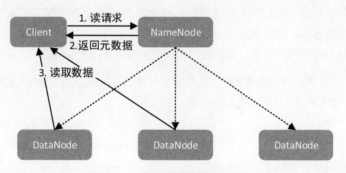

图 6-4　HDFS 中的数据读取流程

2. 数据写入流程

HDFS 中的数据写入流程如图 6-5 所示。

（1）客户端在需要写文件时，向 NameNode 节点发起写请求，将需要写入的文件名、文件大小等元数据告诉 NameNode 节点。

（2）NameNode 节点将文件元数据记录到本地，同时验证客户端的写入权限，若验证通过，则会向客户端返回文件数据块能够存放在 DataNode 节点上的存储位置信息。

（3）客户端向 DataNode 节点的相应位置写入数据。

（4）被写入数据块的 DataNode 节点会将数据块复制到其他 DataNode 节点上。

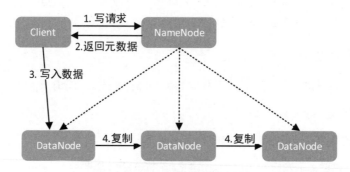

图 6-5　HDFS 中的数据写入流程

可以这样想象一下，NameNode 节点是一个仓库管理员——管理仓库中的商品；DataNode 节点是一个仓库——存储商品，商品就是数据。仓库管理员只有一个，而仓库可以有多个。

- 当我们需要从仓库中获取商品时，要先询问仓库管理员并获得其同意，仓库管理员会返给我们商品的具体位置（例如在 1 号仓库的 1 号货架上），然后我们根据位置信息去取得商品。
- 当我们需要向仓库中存入商品时，要先询问仓库管理员并获得其同意，仓库管理员会返给我们商品能够存放的具体位置，然后我们根据位置信息去存入商品。

此外，用户可以使用多种客户端接口（包括命令行接口、代码 API 和浏览器接口）对 HDFS 发起读写操作，而不需要考虑 HDFS 的内部实现。

6.1.4　【实战】使用 HDFS

使用 HDFS 的具体步骤如下。

1. 准备

部署 HDFS 需要进行以下准备。

- 硬件准备：建议为 NameNode 节点配置更高的内存和 CPU，因为它需要处理大量的元数据操作；而 DataNode 节点可以根据存储需求配置适量的硬盘空间。
- 软件准备：确保所有节点都安装了 Java，因为 Hadoop 是用 Java 编写的。同时，下载最新版本的 Hadoop 软件包。

2. 配置 Hadoop

由于 HDFS 已集成在 Hadoop 中，因此需要配置 Hadoop。

（1）解压缩 Hadoop 软件包。在所有节点上都解压缩 Hadoop 软件包到指定目录。

（2）配置 Hadoop 环境变量。编辑.bashrc 或.profile 文件，添加 Hadoop 相关的环境变量。

（3）修改 Hadoop 配置文件，主要包括 core-site.xml、hdfs-site.xml、mapred-site.xml 和

yarn-site.xml。配置这些文件以指定 HDFS 的主目录、NameNode 节点和 DataNode 节点的访问地址等信息。

（4）格式化 NameNode 节点数据。这个步骤会初始化 HDFS 的命名空间。在 NameNode 节点上执行以下命令。

```
hadoop namenode -format
```

（5）启动 HDFS。

使用 start-dfs.sh 脚本启动 HDFS。这个脚本会启动 HDFS 上的 NameNode 进程、SecondaryNameNode 进程和所有 DataNode 进程。可以通过访问 NameNode 节点的 Web 界面来验证是否成功启动。

在启动 HDFS 集群后，通过浏览器查看 HDFS 集群的状态信息，IP 地址为 NameNode 节点的 IP 地址，端口默认为 9870。例如，本书中的 NameNode 进程部署在节点 centos01 上，IP 地址为 192.168.170.133，则 HDFS Web 界面访问 http://192.168.170.133:9870。若在本地 Windows 系统的 hosts 文件中配置了域名 IP 映射，且域名为 centos01，则可以访问 http://centos01:9870，如图 6-6 所示。

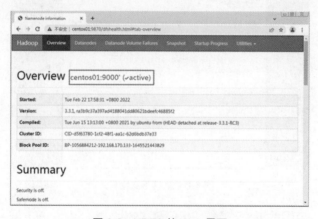

图 6-6　HDFS 的 Web 界面

HDFS 的 Web 界面中包含了基本信息，例如系统启动时间、Hadoop 的版本号、Hadoop 的源码编译时间、集群 ID 等，在 Summary 一栏中还包括了 HDFS 磁盘存储空间、已使用空间、剩余空间等信息。

单击导航栏的 Utilities 按钮，在下拉菜单中选择 Browse the file system，即可看到 HDFS 的文件目录结构，默认显示根目录下的所有目录和文件，并且可看到目录和文件的权限、拥有者、文件大小、最近更新时间、副本数等信息。也可以在上方的文本框中输入需要查看的目录路径，然后按下 Enter 键进行查看，如图 6-7 所示。

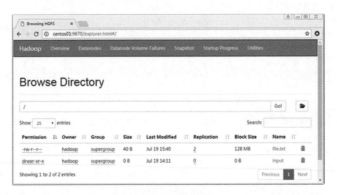

图 6-7　浏览文件

还可以从 HDFS Web 界面中直接下载文件：单击文件列表中需要下载的文件名超链接，在弹出的窗口中单击 Download 超链接即可，如图 6-8 所示。

图 6-8　直接下载文件

6.1.5　【实战】使用命令行操作 HDFS 文件

用户可以通过命令行界面与 HDFS 交互——进行读取、移动、创建等操作。

命令行的格式如下。

```
$ bin/hadoop fs -命令 文件路径
```

或者

```
$ bin/hdfs dfs -命令 文件路径
```

上述格式中的 hadoop fs 和 hdfs dfs 为命令前缀。

执行以下命令可以列出 HDFS 的所有命令及解析。

```
$ bin/hdfs dfs -help
```

使用以下命令可以查看具体某个命令的详细解析。

```
$ bin/hdfs dfs -help 命令名称
```

下面介绍 HDFS 的常用操作命令。若没有配置 Hadoop 的系统 PATH 变量，则需要进入 $HADOOP_HOME/bin 目录执行。

1. ls 命令

使用 ls 命令可以查看 HDFS 中的目录和文件。例如，查看 HDFS 根目录下的目录和文件，命令如下。

```
$ hadoop fs -ls /
```

递归列出 HDFS 根目录下的所有目录和文件，命令如下。

```
$ hadoop fs -ls -R /
```

上述命令中的 hadoop fs 为操作 HDFS 的命令前缀，不可省略。该前缀也可以使用 hdfs dfs 代替。

2. put 命令

使用 put 命令可以将本地文件上传到 HDFS 中。例如，将本地当前目录文件 a.txt 上传到 HDFS 根目录下的 input 文件夹中，命令如下。

```
$ hadoop fs -put a.txt /input/
```

3. moveFromLocal 命令

使用 moveFromLocal 命令可以将本地文件移动到 HDFS 中，可以一次移动多个文件。执行 moveFromLocal 命令后，源文件将被删除。例如，将本地文件 a.txt 移动到 HDFS 根目录下的 input 文件夹中，命令如下。

```
$ hadoop fs -moveFromLocal a.txt /input/
```

4. get 命令

使用 get 命令可以将 HDFS 中的文件下载到本地，注意下载时的文件名不能与本地文件相同，否则会提示文件已经存在。下载多个文件或目录到本地时，要将本地路径设置为文件夹。

例如，将 HDFS 根目录下的 input 文件夹中的文件 a.txt 下载到本地当前目录，命令如下。

```
$ hadoop fs -get /input/a.txt a.txt
```

将 HDFS 根目录下的 input 文件夹下载到本地当前目录，命令如下。

```
$ hadoop fs -get /input/ ./
```

需要注意的是，要确保用户对当前目录有可写权限。

5. rm 命令

使用 rm 命令可以删除 HDFS 中的文件或文件夹，每次都可以删除多个文件或目录。

例如，删除 HDFS 根目录下的 input 文件夹中的文件 a.txt，命令如下。

```
$ hadoop fs -rm /input/a.txt
```

递归删除 HDFS 根目录下的 output 文件夹及该文件夹下的所有内容，命令如下。

```
$ hadoop fs -rm -r /output
```

6. mkdir 命令

使用 mkdir 命令可以在 HDFS 中创建文件或目录。例如，在 HDFS 根目录下创建文件夹 input，命令如下。

```
$ hadoop fs -mkdir /input/
```

也可使用-p 参数创建多级目录，如果父目录不存在，则自动创建父目录，命令如下。

```
$ hadoop fs -mkdir -p /input/file
```

7. cp 命令

使用 cp 命令可以复制 HDFS 中的中的文件到另一个位置，并为文件重命名，保留源文件。

例如，将/input/a.txt 复制为/input/b.txt，并保留 a.txt，命令如下。

```
$ hadoop fs -cp /input/a.txt /input/b.txt
```

8. mv 命令

使用 mv 命令可以移动 HDFS 中的文件到另一个位置，并为文件重命名，删除源文件。

例如，将/input/a.txt 移动到/input/b.txt，命令如下。

```
$ hadoop fs -mv /input/a.txt /input/b.txt
```

9. appendToFile 命令

使用 appendToFile 命令可以将单个或多个文件的内容从本地系统追加到 HDFS 的文件中。

例如，将本地当前目录下的文件 a.txt 的内容追加到 HDFS 的/input/b.txt 文件中，命令如下。

```
$ hadoop fs -appendToFile a.txt /input/b.txt
```

若需要一次追加多个本地系统文件的内容，则多个文件用空格隔开。例如，将本地文件 a.txt 和 b.txt 的内容追加到 HDFS 的/input/c.txt 文件中，命令如下。

```
$ hadoop fs -appendToFile a.txt b.txt /input/c.txt
```

10. cat 命令

使用 cat 命令可以查看并输出 HDFS 中某个文件的所有内容。例如，查看 HDFS 中的/input/a.txt 文件的所有内容。

```
$ hadoop fs -cat /input/a.txt
```

可以同时查看并输出 HDFS 中的多个文件内容，结果会将多个文件的内容按照顺序合并输出。例如，查看 HDFS 中的/input/a.txt 文件和/input/b.txt 文件的所有内容。

```
$ hadoop fs -cat /input/a.txt /input/b.txt
```

6.1.6　HDFS 如何确保数据的高可用性

自 Hadoop 3.0.0 起，HDFS 支持在同一集群内运行两个或更多 NameNode 节点。在这些节点中，仅有一个处于活动（active）状态，负责对外提供读写服务，而其余节点则处于备用（standby）状态。若处于 active 状态的 NameNode 节点发生故障，则 HDFS 集群迅速切换至处于 standby 状态的 NameNode 节点，确保服务的连续性，从而实现了故障转移。为简化说明，本节以包含两个 NameNode 节点的配置为例。

为实现故障的无缝切换，处于 standby 状态的 NameNode 节点需与处于 active 状态的 NameNode 节点保持元数据同步。为此，两个 NameNode 节点都需要与一组名为 JournalNode 的独立进程通信（后续我们将运行 JournalNode 进程的节点称为 JournalNode 节点）。每当处于 active 状态的 NameNode 节点的元数据发生变更时，这些更改都会被持久化地记录到大多数 JournalNode 节点上。处于 standby 状态的 NameNode 节点则持续监控这些 JournalNode 节点，并读取其中的变更信息，以确保其元数据与处于 active 状态的 NameNode 节点保持一致，如图 6-9 所示。

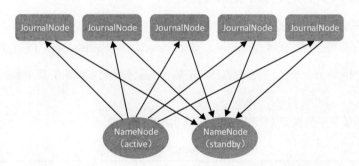

图 6-9　通过 JournalNode 节点进行 NameNode 节点状态同步

这种实现方式被称为 Qurom Journal Manager（QJM），其基本原理是：采用 $2N+1$ 个 JournalNode 节点来存储元数据信息。当处于 active 状态的 NameNode 节点向 QJM 集群写入数据时，只要获得超过半数（即 $\geq N+1$）的 JournalNode 节点返回成功确认，便视为该次数据写入成功。这种机制确保了数据的高可用性。QJM 集群可以承受最多 N 台计算机的故障，一旦超过这个数量，数据写入将会失败。

此外，为了确保故障快速转移，处于 standby 状态的 NameNode 节点需要持续获取集群中数据块的最新位置信息。为实现这一目标，DataNode 节点被配置为知晓两个 NameNode 节点的位置，并将数据块的位置信息和心跳信号同时发送给这两个节点，如图 6-10 所示。

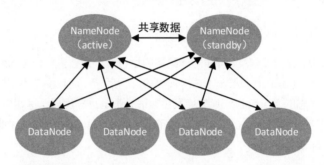

图 6-10　两个 NameNode 节点通过 DataNode 节点共享数据

6.2　HBase——分布式列式存储数据库

本节对分布式存储中常用的 HBase 数据库进行介绍。

6.2.1　HBase 与传统关系数据库的区别

HBase 位于 Hadoop 生态系统的结构化存储层，并且使用 ZooKeeper 来协调服务。HDFS 为 HBase 提供了高可靠性的底层存储支持，MapReduce 为 HBase 提供了高性能的计算能力。

HBase 与 Hadoop 一样，主要依靠横向扩展，需要不断增加廉价的商用服务器来提高计算和存储能力。

HBase 与传统关系数据库（RDBMS）的区别如表 6-1 所示。

表 6-1　HBase 与 RDBMS 的区别

类别	HBase	RDBMS
硬件架构	分布式集群，硬件成本低廉	传统多核系统，硬件成本昂贵
数据库大小	PB	GB、TB

续表

类别	HBase	RDBMS
数据分布方式	稀疏的、多维的	以行和列组织
数据类型	只有简单的字符串类型，所有其他类型都由用户自定义	丰富的数据类型
存储模式	基于列存储	基于表格结构的行存储
数据修改	可以保留旧版本数据，插入对应的新版本数据	替换修改旧版本数据
事务支持	只支持单个行级别	对行和表全面支持
查询语言	可使用 Java，若结合其他框架，如 Hive，则可以使用 HiveQL（本质上是一种 SQL）	SQL
吞吐量	百万次查询每秒	数千次查询每秒
索引	只支持行键，除非结合其他技术，如 Hive	支持

6.2.2　HBase 的数据模型及架构

1. HBase 的数据模型

HBase 的数据模型与传统关系数据库（RDBMS）不同。

图 6-11 以可视化的方式对比了 RDBMS 和 HBase 的数据模型。

id	name	age	hobby	address
001	zhangsan	26	篮球	山东
002	lisi	20	跑步	NULL
003	wangwu	NULL	NULL	青岛
004	zhaoliu	NULL	NULL	NULL

rowkey	family1	family2
001	family1:name=zhangsan family1:age=26	family2:hobby=篮球 family2:address=山东
002	family1:name=lisi family1:age=20	family2:hobby=跑步
003	family1:name=wangwu	family2:address=青岛
004	family1:name=zhaoliu	

图 6-11　RDBMS 和 HBase 的数据模型对比

（1）表（table）。

与 RDBMS 不同，HBase 表是多维映射的。

（2）行（row）。

HBase 中的行由行键（rowkey）和一个或多个列（column）组成。行键类似于 RDBMS 中的主键，在整个 HBase 表中是唯一的。

（3）列族（column family）。

HBase 列族由多个列组成，相当于将列进行分组。列的数量没有限制，一个列族可以有数百万个列。列族不能轻易修改，且数量不能太多，一般不超过 3 个。

（4）列限定符（qualifier）。

列限定符，即列的名称，它帮助我们精确定位列族中的数据，通常遵循"family:qualifier"的定位格式。例如，若我们想找到列族"cf1"中的"name"列，就会使用"cf1:name"这样的标识。在 HBase 中，列族和列限定符均可视作列，但它们处于不同的层级。一个列族下可包含多个列限定符，因此，我们可以将列族理解为一级列，而列限定符则是其下的二级列，二者之间存在父子关系。

（5）单元格（cell）。

单元格是 HBase 中数据存储的基本单位，它通过行键、列族和列限定符的组合来精确定位。每个单元格都包含数据值和时间戳。这个时间戳非常重要，它记录了数据值的历史版本，其类型为 long。在默认情况下，时间戳表示数据被写入服务器的时间。HBase 会根据这个时间戳，为每个单元格都保存数据的多个版本，并按照时间戳进行降序排列，这样最新的数据值会排在最前面，便于快速查找最新的数据值。当我们访问单元格中的数据时，系统默认会读取并展示最新的数据值。

> **提示** 由于 HBase 表是多维映射的，因此行、列的排列与 RDBMS 不同。RDBMS 对于不存在的值，必须存储 NULL 值；而在 HBase 中，不存在的值可以省略，且不占存储空间。此外，HBase 在新建表时必须指定表名和列族，不需要指定列，所有的列在后续添加数据时动态添加，而 RDBMS 指定好列以后，不可以修改和动态添加。

也可以把 HBase 的数据模型看成一个键值数据库，通过 4 个键定位到具体的值。这 4 个键分别为行键、列族、列限定符和时间戳（也可省略，默认取最新数据）。首先通过行键定位到一整行数据，然后通过列族定位到列所在的范围，最后通过列限定符定位到具体的单元格数据。既然是键值数据库，就可以有很多用来描述的方法。如图 6-12 所示，通过 JSON 数据格式表示 HBase 的数据模型。

当然，还可以通过 Java 来描述 HBase 的数据模型。我们都知道，Java 中常用的存储键值的集合为 Map，而 Map 是允许多层嵌套的，使用 Map 嵌套来表示 HBase 数据模型的效果如下。

```
Map<rowkey,Map<column family,Map< qualifier,Map<timestamp, data>>>>
```

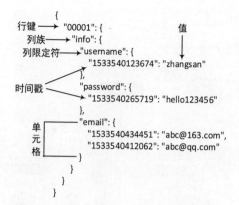

图 6-12　HBase JSON 格式的数据模型

2. HBase 的架构

HBase 的架构如图 6-13 所示。

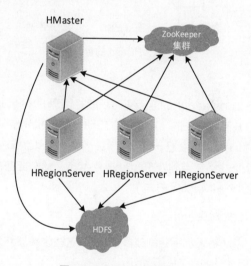

图 6-13　HBase 的架构

HBase 是一个典型的主/从（Master/Slave）架构的分布式系统。在 HBase 集群启动后，集群中会存在名为 HMaster 和 HRegionServer 的两种进程。我们将 HMaster 进程所在的节点称为 HMaster 节点，将 HRegionServer 进程所在的节点称为 HRegionServer 节点。

值得注意的是，HBase 并不直接存储数据，而是将数据保存在 HDFS 中，同时依赖 ZooKeeper 来协同 HBase 集群中的各个节点。因此，一个标准的 HBase 分布式系统通常包括一个 HMaster 节点、多个 HRegionServer 节点、一个 HDFS 集群及一个 ZooKeeper 集群。

6.2.3　HBase 的存储原理

HBase 的存储原理如图 6-14 所示。

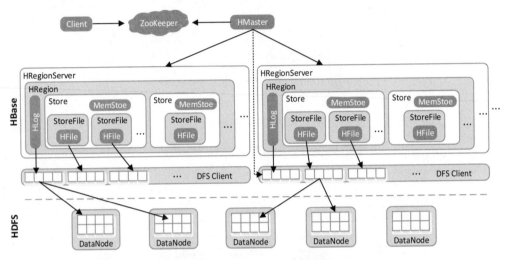

图 6-14　HBase 的存储原理

（1）HMaster。

HMaster 节点通过与 ZooKeeper 的连接实时获取并管理 HRegionServer 节点的状态。值得注意的是，HMaster 节点并不是唯一的，用户可以启动多个 HMaster 节点以提高系统的可靠性。通过 ZooKeeper 的选举机制，确保在任一时刻仅有一个 HMaster 节点处于 active 状态，负责集群的管理任务，而其他 HMaster 节点则处于 standby 状态，随时准备接替故障的 active 节点（在常规配置中，通常会启动两个 HMaster 节点）。

（2）HRegion 与 HRegionServer。

HBase 通过 rowkey 自动将表水平分割成多个区域，这些区域被称为 HRegion。每个 HRegion 都由表中的一部分行数据组成，如图 6-15 所示。

rowkey	family1	family2
001	family1:name=zhangsan family1:age=26	family2:hobby=篮球 family2:address=山东
002	family1:name=lisi family1:age=20	family2:hobby=跑步
003	family1:name=wangwu	family2:address=青岛
004	family1:name=zhaoliu	

图 6-15　HBase 表被水平分割成多个 HRegion

　　最初，一个表只包含一个 HRegion，但随着数据的不断增多，当数据量达到一定程度时，系统会在某行的边界处将表分割成两个大小相近的 HRegion。随后，HMaster 节点会将这些 HRegion 分配到不同的 HRegionServer 节点上（同一张表的多个 HRegion 可以被分配到不同的 HRegionServer 节点上），由 HRegionServer 节点负责管理和响应客户端的读写请求。HRegion 与 HRegionServer 的关系如图 6-16 所示。

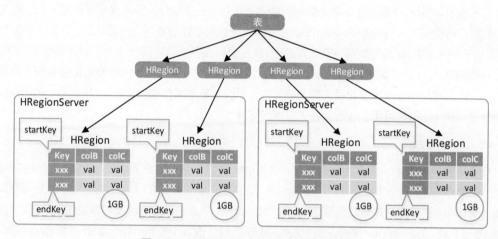

图 6-16　HRegion 与 HRegionServer 的关系

　　从图 6-16 可以看出，每一个 HRegion 都记录了其包含的 rowkey 的起始行键（startKey）和结束行键（endKey）。分布在集群中的所有 HRegion，按顺序排列就组成了一张完整的表。当客户端访问表数据时，可以通过 HMaster 节点快速定位每个 rowkey 所在的 HRegion。

　　为了节省数据的网络传输时间，HRegionServer 进程通常与 HDFS 的 DataNode 进程部署在同一个节点上。

> **提示**　当某个 HRegionServer 节点宕机时，HMaster 节点会将其中的 HRegion 迁移到其他 HRegionServer 节点上。

（3）Store。

　　在 HBase 中，一个 Store 负责存储表的一个列族的数据。由于表被水平分割成多个 HRegion，因此每个 HRegion 都会包含一个或多个 Store。Store 由 MemStore 和多个 HFile 文件组成。MemStore 相当于一个内存缓冲区，数据在写入磁盘之前会先存储在 MemStore 中。HFile 是 HBase 的底层数据存储格式，最终数据会以 HFile 的格式保存在 HDFS 中。当 MemStore 中的数据量达到设定阈值时，系统会生成一个 HFile 文件，并将 MemStore 中的数据迁移到该文件中。StoreFile 是对 HFile 文件的封装。

> **提示** 一个 HFile 文件只存储某个时刻 MemStore 中的所有数据，一个完整的行数据可能存储在多个 HFile 里。

（4）HLog。

HLog 是 HBase 的日志文件，记录数据的更新操作。与 RDBMS 类似，为了保证数据的一致性，实现回滚等操作，HBase 在写入数据时会先进行预写日志操作，即将更新操作写入 HLog 文件中，然后才将数据写入 Store 的 MemStore 中，只有这两个地方都写入并确认后，才认为数据写入成功。由于 MemStore 是将数据存储在内存中，并且只有当数据量达到一定大小时才会写入 HDFS，因此在数据写入 HDFS 之前，如果服务器发生故障，则 MemStore 中的数据可能会丢失。在这种情况下，可以利用 HLog 来恢复丢失的数据。由于 HLog 日志文件被存储在 HDFS 中，因此即使服务器崩溃，HLog 仍然可用，从而保证了数据的可靠性。

（5）ZooKeeper。

每个 HRegionServer 节点都会在 ZooKeeper 中注册一个专属的临时 znode（ZooKeeper 中的一种数据结构）。这种机制允许 HMaster 节点通过监控这些临时 znode 来实时发现可用的 HRegionServer 节点，并有效地跟踪 HRegionServer 节点的状态变化及可能发生的故障。此外，HBase 还利用 ZooKeeper 来确保整个系统中只有一个 HMaster 节点处于 active 状态，从而维护集群的稳定性和一致性。

6.2.4 HBase 的高可用机制与故障恢复机制

下面介绍 HBase 的高可用机制与故障恢复机制。

1. HBase 的高可用机制

HBase 的高可用性得益于其依赖的外部组件，如 ZooKeeper，这种机制能保障在节点发生故障时，数据的可访问性和系统的稳定性依然不受影响。为了进一步强化 HMaster 节点的高可用性，HBase 特别设计了多 HMaster 节点的配置。在这一配置中，存在一个处于 active 状态的 HMaster 节点，以及多个处于 standby 状态的 HMaster 节点，如图 6-17 所示。

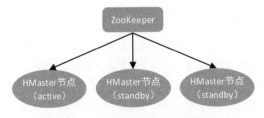

图 6-17 多 HMaster 节点的配置

若处于 active 状态的 HMaster 节点因发生故障而停止工作, ZooKeeper 会立刻检测到这种变化, 并迅速激活一个处于 standby 状态的 HMaster 节点, 使其转变为新的 active 节点, 无缝接替原先 active 节点的所有职责。

2. HBase 的故障恢复机制

（1）预写日志。

预写日志（Write-Ahead Logging，WAL）是 HBase 中一个至关重要的故障恢复机制。它的基本原理很简单：在进行数据变更操作（例如插入、更新或删除）之前，系统会先将这些操作记录在日志文件中。这些日志文件被安全地存储在 HDFS 中，以确保即使 HRegionServer 节点发生故障，这些重要的变更操作信息也不会丢失。

当 HRegionServer 节点被重新启动或恢复后，它会读取 WAL 中记录的操作，并重新执行这些操作，以确保所有未持久化的数据变更操作都能准确地应用到存储文件中。

（2）数据副本。

由于 HBase 的数据实际存储在 HDFS 中，因此 HBase 的副本策略与 HDFS 保持一致。

（3）自动分区和合并。

HBase 能够根据数据的实际存储需求自动对 HRegion 进行分区和合并。

- 当一个 HRegion 的大小超过配置的阈值时，它会自动分为两个较小的 HRegion，这有助于数据的均匀分布和负载均衡。
- 当两个相邻的 HRegion 大小都小于配置的下限时，它们会自动合并为一个较大的 HRegion，以优化资源利用。

这种动态调整机制确保了即使数据分布和访问模式发生变化，系统也能自适应，避免了某些 HRegion 过大导致的访问瓶颈。

（4）快速故障检测和响应。

借助 ZooKeeper，HBase 实现了快速故障检测和响应。ZooKeeper 维护着集群中所有 HRegionServer 节点的状态，一旦检测到无法访问某个 HRegionServer 节点，它会立即通知 HMaster 节点。随后，HMaster 节点会管理数据的恢复，这个过程的自动化大大缩短了故障恢复时间，减少了故障对业务的影响。

6.2.5 【实战】部署 HBase

部署 HBase 的过程可以分为几个关键步骤，具体如下。

1. 准备硬件

部署 HBase 所需的硬件如下。

- 服务器：选择具有高 I/O 吞吐量、大 RAM（建议 64GB 或更多）和多核 CPU 的服务器，以便有效处理并发请求。
- 存储：使用高速 SSD 或配置良好的 HDD 阵列，以获得最佳的读写性能。
- 网络：确保网络带宽充足，以支持节点之间的高速数据传输。

2. 安装和配置

（1）准备环境。

- 安装 Java，因为 HBase 依赖于 Java 运行。
- 配置 Hadoop 文件系统（HDFS），因为 HBase 构建在 HDFS 之上。

（2）下载 HBase。

- 访问 Apache HBase 的官网，下载最新稳定版本的 HBase。
- 将下载的 HBase 包解压缩到服务器的指定目录。

（3）配置 HBase。

- 编辑 conf/hbase-site.xml 配置文件，设置 hbase.rootdir 指向 HDFS 的路径，用于存储 HBase 的数据。
- 配置 hbase.zookeeper.quorum 为 ZooKeeper 服务的地址，HBase 使用 ZooKeeper 进行集群协调。

（4）启动 HBase。

- 使用 start-hbase.sh 脚本启动 HBase 服务。
- 使用 HBase Shell 或 API 进行操作验证。

HBase 提供了 Web 界面，浏览器访问 HMaster 节点的 16010 端口（http://centos01:16010）即可查看 HBase 集群的运行状态，如图 6-18 所示。

（5）验证安装。

HBase 为用户提供了一个非常方便的命令行操作方式，被称为 HBase Shell。使用 hbase shell 命令进入 HBase Shell 界面，执行一些基本命令（如 status、list 等），检查 HBase 是否正常运行。

（6）监控和维护。

利用 HBase 自带的 Web 界面或其他监控工具，如 Ganglia、Prometheus 等，持续监控 HBase 集群的健康状态和性能指标。

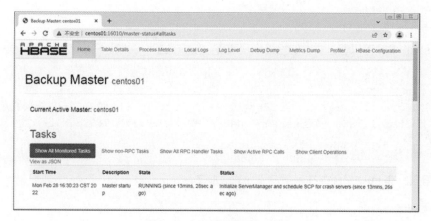

图 6-18　HBase 的 Web 界面

6.2.6 【实战】使用命令行操作 HBase 表数据

通过 HBase Shell，用户可以方便地创建、删除及修改表，还可以向表中添加数据、列出表中的相关信息等。

在启动 HBase 之后，可以通过执行以下命令启动 HBase Shell。

```
$ bin/hbase shell
```

（1）创建表。

在 HBase 中创建一张表名为 t1、列族名为 f1 的表，命令及返回信息如下。

```
hbase:004:0> create 't1','f1'
Created table t1
Took 2.2764 seconds=> Hbase::Table - t1
```

在创建表时，需要指定表名与列族名，在添加数据时动态指定列名。

> **提示**　在 HBase Shell 模式下，若输入错误需要删除，直接按"退格"键不起作用，可以按"Ctrl+退格"键进行删除。

（2）添加数据。

向表 t1 中添加一条数据，rowkey 为 row1，列 name 的值为 zhangsan，命令如下。

```
hbase:005:0> put 't1','row1','f1:name','zhangsan'
Took 0.5044 seconds
```

再向表 t1 中添加一条数据，rowkey 为 row2，列 age 为 18，命令如下。

```
hbase:006:0> put 't1','row2','f1:age','18'
Took 0.0600 seconds
```

（3）全表扫描。

使用 scan 命令可以通过对表的扫描来获取表中所有数据。例如，扫描表 t1，命令如下。

```
hbase:007:0> scan 't1'
ROW          COLUMN+CELL
 row1    column=f1:name, timestamp=2022-02-28T19:33:25.044, value=zhangsan
 row2    column=f1:age, timestamp=2022-02-28T19:33:40.962, value=18
2 row(s)
Took 0.1650 seconds
```

可以看到，表 t1 中已经存在两条已添加的数据了。

（4）查询一行数据。

使用 get 命令可以查询表中一整行数据。例如，查询表 t1 中 rowkey 为 row1 的一整行数据，命令如下。

```
hbase:020:0> get 't1','row1'
COLUMN                  CELL
 f1:name                timestamp=2022-02-28T19:33:25.044, value=zhangsan
Took 1.1610 seconds
```

（5）修改表。

修改表同样使用 put 命令。例如，修改表 t1 中行键 row1 对应的 name 值，将 zhangsan 改为 lisi，命令如下。

```
hbase:008:0> put 't1','row1','f1:name','lisi'
Took 0.0974 seconds
```

再扫描表 t1，此时 row1 中 name 的值已经变为"lisi"。

```
hbase:009:0> scan 't1'
ROW          COLUMN+CELL
 row1    column=f1:name, timestamp=2022-02-28T19:40:32.088, value=lisi
 row2    column=f1:age, timestamp=2022-02-28T19:33:40.962, value=18
2 row(s)
Took 0.0205 seconds
```

（6）删除特定单元格。

删除表中 rowkey 为 row1 的行的 name 单元格，命令如下。

```
hbase:010:0> delete 't1','row1','f1:name'
Took 0.0515 seconds
```

再扫描表 t1，发现 rowkey 为 row1 的行不存在了，因为 row1 只有一个 name 单元格，name 被删除了，所以 row1 一整行数据也就不存在了。

```
hbase:011:0> scan 't1'
ROW           COLUMN+CELL
 row2         column=f1:age, timestamp=2022-02-28T19:33:40.962, value=18
1 row(s)
Took 0.0172 seconds
```

本书不详细讲解更多命令。

6.2.7　【实战】优化 HBase 的性能

下面介绍优化 HBase 性能的一些策略。

1. 行键设计

行键设计指的是在 HBase 中巧妙地构建和组织行键，以满足特定的数据查询需求，主要包括以下几方面。

（1）盐值前缀。

在电商系统中，订单数据往往是按时间序列方式生成的，如果直接使用时间戳作为行键的前缀，则会导致新产生的订单数据都写入相同的 HRegion，引发写入拥堵问题。为了避免这种情况，可以在行键开头加入随机的盐值前缀。盐值前缀可以是用户 ID 的哈希值对 HRegionServer 节点数量取模的结果，这样可以保证数据被均匀分布在不同的 HRegionServer 节点上。

（2）反转时间戳。

通过反转时间戳，可以在一定程度上实现数据的分散存储。例如，对于电商系统中的订单数据，如果行键设计为"<用户 ID>-<反转时间戳>"，那么最新的订单数据在行键的排序上会更加分散，从而避免查询操作集中于特定 HRegion 的问题。

反转时间戳通常通过数学运算实现，以确保新的时间戳在行键排序中呈逆序状态。一种常用的策略是从一个较大的固定数值中减去当前时间戳，生成反转后的时间戳。

首先假设定义的固定数值为 MAX_TIMESTAMP，其值可以是一个预估的未来时间戳，或者是一个特定的数值（例如 9999999999999）。然后通过 System.currentTimeMillis()获取当前时间戳（用 current_timestamp 表示），再运用以下公式得出反转后的时间戳（用 reversed_timestamp 表示）。

```
long reversed_timestamp = MAX_TIMESTAMP - current_timestamp;
```

具体的 Java 代码如下。

```java
public class TimestampReverse {
    public static void main(String[] args) {
        // 定义最大时间戳，例如使用一个足够大的未来时间戳
```

```
        long MAX_TIMESTAMP = 9999999999999L;

        // 获取当前时间戳
        long currentTimestamp = System.currentTimeMillis();

        // 计算反转时间戳
        long reversedTimestamp = MAX_TIMESTAMP - currentTimestamp;

        System.out.println("当前时间戳: " + currentTimestamp);
        System.out.println("反转时间戳: " + reversedTimestamp);
    }
}
```

这种反转时间戳的方法特别适用于日志、事件流或者任何需要根据时间排序访问的场景，它确保新插入的数据不会集中于特定的 HRegion，提高了整体的读写性能。

（3）订单表行键设计。

订单表的行键设计可以是 "<用户 ID 的哈希值对 HRegionServer 节点数量取模>-<反转订单时间戳>-<订单 ID>"。这样既利用了盐值前缀来分散存储，又通过反转时间戳来优化读取性能。

2. 列族设计和数据压缩

在 HBase 中，合理设计列族并选择适当的数据压缩方式，对于优化存储空间和提高查询性能至关重要，这一点在大规模电商系统中体现得尤为明显。

（1）列族设计。

HBase 的数据是依据列族进行存储的。每个列族的数据都会被集中保存在一个存储文件（HFile）中。一个精心设计的列族结构可以大幅提升 HBase 的读写效率。

对列族设计的建议如下。

- 数据聚合：将经常需要同时访问的数据放在同一个列族中。由于 HBase 按列族读取数据，这种做法可以减少读操作时的磁盘 I/O。例如，在电商系统的用户信息表中，可以将用户的姓名、邮箱、手机号等基本信息归入一个列族，而用户的订单历史记录则归入另一个列族。
- 精简列族：应尽量减少列族的数量，因为每个额外的列族都会增加存储和管理的负担。一般来说，建议列族数量不超过 3 个。

以电商系统的用户表为例，可以设计如下两个列族。

```
表名: Users
列族 1: 基本信息
   - 姓名
   - 邮箱
```

　　– 手机号

列族 2：订单信息

　　– 订单 ID

　　– 订单金额

　　– 订单时间

（2）数据压缩。

数据压缩技术可以有效减少 HBase 所需的磁盘存储空间，并缩短数据在网络中的传输时间，从而提升系统性能。

HBase 提供两种主要的数据压缩方式。

- Snappy 压缩：适用于对压缩速度有较高要求的场景。它提供了较快的压缩速度和较强的解压缩能力，特别适合实时读写操作频繁的数据。

- GZIP 压缩：适用于存储空间有限的情况。GZIP 提供更高的压缩比，但压缩和解压缩的速度相对较慢，因此更适合处理冷数据或读取操作不频繁的数据。

针对上述 Users 表，可以对"基本信息"列族使用 Snappy 压缩，因为这部分数据访问较为频繁；而对"订单信息"列族则可以使用 GZIP 压缩，因为订单数据量较大且更新不频繁，更注重节省存储空间。

在 HBase 中创建表时，可以指定压缩选项，代码如下。

```
create 'Users', {NAME => '基本信息', COMPRESSION => 'SNAPPY'}, {NAME => '订单信
息', COMPRESSION => 'GZIP'}
```

3. 缓存与预分区

在 HBase 中，有效利用缓存和合理设计预分区可以优化读写性能。

（1）有效利用缓存。

HBase 配备了一个名为 BlockCache 的内存缓存机制，其主要功能是缓存 HFile 中的数据块，从而减少磁盘读取操作，大幅提升数据读取效率。当读取操作发生时，HBase 首先查找 BlockCache，如果找到所需数据，则直接返回，从而绕过耗时的磁盘 I/O 操作。

HBase 提供了两种类型的 BlockCache。

- 默认的 BlockCache：基于 LRU（Least Recently Used）算法，并在 JVM 堆内存中分配空间。

- BucketCache：对于规模较大的集群或面临高读取负载的场景，为了降低 JVM 堆内存的压力，可以选择使用 BucketCache。这种缓存可以配置在堆外内存（Off-Heap）中，或者直接映射到磁盘文件，从而提供更高效的缓存解决方案。

BlockCache 的大小可以在 hbase-site.xml 配置文件中设置。特别是默认的 BlockCache（即在 JVM 堆内存中分配空间），其大小由参数 hfile.block.cache.size 控制，这个参数决定了分配给 BlockCache 的堆内存百分比。

例如，将 JVM 堆内存的 40%分配给 BlockCache，可以设置如下。

```
<configuration>
    <property>
        <name>hfile.block.cache.size</name>
        <value>0.4</value>
    </property>
</configuration>
```

BucketCache 的配置通常需要设置以下几个参数。

- hbase.bucketcache.ioengine：BucketCache 的类型，可以是 offheap、file 或 mmap。
- hbase.bucketcache.size：BucketCache 的大小，单位是 MB。
- hbase.bucketcache.writer.threads：用于将数据写入 BucketCache 的线程数量。

例如，以下配置将 BucketCache 设置为使用 1GB 的堆外内存。

```
<configuration>
    <property>
        <name>hbase.bucketcache.ioengine</name>
        <value>offheap</value>
    </property>
    <property>
        <name>hbase.bucketcache.size</name>
        <value>1024</value> <!-- 1GB -->
    </property>
    <property>
        <name>hbase.bucketcache.writer.threads</name>
        <value>4</value>
    </property>
</configuration>
```

合理优化 BlockCache 的建议如下。

- 监控 BlockCache 的命中率：利用 HBase 的监控工具（如 JMX、HBase Shell 的 status'detailed'命令）监控 BlockCache 的命中率，有助于判断当前的缓存配置是否合理。
- 合理设置 BlockCache 的大小：BlockCache 的大小直接影响其性能。如果命中率较低，则意味着 BlockCache 太小，需要增加其大小；如果命中率很高但整体性能仍不满意，则需要检查其他瓶颈，如网络延迟、磁盘 I/O 等。如果 BlockCache 太大，则可能消耗过多内存。通常，可以将 JVM 堆内存的 40%~60%分配给 BlockCache。

（2）合理设计预分区。

为了避免在数据量激增时 HRegion 发生动态分裂，HBase 提供了在表创建时就进行预分区的功能，也就是提前设定 HRegion 的边界。以电商系统中的订单表为例，由于订单数量庞大且不断增长，采用预分区策略可以在表创建之初，就根据预计的数据规模和访问特点，将订单数据均衡地分散到多个 HRegion 中，以此达到负载均衡的效果。

在具体实施预分区时，可以参考以下策略。

- 根据业务特性选择分区键：例如，可以将订单的创建时间（年/月/日）融入分区键，形如 20250101_orderId，便于根据时间范围对订单数据进行分区。
- 预先计算分区点：根据历史数据分析和业务增长预测，预先计算出分区点（如每月或每周一个分区），避免因单个 HRegion 过大造成的性能瓶颈。

①使用 HBase Shell 设置预分区。

假设要创建一个订单表 Orders，预期订单数据会持续增长，那么可以在创建表时就指定分区策略。例如，可以基于时间戳（年/月）来划分区域。

```
create 'Orders', {NAME => 'info'}, SPLITS => ['2025-01', '2025-02', '2025-03', '2025-04']
```

上述命令会创建一个名为 Orders 的表，它有一个列族 info；SPLITS 参数用于指定预分区的键值，并且根据提供的分区键值['2025-01','2025-02','2025-03','2025-04']预先分为四个区域（HRegion）。

②使用 Java API 设置预分区。

如果使用 Java 开发 HBase 应用，则可以通过 Java API 来创建预分区的表。下面是使用 Java API 设置预分区的代码。

```java
public class CreatePreSplitTable {
  public static void main(String[] args) {
      // 初始化 HBase 配置
      Configuration config = HBaseConfiguration.create();
      // 使用 try-with-resources 语句确保资源的自动关闭
      try (Connection connection =
ConnectionFactory.createConnection(config);
          Admin admin = connection.getAdmin()) {

          // 定义表的名称
          TableName tableName = TableName.valueOf("Orders");
          // 创建表描述符，用于设置表的属性和配置
          HTableDescriptor tableDescriptor = new HTableDescriptor(tableName);
```

```
    // 创建列族描述符，这里只定义了一个名为 info 的列族
    HColumnDescriptor columnDescriptor = new HColumnDescriptor("info");
    // 将列族描述符添加到表描述符中
    tableDescriptor.addFamily(columnDescriptor);

    // 定义预分区键值，这些键值用于预先分割表的 HRegion
    byte[][] splitKeys = {
        Bytes.toBytes("2025-01"),
        Bytes.toBytes("2025-02"),
        Bytes.toBytes("2025-03"),
        Bytes.toBytes("2025-04")
    };
    // 使用表描述符和预分区键值创建表
    admin.createTable(tableDescriptor, splitKeys);

    // 打印信息表示表已成功创建
    System.out.println("Table created with pre-split regions.");
} catch (IOException e) {
    // 捕获并处理可能的异常
    e.printStackTrace();
    }
  }
}
```

这段代码演示了如何在 HBase 中创建一个名为 Orders 的表，并通过预定义的分区键值来预分区，以便在表创建时就分割成多个 HRegion。

4. 优化写入性能

在 HBase 中，可以通过以下两项措施来优化写入性能。

（1）禁用 WAL。

对于一些对数据一致性要求不是特别高的场景，比如临时数据处理、缓存数据更新等，可以考虑禁用 WAL（相关概念参见 6.2.5 节）来提高写入速度。

例如，在电商系统中，假设有一个用户浏览记录的临时表，这些数据用于短期内分析用户偏好，数据的丢失对业务影响不大。对于这种表，可以在写入数据时禁用 WAL。相关的 Java 代码如下。

```
// 写入一条数据
Put put = new Put(Bytes.toBytes("row1"));
put.addColumn(Bytes.toBytes("cf"), Bytes.toBytes("q1"),
Bytes.toBytes("value1"));
// 禁用 WAL
put.setDurability(Durability.SKIP_WAL);
```

```
table.put(put);
```

（2）批量写入。

批量写入是提高写入效率的有效手段，即通过一次网络通信写入多条记录，这样可以降低网络延迟和对存储系统的 I/O 操作。

批量写入适用于数据导入、日志记录等批量数据处理场景。在电商系统中，可能需要定期将用户行为日志批量写入 HBase 进行分析。

例如，将一批订单数据批量写入 HBase 的订单表，相关的 Java 代码如下。

```java
List<Put> puts = new ArrayList<>();
for (int i = 0; i < 100; i++) {
    Put put = new Put(Bytes.toBytes("row" + i));
    put.addColumn(Bytes.toBytes("cf"), Bytes.toBytes("q1"),
Bytes.toBytes("value" + i));
    puts.add(put);
}
// 批量写入
table.put(puts);
```

5. 优化读取性能

在高并发的电商系统中，可以通过使用过滤器（Filter）和客户端缓存来优化读取性能。

（1）使用过滤器优化读取性能。

过滤器在 HBase 中用于在服务器端过滤数据，它仅返回符合特定条件的数据行，从而减少网络传输的数据量，提高查询效率。

例如，在电商系统中，需要查询某个用户在特定日期范围内的订单记录。这时可以使用 SingleColumnValueFilter 过滤器来过滤不在日期范围内的订单，仅返回符合条件的记录。相关的 Java 代码如下。

```java
Filter filter = new SingleColumnValueFilter(Bytes.toBytes("cf"),
Bytes.toBytes("orderDate"),CompareFilter.CompareOp.GREATER_OR_EQUAL,
Bytes.toBytes("20250101"));
Scan scan = new Scan();
scan.setFilter(filter);
ResultScanner scanner = table.getScanner(scan);
for (Result result : scanner) {
    // 处理符合条件的记录
}
scanner.close();
```

在这段代码中，SingleColumnValueFilter 过滤器仅返回订单日期在 20250101 或之后的订单记录，这样就减少了不必要的数据传输，提高了查询效率。

（2）使用客户端缓存优化读取性能。

对于读操作频繁且数据不经常变更的场景，可以在客户端实现缓存机制。这样，客户端在读取数据时首先查找本地缓存，如果缓存中有数据，则直接返回，无须每次都查询 HBase 数据库。

例如，在电商系统中，商品信息的读取操作非常频繁，但商品信息的更新相对较少。因此，可以将商品信息缓存在客户端，当用户查询商品信息时，先从缓存中查找。相关的 Java 代码如下。

```java
public class ProductInfoCache {
    private Map<String, ProductInfo> cache = new ConcurrentHashMap<>();

    public ProductInfo getProductInfo(String productId) {
        // 先从缓存中获取商品信息
        ProductInfo productInfo = cache.get(productId);
        if (productInfo == null) {
            // 如果缓存中没有，则从 HBase 中查询，并放入缓存
            productInfo = queryProductInfoFromHBase(productId);
            cache.put(productId, productInfo);
        }
        return productInfo;
    }

    private ProductInfo queryProductInfoFromHBase(String productId) {
        // 实现从 HBase 中查询商品信息的逻辑
        return new ProductInfo();
    }
}
```

6.3 Elasticsearch——分布式实时搜索和分析引擎

Elasticsearch 在高并发分布式系统中充当实时搜索和分析引擎。

6.3.1 Elasticsearch 的基本概念

Elasticsearch 是一个分布式的、开源的全文搜索和分析引擎，使用 Java 编写，使全文搜索变得非常容易。

Elasticsearch 将全文搜索、结构化搜索和数据分析三大功能整合在一起，能够以近实时的速度存储、搜索和分析大型数据集。

Elasticsearch 的主要特点如下。

- 一个分布式的实时文档存储系统，每个字段都可以被索引与搜索。
- 能胜任上百个服务节点的扩展，并支持处理 PB 级别的结构化或者非结构化数据。

Elasticsearch 的基本概念如下。

1. 索引

索引（Index）是具有某些类似特征的文档的集合，相当于 RDBMS 中"数据库"的概念。例如，可以将客户数据添加到 Elasticsearch 的索引中。

每个索引都有一个唯一的名称（必须全部小写），当需要对索引中的文档执行搜索、更新和删除操作时，需要使用索引名称来定位相应的文档数据。

在 Elasticsearch 集群中可以根据需要创建任意数量的索引。

2. 类型

类型（Type）是对索引中的文档的逻辑分类或分组，相当于 RDBMS 中"表"的概念。例如，一个类型用于存储用户数据，另一个类型用于存储博客帖子数据。

> **提示**　Elasticsearch 6.X 规定一个索引只能有一个类型，推荐的类型名称是 _doc。而从 Elasticsearch 7.X 起，类型概念已被弃用。

3. 文档

一个文档（Document）是一个可以被索引的基本信息单元，相当于 RDBMS 表中的一行记录。例如，可以为一个单独的客户建立一个文档，还可以为一个单独的订单建立一个文档。

6.3.2　Elasticsearch 存储海量数据的原理——分片和副本

Elasticsearch 中引入了分片和副本的概念。

1. 分片

想象一下，一个索引包含了海量的数据，这些数据可能会超出单个服务器节点的存储和处理能力。比如，一个包含 10 亿条记录的索引占用了 1TB 的存储空间，这对于单个节点来说，可能是一个不小的挑战，甚至会影响搜索速度。

为了应对这个问题，Elasticsearch 采取了将索引切割成多个小部分的策略，这些小部分就是我们所说的"分片（shard）"。在创建索引的时候，可以根据需要设定分片的数量。每一个分片，其实都是一个独立且完整的"索引"，可以被放置在集群中的任意一个节点上。

分片的好处有以下两点。

（1）能够帮助我们横向扩展存储容量。

（2）通过在多个分片（可能分布在多个节点上）之间并行处理，可以显著提高系统的性能和吞吐量。

简而言之，一个大型的索引可以被切割成多个小分片，然后分散存储在不同的节点上。这种做法和 HDFS 的块机制有些类似。在实际应用中，我们只需要关心索引层面的事情，Elasticsearch 会自动为我们管理所有分片。

2. 副本

在 Elasticsearch 中，为了防范分片因发生故障而离线或丢失数据，系统允许我们将索引的分片复制成多个副本分片，简称"副本（replica）"。被复制的原始分片称为主分片。

副本具备以下两大特点。

（1）高可用性：在分片或节点发生故障时，副本能够提供数据冗余，确保服务的连续性。一旦主分片出现问题，系统可以迅速从副本分片中选举出一个新的主分片，以保障数据的完整性和服务的稳定性。值得注意的是，为了避免单点故障，副本分片从不会和它的主分片存放在同一个节点上。

（2）扩展搜索能力：副本还可以增加搜索的容量和吞吐量。因为搜索请求可以在所有副本上同时进行，从而有效分担了主分片的搜索压力，提升了整体搜索性能。

总的来说，Elasticsearch 中的分片可以没有副本，也可以有多个副本，具体数量在创建索引时可以自定义。而且，在创建索引后，还可以根据需要动态调整副本的数量。虽然通过 API 也可以更改现有索引的分片数，但操作相对复杂，因此，最好在系统设计之初就规划好分片的数量。

> **提示** 在默认情况下，Elasticsearch 集群中的每个索引都被分配了 5 个主分片，并且每个主分片都有一个副本分片，这意味着 Elasticsearch 集群中默认每个索引都包含 5 个主分片和 5 个副本分片，总计每个索引都有 10 个分片。

6.3.3　Elasticsearch 的集群架构和文档的读写原理

Elasticsearch 集群由多个节点（服务器）组成，这些节点一起保存 Elasticsearch 的所有数据，并提供跨所有节点的联合索引和搜索功能。集群由一个唯一的名称来标识，该名称默认为 elasticsearch（可以在配置文件中修改）。当某个节点被设置为相同的集群名称时，该节点才能加入集群。因此，如果有多个集群，则需要确保每个集群的名称都不重复。

1. 集群架构

Elasticsearch 中的每个分片都是一个最小工作单元，承载部分数据，并且具有完整的建立索引（当分片中的文档被修改后，需要重新对文档进行索引）和处理数据能力。重要的是，Elasticsearch

中的每个文档都只能存储在一个主分片及其对应的副本分片中，即同一个文档不会存储在多个主分片中，确保了数据的一致性和不重复性。

Elasticsearch 的集群架构如图 6-19 所示，其中，P0、P1、P2 为主分片，R0、R1、R2 分别为与主分片相对应的副本分片。注意：主分片与副本分片通常不会分配在同一个节点上，并尽可能在集群中均衡分布，以确保数据的高可用和负载均衡。

图 6-19　Elasticsearch 的集群架构

2. 文档写入流程

Elasticsearch 集群的任意一个节点都可以接收客户端的请求，且每个节点都知道任意一个文档所在集群中的位置。

当向集群写入文档时，系统首先会将文档写入主分片，待主分片完全写入成功后，再将文档复制到不同的副本分片中，如图 6-20 所示。

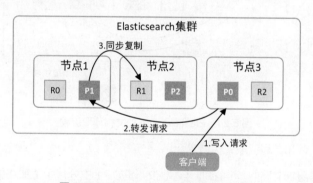

图 6-20　Elasticsearch 的文档写入流程

（1）客户端向节点 3 发起写入文档请求。

（2）节点 3 根据请求文档的_id 值判断该文档应该被存储在 P1 主分片中（即路由算法），于是将请求转发给 P1 主分片所在的节点（节点 1）。

（3）节点 1 在 P1 主分片中执行写入请求。如果请求执行成功，则节点 1 将并行地把该请求发给 P1 的所有副本。当所有副本都成功执行请求后，会向节点 1 回复一个成功确认；当节点 1 收到所有副本的确认信息后，会向用户返回一个写入成功的消息。

主分片向副本分片复制数据的过程默认是同步的，即主分片得到所有副本分片的成功响应后才返回，在客户端收到成功响应时，文档已被成功写入主分片和所有副本分片。当然，该过程也可以设置成异步的，即当主分片成功写入后立刻返给客户端，而不关心副本分片是否写入成功。这种异步写入方式有可能导致数据丢失，因为客户端不知道副本分片是否写入成功，并且可能因为在不等待其他副本分片就绪的情况下，客户端发送过多的请求导致 Elasticsearch 负载过重。目前，Elasticsearch 的写入速度已经非常快，因此不推荐使用异步写入方式。

> **提示** 删除和更新文档与写入文档的流程一样，都是先在主分片中执行成功后再到副本分片中执行。需要注意的是，在更新文档时，会先在主分片中更新成功，然后转发整个文档的新版本到副本分片中，而不是转发更新请求。

3. 文档读取流程

在读取文档时，为了负载均衡，文档可以从主分片或任意一个副本分片中读取，若同时有多个请求，会将请求均匀分配到不同的分片中。Elasticsearch 的文档读取流程如图 6-21 所示。

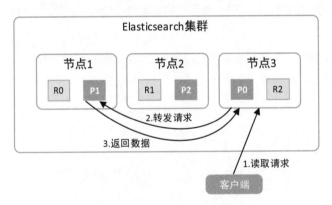

图 6-21 Elasticsearch 的文档读取流程

（1）客户端向节点 3 发起读取文档请求。

（2）节点 3 根据请求文档的_id 值判断该文档存储在 P1 主分片中（即路由算法），随后将请求转发给 P1 主分片所在的节点，即节点 1（也可能是 P1 主分片的副本分片 R1 所在的节点）。

（3）节点 1 在 P1 主分片中执行读取请求，然后将文档数据返给节点 3，最后返给客户端。

6.3.4 【实战】搭建 Elasticsearch 高性能搜索引擎

下面是搭建 Elasticsearch 高性能搜索引擎的基本步骤，由于篇幅原因，对于详细的搭建步骤，读者可自行查阅其他资料。

（1）准备环境。

　　Elasticsearch 的每个发行版本中都内置了 OpenJDK 捆绑版本，而且是其推荐使用的版本，因此不需要单独配置 JDK。

　　（2）安装 Elasticsearch。

　　在所有服务器上都安装 Elasticsearch 8.x。可以从 Elastic 官网下载相应版本的安装包。

　　（3）配置 Elasticsearch。

　　编辑每个节点上的 elasticsearch.yml 配置文件，设置以下参数以启用集群配置。

- cluster.name：设置集群名称，确保所有节点上的此设置都相同。
- node.name：设置每个节点的唯一名称。
- network.host：设置节点绑定的网络地址，可以是 IP 地址或主机名。
- http.port：设置 HTTP 通信的端口，默认是 9200。
- discovery.seed_hosts：设置集群中的种子节点列表，用于节点发现。
- cluster.initial_master_nodes：列出可以作为主节点选举的节点的名称，只在第一次启动集群时需要。

　　配置如下。

```
cluster.name: my-elasticsearch-cluster
node.name: node-1
network.host: 192.168.1.10
http.port: 9200
discovery.seed_hosts: ["192.168.1.10", "192.168.1.11", "192.168.1.12"]
cluster.initial_master_nodes: ["node-1", "node-2"]
```

　　（4）启动 Elasticsearch。

　　在所有节点上都启动 Elasticsearch。在 Linux 上，通常可以使用 systemctl 命令启动。

```
sudo systemctl start elasticsearch.service
```

　　（5）验证集群状态。

　　使用 curl 命令或 Kibana 的 Dev Tools 验证集群状态。以下命令将返回集群的健康状态和节点信息。

```
curl -X GET "localhost:9200/_cluster/health?pretty"
```

　　成功配置的集群应该显示"status":"green"，并列出所有节点。

　　Elasticsearch 搭建的注意事项如下。

- 确保网络配置允许节点间通信。
- 使用安全设置，如 SSL/TLS 加密和用户认证，特别是在生产环境中。

- 监控集群性能和健康状态，以及适时调整配置。

6.3.5 【实战】使用 Elasticsearch 索引与查询商品数据

下面使用 Elasticsearch 8.X 讲解索引和查询商品数据。

1. 索引商品数据

要向 Elasticsearch 索引（插入）一条数据，可以使用 PUT 或 POST 请求。

假设有一个名为 products 的索引用于存储商品信息，现在需要将商品数据索引到 Elasticsearch 中。使用 REST API 向 products 索引添加一个商品信息，代码如下。

```
PUT /products/_doc/1
{
  "name": "Elasticsearch 权威指南",
  "description": "深入浅出 Elasticsearch",
  "price": 99.99,
  "tags": ["搜索", "Elasticsearch", "编程", "数据库"],
  "available": true,
  "releaseDate": "2023-01-01"
}
```

这个请求将一个包含商品名称、描述、价格等信息的文档索引到 products 索引中，文档 ID 为 1。

2. 查询商品数据

若要查找包含"Elasticsearch"标签的所有商品，可以使用如下查询语句。

```
GET /products/_search
{
  "query": {
    "bool": {
      "must": [
        { "match": { "tags": "Elasticsearch" }},
        { "match": { "available": true }}
      ]
    }
  }
}
```

这个查询会返回 products 索引中所有标签字段包含"Elasticsearch"且商品为可购买状态的文档。

3. 高级查询

电商系统的查询不仅局限于简单的关键字匹配，还可能涉及价格区间、发布日期、库存状态等多维度的筛选。例如，用户希望找到发布在 2023 年，价格在 50~100 元的所有 Elasticsearch 相关图书，查询语句如下。

```
GET /products/_search
{
  "query": {
    "bool": {
      "must": [
        { "match": { "tags": "Elasticsearch" }},
        { "range": { "price": { "gte": 50, "lte": 100 }}},
        { "range": { "releaseDate": { "gte": "2023-01-01" }}}
      ]
    }
  },
  "sort": [
    { "price": "asc" }
  ]
}
```

这个查询展示了如何使用复合查询（bool 查询）结合范围查询（range 查询）和排序来实现复杂的查询需求。

6.3.6　【实战】使用 Elasticsearch 分析用户购买行为

Elasticsearch 提供了强大的数据聚合与分析能力，可以洞察用户行为、优化产品推荐、提升销售策略等。

假设电商系统希望分析最近一个月内各个类别的商品销售情况，以及用户的购买偏好，可以使用 Elasticsearch 的聚合查询对这些数据进行实时分析，分析流程如下。

（1）收集数据。

确保用户的购买行为数据已经被正确地收集并存储在 Elasticsearch 中。每条购买记录都可能包含以下字段。

```
userId: 用户 ID
productId: 商品 ID
category: 商品类别
amount: 购买金额
purchaseDate: 购买日期
```

（2）筛选时间范围。

使用 range 查询，通过设置 gte（greater than or equal）和 lte（less than or equal）来筛选最近 30 天内的数据，确保我们的分析基于最新的市场反馈。关键代码如下。

```
"range": {
    "purchaseDate": {
      "gte": "now-30d/d",
      "lte": "now/d"
    }
```

（3）设置聚合查询。

下面是聚合查询的核心步骤。通过 terms 聚合，基于 category.keyword 字段（假设每个商品数据都包含了商品类别信息）进行分组，可以得到各个类别的商品销售数据。关键代码如下。

```
"terms": {
    "field": "category.keyword",
    "size": 10
  }
```

（4）求和。

在每个类别的聚合下，使用 sum 聚合基于 amount 字段（金额）计算总销售额。这样可以直观地看到哪个类别的商品更受欢迎。关键代码如下。

```
"aggs": {
    "total_amount": {
      "sum": {
        "field": "amount"
      }
    }
```

（5）分析结果。

执行上述聚合查询后，Elasticsearch 会返回各个类别的商品销售额总和。分析这些数据可以得知哪些类别的商品在最近 30 天内最受欢迎，这对于调整营销策略和优化库存管理非常有帮助。

完整的聚合查询代码如下。

```
POST /purchases/_search
{
  "size": 0,
  "query": {
    "range": {
      "purchaseDate": {
        "gte": "now-30d/d",
        "lte": "now/d"
      }
```

```
    }
  },
  "aggs": {
    "category_sales": {
      "terms": {
        "field": "category.keyword",
        "size": 10
      },
      "aggs": {
        "total_amount": {
          "sum": {
            "field": "amount"
          }
        }
      }
    }
  }
}
```

6.3.7 【实战】使用 Elasticsearch 实时排名热门商品

在电商系统中，实时展示热门商品排行榜可以吸引用户的注意力，增加销售机会。使用 Elasticsearch 的数据聚合与分析功能可以轻松实现这个需求。

（1）确定分析目标。

需要先识别当前热门的商品，即最近一段时间内点击量最高的商品。

（2）准备数据。

假设有一个名为 product_clicks 的索引，记录了用户对商品的点击数据。每条记录都可能包含以下字段。

```
productId: 商品 ID
timestamp: 点击时间
```

（3）设置聚合查询。

为了找出热门商品，我们使用 Elasticsearch 的聚合查询来计算每个商品的点击量，并按点击量降序排列，从而得出最热门的商品。完整代码如下。

```
POST /product_clicks/_search
{
  "size": 0,
  "aggs": {
    "popular_products": {
```

```
    "terms": {
      "field": "productId.keyword",
      "order": { "_count": "desc" },
      "size": 5
    }
  }
 }
}
```

这个查询会返回点击量最高的前 5 个商品。其中，terms 聚合基于 productId.keyword 字段进行分组，order 参数指定了按聚合的文档数量（即点击量）降序排列，size 参数限制了返回的商品种类数目。

（4）展示结果。

在电商系统中，热门商品 ID 将被用于查询具体的商品信息（如名称、图片、价格等），并在首页或专门的热门商品区展示给用户。

6.3.8　Elasticsearch 是如何管理 JVM 堆内存的

JVM 堆内存是 Elasticsearch 缓存数据和执行操作的核心区域。Elasticsearch 的高效执行依赖于对 JVM 堆内存的有效管理。

1. JVM 堆内存管理

Elasticsearch 的性能和稳定性与其 JVM 堆内存大小密切相关。一般建议，将 Elasticsearch 节点的堆内存大小设置为服务器物理内存的一半,但不超过 32GB。这是因为超过 32GB 会禁用 JVM 的指针压缩，导致效率降低。

假设服务器有 64GB 物理内存，推荐的 Elasticsearch 堆内存配置为 32GB。这可以通过编辑 jvm.options 文件来完成，该文件位于 Elasticsearch 配置目录中。配置内容如下。

```
-Xms32g
-Xmx32g
```

这两行配置指定了 JVM 的初始堆和最大堆的大小均为 32GB，确保了堆内存是固定的,避免了堆内存的动态扩展带来的性能开销。

2. 内存分配和监控

Elasticsearch 会根据不同的需求来分配 JVM 堆内存，确保各种操作都能高效执行。

- 查询缓存：存储查询结果，加快相同查询的响应速度。
- 字段数据缓存：缓存聚合操作等需要的字段数据，减少对磁盘的访问。
- 索引缓存：用于存储索引操作的数据，直到它们被刷新到磁盘。

为了确保 Elasticsearch 的稳定运行和性能优化，可以持续监控其内存使用情况。

- Elasticsearch 的监控插件：例如 Elasticsearch Head 和 Kibana（这两个插件的详细讲解参见 6.3.10 节和 6.3.11 节），这两个插件提供了直观的 Web 界面来观察和分析 Elasticsearch 的各项内存指标。
- JVM 监控工具：例如 jconsole，它能够深入 JVM 内部，提供更详细的内存使用报告。

使用 jconsole 连接到 Elasticsearch 的 JVM 进程，只需在命令行中输入以下命令即可。

```
jconsole <pid>
```

其中，<pid>代表 Elasticsearch 的进程 ID。一旦连接成功，就可以实时地查看各种缓存的大小、状态及整体的内存使用情况了。

6.3.9　通过缓存提高 Elasticsearch 的查询效率

在 Elasticsearch 中，有效的缓存策略是提高查询效率和系统性能的关键。

1. 设置缓存

对于不同的缓存采取不同的设置方法。

（1）字段数据缓存。

字段数据缓存的主要作用是加速聚合、排序等操作。在进行这些操作时，Elasticsearch 需要从磁盘上读取相应的字段数据进行计算。这些数据原本存储在磁盘的倒排索引中，而字段数据缓存则能将这些数据保存在内存里，从而避免重复的磁盘 I/O 操作，提升处理速度。

虽然无法直接通过 Elasticsearch 的查询语句配置字段数据缓存，因为它是自动管理的。但是可以通过修改 elasticsearch.yml 配置文件或者使用 Cluster API 动态更新来控制缓存的大小。例如，如果想将字段数据缓存的大小设置为总堆内存的 20%，则可以在 elasticsearch.yml 中加入以下配置。

```
indices.fielddata.cache.size: 20% # 使用总堆内存的20%来存储字段数据缓存
```

（2）查询缓存。

查询缓存是用于缓存查询结果的一个全局缓存，特别适用于那些查询条件不变且数据更新频率低的场景，如一些报告数据的查询。当相同的查询被多次执行时，从缓存中获取结果，降低查询延迟。

在默认情况下，查询缓存是开启的。可以通过 Elasticsearch 配置文件或设置查询参数来控制缓存行为。例如，搜索状态（status）为 "active" 的文档，并且强制使用查询缓存来提高查询效率。相关代码如下。

```
GET /_search
{
  "query": {
    "match": {
      "status": "active"
    }
  },
  "request_cache": true // 强制使用查询缓存
}
```

在这个查询中，使用 match 查询来查找 status 字段中值为"active"的文档。通过在查询参数中添加"request_cache:true"告诉 Elasticsearch 尝试从缓存中获取查询结果，以减少查询时间。

（3）请求缓存。

请求缓存适用于缓存复杂的聚合查询结果，特别是在数据变更不频繁的情况下。

配置请求缓存，可以在 elasticsearch.yml 中全局配置或通过索引设置单独配置。在 elasticsearch.yml 中进行全局配置的代码如下。

```
index.requests.cache.enable: true # 开启请求缓存
```

需要注意的是，虽然缓存可以提高性能，但使用不当也可能导致内存资源紧张。

2．清理缓存

清理缓存分为自动清理与手动清理两种。

（1）自动清理。

Elasticsearch 维护了多种类型的缓存，如字段数据缓存、查询缓存等。自动清理缓存基于缓存使用情况和一定的阈值进行。Elasticsearch 会持续监控缓存的大小，一旦缓存大小达到配置的阈值，系统就会自动触发清理过程，删除旧的或者不常用的缓存数据，从而释放内存空间。

例如，可以在 Elasticsearch 的配置文件（通常是 elasticsearch.yml）中设置以下参数来调整字段数据缓存的清理间隔。

```
indices.cache.cleanup_interval: "5m"
```

这个配置意味着 Elasticsearch 会每 5 分钟检查一次字段数据缓存的使用情况，并在必要时进行清理。这个值可以根据具体的使用场景和系统负载进行调整。

此外，字段数据缓存还可以通过如下设置限制其最大值，当缓存使用达到这个值时，Elasticsearch 会自动清理旧的缓存数据。配置如下。

```
indices.fielddata.cache.size: 10%
```

这个配置将字段数据缓存大小限制为 JVM 堆内存的 10%。

（2）手动清理。

虽然 Elasticsearch 会自动管理缓存，但在某些情况下，手动清理缓存也是必要的，特别是在进行大量数据更新或删除操作之后。

Elasticsearch 提供了 API 来手动清理缓存，包括查询缓存、字段数据缓存等。例如，可以对整个集群或特定索引执行缓存清理操作。清理整个集群的查询缓存的命令如下。

```
POST /_cache/clear
```

要清理特定索引的查询缓存，可以指定索引名称。

```
POST /your_index_name/_cache/clear
```

在 Elasticsearch 开发中，可能会用到客户端库来执行缓存清理操作。例如，使用 Elasticsearch 的 Java REST 客户端来清理特定索引的查询缓存，代码如下。

```java
public class CacheClearExample {
    private static final String INDEX_NAME = "your_index_name";
    // 清理特定索引的查询缓存
    public static void clearQueryCache(RestHighLevelClient client) throws
IOException {
        // 发出清理请求
        Request request = new Request("POST", "/" + INDEX_NAME + "/_cache/clear");
        client.getLowLevelClient().performRequest(request);
    }

    public static void main(String[] args) {
        try (RestHighLevelClient client = new RestHighLevelClient(
                RestClient.builder(
                        // Elasticsearch 服务器地址
                ))) {
            clearQueryCache(client);
        } catch (IOException e) {
            e.printStackTrace();
        }
    }
}
```

在上述代码中，clearQueryCache()方法通过发送 POST 请求到/_cache/clear 端点来清理特定索引的查询缓存。使用此方法前，需替换为适当的 Elasticsearch 服务器地址并确保INDEX_NAME 变量已被正确设置为目标索引名。

6.3.10 【实战】使用 Kibana 可视化查询 Elasticsearch 数据

Kibana 是一个开源的分析与可视化平台，它通常与 Elasticsearch 结合使用。我们可以利用

Kibana 来搜索、查看及交互存放在 Elasticsearch 索引中的数据，并且能够通过多种图表（如表格和地图）等方式对数据进行直观的可视化呈现。

（1）安装和配置 Kibana。

Kibana 的安装很简单，只需要从 Elastic 官网下载与 Elasticsearch 相同版本的 Kibana，然后解压缩、安装即可使用。在 kibana.yml 配置文件中，指定 Elasticsearch 服务器地址的代码如下。

```
elasticsearch.hosts: ["http://localhost:9200"]
```

启动 Kibana 可以直接执行以下命令，在后台启动。

```
$ nohup bin/kibana &
```

（Kibana 的详细下载与安装过程，此处不做讲解）

（2）访问 Kibana Web 界面。

在启动 Kibana 后，访问 Kibana Web 界面，默认为 http://localhost:5601。

单击 Kibana Web 界面左边菜单的开发工具选项 Dev Tools，在右侧会出现开发者控制台，可以通过单击控制台的绿色三角按钮执行需要的查询命令。例如查询 Elasticsearch 集群所有节点信息，如图 6-22 所示。

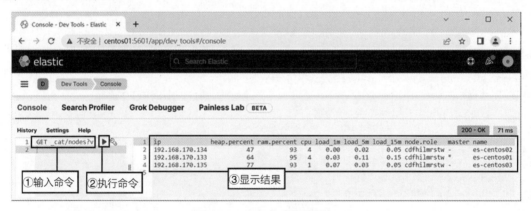

图 6-22　Kibana 查询控制台

（3）Kibana 图表分析。

假设你是一位电商系统的数据分析师，希望通过 Kibana 分析用户的购物行为。你可能会创建以下类型的可视化图表。

- 销售额趋势图：使用折线图展示每月的销售额变化。
- 热门商品排名：使用柱状图显示最受欢迎的商品及其销售数量。
- 用户地理分布：使用地图展示用户的地理位置分布。

通过将这些可视化图表添加到一个仪表板中，可以得到一个全面的视图，用于分析用户行为和销售趋势，进而指导营销策略和库存管理。

（4）停止 Kibana。

执行以下命令，查询 Kibana 的进程 ID。

```
$ ps -ef | grep node
```

或者执行以下命令，查询监听端口 5601 的进程 PID。

```
$ ss -lntp | grep 5601
```

然后将该进程杀掉即可。

6.3.11　【实战】使用 Head 监控 Elasticsearch 集群

Elasticsearch Head 是一个用于监控 Elasticsearch 集群的 Web 插件，可以对 Elasticsearch 数据进行浏览和查询。

> **提示**　要启动 Head 插件，需要借助 Grunt 这个 JavaScript 自动化构建工具。Grunt 能够高效地处理那些需要反复执行的任务，如压缩、编译及单元测试等，从而极大地减轻了开发人员的工作量。

使用 Grunt 的关键在于正确配置 Gruntfile 文件中的任务。一旦配置完成，任务运行器就会自动完成大部分烦琐的工作。关于 Grunt 的详细使用方法，读者可以通过访问其官网进行深入了解。

> **提示**　Grunt 及其插件是通过 npm（Node.js 的包管理器）进行安装和管理的，这意味着 Grunt 的运行依赖于 Node.js 环境。

在安装 Head 插件之前，需要先确保已经安装了 Node.js 和 Grunt。关于 Node.js、Grunt 及 Head 插件的具体安装步骤，本书在此不做详细阐述。

1. 启动 Head

在安装完 Head 后，进入 Head 安装目录，执行以下命令，启动 Head。

```
$ grunt server
```

或者执行以下命令，在后台启动。

```
$ grunt server &
```

若输出以下内容，则表示启动成功。

```
Running "connect:server" (connect) task
Waiting forever...
```

```
Started connect web server on http://localhost:9100
```

2. 访问 Head

Head 的默认访问端口为 9100，在浏览器中输入网址 http://centos01:9100 即可访问 Head Web 界面（centos01 为 Head 所在主机的名称）。在 Head Web 界面输入 Elasticsearch 的数据访问地址 http://centos01:9200，单击"连接"按钮即可连接 Elasticsearch 集群。

如果 Elasticsearch 开启了安全功能，则需要在 Head 的访问网址后面追加 Elasticsearch 的账号和密码，例如：

```
http://centos01:9100/?auth_user=elastic&auth_password=1234567
```

并且在连接 Elasticsearch 时，应使用 HTTPS，例如 https://centos01:9200/，以便能够正常连接 Elasticsearch 集群。

如图 6-23 所示，使用 Head 连接 Elasticsearch 后，可以看到该集群由 3 个节点组成，目前无任何索引信息。

图 6-23　Head Web 界面

下面向 Elasticsearch 中添加一个名为 customer 的索引，并设置分片数量为 5（默认为 1），副本数量为 1（默认为 1），命令如下。

```
$ curl -XPUT 'centos01:9200/customer?pretty' -H 'Content-Type:
application/json' -d
'{
    "settings" : {
        "number_of_shards" : 5,
        "number_of_replicas" : 1
    }
}'
```

之后执行以下命令，向 customer 索引添加三条数据。

```
$ curl -H 'Content-Type: application/json' -XPOST
'centos01:9200/customer/_bulk?pretty' -d'
{ "index" : { "_id" : "1" } }
{ "name":"zhangsan","age":20,"score":98 }
{ "index" : { "_id" : "2" } }
{ "name":"lisi","age":22,"score":68 }
{ "index" : { "_id" : "3" } }
{ "name":"wangwu","age":22,"score":88 }
'
```

添加完成后，刷新 Head Web 界面，可以看到界面中出现了名为 customer 的索引，并且出现了该索引的分片数量和分片分布信息：分片编号为 0~4，共 10 个分片，其中 5 个主分片和 5 个副本分片，均匀分布在 3 个节点上，如图 6-24 所示。

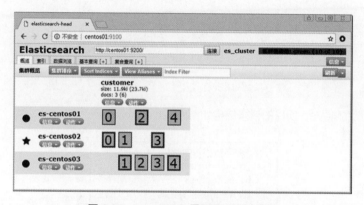

图 6-24　Head Web 界面显示分片信息

单击 Head Web 界面中的"数据浏览"选项卡，可以查看当前 Elasticsearch 集群中的数据详细信息，如图 6-25 所示。

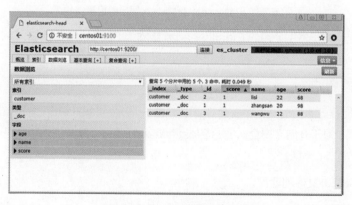

图 6-25　Head 数据详细信息

6.3.12 【实战】使用 Java 远程操作 Elasticsearch 员工信息

Elasticsearch 本身使用 Java 开发，因此对 Java 的支持能力是最好的。本节通过对员工信息建立索引，并对索引数据进行添加、修改等，介绍 Elasticsearch 的相关 Java 客户端 API 的操作。

1. 新建项目

在 Eclipse 中新建 Maven 项目 elasticsearch_demo，在 pom.xml 文件中加入项目的依赖库，内容如下。

```xml
<dependency>
    <groupId>co.elastic.clients</groupId>
    <artifactId>elasticsearch-java</artifactId>
    <version>8.1.1</version>
</dependency>
<dependency>
    <groupId>com.fasterxml.jackson.core</groupId>
    <artifactId>jackson-databind</artifactId>
    <version>2.12.3</version>
</dependency>
```

Elasticsearch Maven 项目的目录结构如图 6-26 所示。

图 6-26　Elasticsearch Maven 项目的目录结构

需要注意的是，由于本例使用的 Elasticsearch 版本为 8.1.1，因此要求 JDK 版本在 1.8 以上才能正常运行。

2. 编写代码

在项目 elasticsearch_demo 中新建 Java 类 EmployeeCRUDApp.java，并在 main()方法中添加相应的代码。对于开启了安全认证的 Elasticsearch 集群，需要额外在代码中添加认证信息，具体步骤如下。

（1）复制 CA 证书文件到项目。

在项目中创建源目录 src/main/resources，并将 Elasticsearch 集群生成的 CA 证书文件

http_ca.crt 复制到该目录中，用于客户端进行认证。

（2）加载 CA 证书，生成认证。

在 EmployeeCRUDApp.java 类的 main()方法中编写加载 CA 证书、生成认证的代码。

```
// 加载 CA 证书，生成认证
// 获取 X.509 证书的工厂实例，.crt 文件是 X.509 常用的文件格式
CertificateFactory factory =CertificateFactory.getInstance("X.509");
Certificate trustedCa;
try ( InputStream in =
EmployeeCRUDApp.class.getClassLoader().getResourceAsStream("certs/http_ca.cr
t")) {
// 生成 X.509 证书
trustedCa = factory.generateCertificate(in);
}
// 加载 pkcs12 密钥库。pkcs12 格式的常见后缀名是.p12，用于将加密对象存储为单个文件
// 它可以用来存储密钥、私钥和证书
KeyStore trustStore = KeyStore.getInstance("pkcs12");
trustStore.load(null, null);
// 给证书分配别名（ca）
trustStore.setCertificateEntry("ca", trustedCa);
```

X.509 是密码学里公钥证书的格式标准，X.509 证书里含有公钥、身份信息和签名信息等，用于识别互联网通信和计算机网络中的身份，保护数据传输安全。X.509 最常见的用例是使用 SSL 证书让网站与用户之间实现 HTTPS 安全浏览。.crt 文件则是 X.509 常用的文件格式，用于存放证书。

（3）连接 Elasticsearch 集群。

Elasticsearch Java API 客户端由以下 3 个主要组件组成。

- JSON 对象映射器（JacksonJsonpMapper）：将应用类映射到 JSON，并将它们与 API 客户端无缝集成。

- 传输层实现（RestClientTransport）：传输层是处理所有 HTTP 请求的地方。

- API 客户端类（ElasticsearchClient）：为 Elasticsearch API 提供了强类型的数据结构和方法。Elasticsearch 的核心特性是在 ElasticsearchClient 类中实现的。通过 API 客户端类可以远程连接 Elasticsearch 集群。

下面是在 EmployeeCRUDApp.java 类的 main()方法中继续添加连接 Elasticsearch 集群的代码。

```
// 1.创建低级别客户端
// 创建 SSL 上下文构建器
SSLContextBuilder sslContextBuilder = SSLContexts.custom()
    .loadTrustMaterial(trustStore, null);
```

```
// 构建 SSL 上下文
final SSLContext sslContext = sslContextBuilder.build();
// 设置凭证信息
final CredentialsProvider credentialsProvider = new BasicCredentialsProvider();
credentialsProvider.setCredentials(
        AuthScope.ANY, // 匹配任何主机、端口、认证方案等
        new UsernamePasswordCredentials("elastic", "1234567")
        // Elasticsearch 集群账号、密码
    );
// 创建低级别客户端
RestClient restClient = RestClient.builder(
    new HttpHost("centos01", 9200, "https"),// Elasticsearch 集群节点 1
    new HttpHost("centos02", 9200, "https"),// Elasticsearch 集群节点 2
    new HttpHost("centos03", 9200, "https") // Elasticsearch 集群节点 3
  ).setHttpClientConfigCallback(new HttpClientConfigCallback() {
    @Override
    public HttpAsyncClientBuilder
customizeHttpClient(HttpAsyncClientBuilder httpClientBuilder) {
        // SSL 上下文和默认凭证配置
        return httpClientBuilder.setSSLContext(sslContext)
            .setDefaultCredentialsProvider(credentialsProvider);
    }
  }).build();

// 2.使用 Jackson 映射器创建传输客户端
ElasticsearchTransport transport = new RestClientTransport(restClient, new
JacksonJsonpMapper());
// 3.创建 API 客户端
ElasticsearchClient client = new ElasticsearchClient(transport);
// 4.验证是否连接成功，输出集群名称
System.out.println(client.cluster().health().clusterName());
```

（4）添加员工信息。

在 EmployeeCRUDApp.java 类中编写将员工 zhangsan 的信息添加至 Elasticsearch 集群的 company 索引中的方法，代码如下。

```
/**
 * 添加员工信息
 */
public static void addEmploy(ElasticsearchClient client) throws Exception {
    // 构建员工数据，使用 Map 或实体类对象都可
    Map<String,Object> docMap= new HashMap<String, Object>();
    docMap.put("name","zhangsan");
    docMap.put("age",27);
```

```
docMap.put("position","software engineer");
docMap.put("country","China");
docMap.put("join_date","2018-10-21");
docMap.put("salary","10000");

// 发起索引请求，使用 Java lambda 语法，更加方便快捷
IndexResponse response =client.index(IndexRequest.of(x->{
    x.index("company");// 索引
    x.id("1");//ID 值
    x.document(docMap);// 文档数据
    return x;
}));
// 打印结果内容，成功输出"Created"
System.out.println(response.result());
}
```

在上述代码中，首先创建了一个存储用户信息的 Map 对象（使用实体类对象也可），然后通过 API 客户端对象 client 将 Map 对象索引到 Elasticsearch 集群中。

添加成功后，在 Elasticsearch Head 中查看 company 索引的数据，如图 6-27 所示。

_index	_type	_id	_score ▲	name	age	position	country	join_date	salary
company		1	1	zhangsan	27	software engineer	China	2018-10-21	10000

图 6-27　company 索引的数据

（5）更新员工信息。

在 EmployeeCRUDApp.java 类中编写将员工 zhangsan 的姓名改为 lisi 的方法，代码如下。

```
/**
* 更新员工信息
*/
public static void undateEmployee(ElasticsearchClient client) throws Exception
{
    // Map 存储要修改的指定内容（使用实体类对象也可）
    Map<String,Object> docMap= new HashMap<String, Object>();
    docMap.put("name","lisi");// 添加哪个字段就会修改哪个字段

    // 执行更新操作，使用 Java lambda 语法，更加方便快捷
    UpdateResponse<Map> response=client.update(x -> x
            .index("company")//索引
            .id("1")// ID 值（修改 ID 为 1 的文档信息）
            .doc(docMap), Map.class);

    // 打印结果，成功输出"Updated"
```

```
    System.out.println(response.result());
}
```

（6）查询员工信息。

在 EmployeeCRUDApp.java 类中编写查询员工 ID 为 1 的员工信息的方法，代码如下。

```
/**
 * 查询员工信息
 */
public static void getEmployee(ElasticsearchClient client) throws IOException
{
    // 执行查询，查询 ID 为 1 的员工信息
    GetResponse<Map> response=client.get(x->x
            .index("company")// 索引
            .id("1"),Map.class);// 以 Map 集合的方式存储返回结果

    // 打印结果内容，输出员工字段信息 Map 集合
    System.out.println(response.source());
}
```

（7）删除员工信息。

在 EmployeeCRUDApp.java 类中编写删除员工 ID 为 1 的员工信息的方法，代码如下。

```
/**
 * 删除员工信息
 */
public static void delEmployee(ElasticsearchClient client) throws IOException
{
    // 执行删除，删除 ID 为 1 的员工信息。
    DeleteResponse response=client.delete(x -> x
            .index("company")// 索引
            .id("1")// ID 值
        );

    // 打印结果，成功输出"Deleted"
    System.out.println(response.result());
}
```

3. 运行程序

直接在 EmployeeCRUDApp.java 类的 main()方法中，添加需要调用的方法即可。例如，在 main()方法中调用查询员工信息的方法 getEmployee()，部分代码如下。

```
public static void main(String[] args) throws Exception {
    // 1.加载 CA 证书，生成认证
```

```
代码省略……
// 2.创建低级别客户端
代码省略……
// 3.使用 Jackson 映射器创建传输客户端
ElasticsearchTransport transport = new RestClientTransport(restClient, new
JacksonJsonpMapper());
// 4.创建 API 客户端
ElasticsearchClient client = new ElasticsearchClient(transport);

// 调用查询员工信息方法
getEmployee(client);
}
```

第 7 章
分布式事务——确保分布式系统中的数据一致性

在分布式架构中，应用常被拆分成多个服务，每个服务都可能有自己专用的数据库。例如，在一个电商系统中，用户下单操作可能需要跨越订单服务、库存服务、支付服务等不同的服务和数据库，因此需要分布式事务来保证操作的原子性和数据的一致性。

7.1 什么是分布式事务

传统的事务，如数据库事务，通常是在单个数据库系统内部进行的，它遵循 ACID（原子性、一致性、隔离性、持久性）原则来保证事务的安全性和数据的准确性。

分布式事务则是跨越多个独立的数据库、系统或网络边界的事务操作，这些操作必须作为一个整体被提交或回滚。

7.1.1 三张图看懂分布式事务

在单体应用中，所有模块都使用一个本地数据库，数据一致性自然由本地事务保证。假设有一个单体应用包含 3 个模块：库存模块、订单模块、支付模块，事务管理机制如图 7-1 所示。

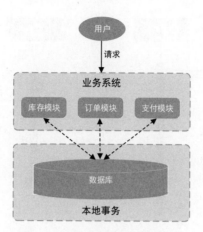

图 7-1　单体应用的事务管理机制

在分布式的微服务架构下，上述情况发生了变化。上面的 3 个模块现在被重新设计为 3 个独立的服务，每个服务都建立在不同的数据源之上。单个服务中的数据一致性自然由本地事务保证，但是整个业务系统的事务没法通过本地事务进行管理，此时就需要使用分布式事务机制来保证整个业务系统的数据一致性，如图 7-2 所示。

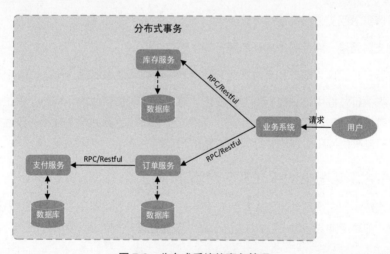

图 7-2　分布式系统的事务管理

比如，在电商系统的用户下单场景下，订单服务、库存服务和支付服务分别对应不同的数据库或数据源，用户下单操作需要在这 3 个服务之间保持一致，即创建订单、减少库存和扣款这三个步骤需要作为一个整体来执行，要么全部成功，要么全部失败，如图 7-3 所示。

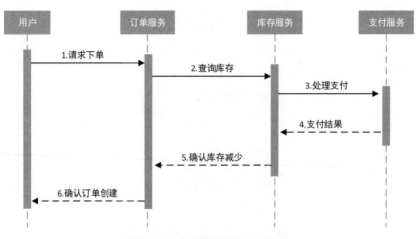

图 7-3　电商系统的用户下单场景

（1）用户向订单服务请求下单，订单服务开始创建新订单。

（2）订单服务请求库存服务，以查询库存并预留商品。

（3）库存服务请求支付服务处理用户支付。

（4）支付服务返回支付结果给库存服务。

（5）根据支付结果，库存服务向订单服务确认库存减少。

（6）订单服务根据库存服务和支付服务的结果，最终确认订单创建。

在上述步骤执行过程中，一旦网络分区发生，可能导致"扣款成功，但库存未正确减少"或者订单创建失败等问题，破坏了数据一致性。为了保证整个操作序列的原子性和一致性，我们需要应用分布式事务机制来协调和管理这些跨服务的操作。

7.1.2　分布式事务面临的挑战及应对策略

在分布式系统中，在跨多个数据库实例或服务进行操作时，如何保证"这些操作要么全部成功，要么全部失败（即事务的原子性）"成为设计分布式事务处理机制的重要挑战。

1. 面临的挑战

分布式事务面临的主要挑战如下。

- 网络延迟和分区：分布式系统中的网络通信可能会因为延迟或网络分区导致节点之间的通信不可靠，这对事务的一致性和原子性提出了挑战。
- 数据一致性：如何保证在多个数据库实例上执行的事务操作能够保持数据的全局一致性。

- 资源锁定与死锁：在分布式事务中，资源的锁定策略需要考虑死锁的可能性，避免因资源竞争导致系统阻塞。

2．应对策略

针对上述挑战的应对策略如下。

- 使用现代分布式事务模式，如 Saga、TCC 等，它们通过业务逻辑来解决分布式事务带来的挑战。
- 确保服务的幂等性，即重复执行相同操作的结果与执行一次的结果相同，以减少重试操作带来的影响。
- 采用事件驱动架构，通过异步消息传递减少服务间的直接依赖，从而提高系统的可用性和扩展性。

7.2 分布式事务的提交机制——两阶段提交与三阶段提交

下面将深入介绍分布式事务的提交机制——两阶段提交（2PC）与三阶段提交（3PC）。

7.2.1 两阶段提交的工作原理

两阶段提交是分布式事务中常见的协调机制，它将事务提交过程分为两个阶段：准备阶段和提交/回滚阶段。

两阶段提交的工作原理如下，如图 7-4 所示。

- 第一阶段（准备阶段）：事务协调者（通常是一个服务或组件）向所有参与者（参与该事务的节点）发送"准备提交"请求。参与者执行事务操作，即它在准备就绪后向事务协调者回复"同意"表示可以提交，如果遇到问题则回复"拒绝"。
- 第二阶段（提交/回滚阶段）：如果所有参与者都回复了"同意"，则事务协调者向所有参与者发送"提交"请求，各参与者完成事务操作，确保事务的一致性。如果任意一个参与者回复了"拒绝"，则事务协调者向所有参与者发送"回滚"请求，各参与者撤销在第一阶段中执行的操作，事务不会被提交，系统回到事务开始前的状态。

例如，在电商系统中，用户下单操作需要更新商品库存、记录订单信息和更新用户积分，这些操作分别由不同的服务管理，跨越多个数据库实例。为了保证事务原子性和数据一致性，可以使用两阶段提交：系统设计一个订单事务协调者，负责管理用户下单的整个流程。在用户下单时，事务协调者向所有相关服务发起准备请求，确保每个服务都能完成自己的操作。只有当所有服务都准备好后，事务协调者才会通知它们提交事务。

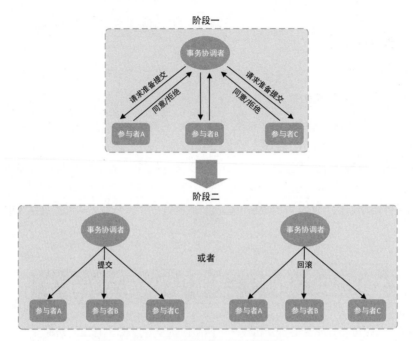

图 7-4　两阶段提交的工作原理

7.2.2　两阶段提交带来的问题——死锁和性能瓶颈

尽管两阶段提交保证了分布式事务的一致性，但它也带来了一些问题，主要包括死锁和性能瓶颈。

1. 死锁

在两阶段提交中，所有参与事务的节点都必须在第一阶段（准备阶段）达成一致，才能进入第二阶段（提交/回滚阶段）。如果因为某个参与者无法达成一致，则整个事务会处于"挂起"状态，等待所有参与者都准备就绪。在高并发场景下，这种等待可能导致资源被长时间占用，增加死锁的风险。

例如，一个在线银行系统，用户 A 给用户 B 的转账操作需要锁定用户 B 的账户，而用户 B 给用户 A 的转账操作也需要锁定用户 A 的账户。如果用户 A 和用户 B 同时给对方转账，两个操作都进入了两阶段提交的第一阶段，且都等待对方释放资源，则会形成死锁，如图 7-5 所示。

图 7-5　死锁示意图

提示　对于高并发场景，可以考虑使用无锁编程技术或乐观锁来避免死锁问题。

2. 性能瓶颈

两阶段提交要求在提交之前所有参与者都达到一致状态，这就需要所有参与的系统组件（包括事务协调者、参与者）在事务的两个阶段进行多次网络通信，这样会显著影响事务的完成时间，造成性能瓶颈。

3. 解决方法

针对上述这些问题，分布式系统常采取如下一些优化策略。

- 引入超时机制。
- 使用更灵活的事务模型（如 Saga、TCC）来减少锁定资源的时间。
- 采用更高效的通信和协调机制来降低性能瓶颈的影响，例如 RabbitMQ 消息队列、Protocol Buffers 序列化技术等。

7.2.3　三阶段提交的工作原理

三阶段提交是两阶段提交的改进版，它引入了一个额外的准备阶段，以减少阻塞和提高系统的可用性。

三阶段提交意在解决两阶段提交中事务协调者和参与者在某些情况下需要无限期等待的问题，从而减少在事务处理过程中的阻塞时间，提高系统的可用性。

三阶段提交的工作原理如图 7-6 所示。

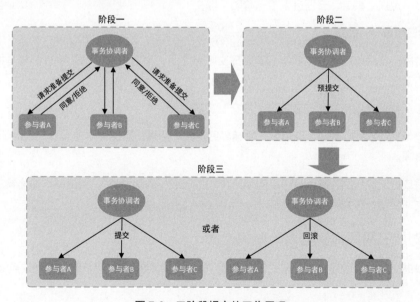

图 7-6　三阶段提交的工作原理

1. 第一阶段——准备提交

在本阶段，事务协调者询问所有参与者是否准备好提交事务。执行过程如下。

（1）事务协调者向所有参与者发送"准备提交"请求。

（2）参与者在收到"准备提交"请求后，如果判断自己能够提交事务（即预执行事务没有发现任何问题），则返回"同意"，表明同意提交；如果不能提交（例如检测到数据冲突或资源不足），则返回"拒绝"。

（3）如果所有参与者都返回"同意"，则流程进入下一阶段（预提交）；如果任意一个参与者返回"拒绝"，则事务协调者决定中断事务，向所有参与者发送"中断"请求，终止事务。

2. 第二阶段——预提交

在本阶段，事务协调者通知所有参与者预提交事务，但还不进行最终的提交操作。执行过程如下。

（1）事务协调者向所有同意提交（即在第一阶段返回"同意"的）的参与者发送"预提交"请求。

（2）参与者在收到"预提交"请求后，开始执行事务操作（如数据库更新等），但不提交，并且记录足够的信息（日志信息）以便后续完成事务的提交或撤销。

（3）参与者向事务协调者发送"确认消息"，确认准备就绪。事务协调者在收到所有参与者的"确认消息"后决定提交事务，流程进入下一阶段（提交）。

3. 第三阶段——提交

在本阶段，在确认所有参与者都准备好提交事务之后，事务协调者通知所有参与者提交事务。执行过程如下。

（1）事务协调者向所有参与者发送"提交"请求。

（2）参与者在收到"提交"请求后，完成事务提交（如提交数据库事务），释放在事务处理过程中占用的资源。

（3）完成提交操作后，参与者可以向事务协调者发送"确认消息"，但这并不是必需的，因为事务已经提交，整个分布式事务已经完成。

7.2.4 对比三阶段提交与两阶段提交

两阶段提交和三阶段提交是分布式事务管理中常用的两种机制，但它们各有优缺点。

1. 两阶段提交的优缺点

两阶段提交的优点如下。

- 确保了事务的原子性和一致性。
- 实现相对简单。

两阶段提交的缺点如下。

- 单点故障：如果事务协调者在第二阶段崩溃，则参与者可能会无限期地等待指令。
- 数据锁定：事务期间锁定的资源在事务提交或中断前无法释放，影响并发性能。

2. 三阶段提交的优缺点

三阶段提交的优点如下。

- 减少阻塞：引入了额外的"预提交"阶段，即使事务协调者崩溃，参与者也可以根据最后收到的状态自行决定提交或中断。
- 提高了系统的可用性和容错性。

三阶段提交的缺点如下。

- 更复杂的实现：相较于两阶段提交，三阶段提交引入的额外阶段增加了协议的复杂性。
- 通信开销增加：额外的预提交阶段意味着更多的网络交互，可能会影响系统性能。

> **提示** 相较于两阶段提交，三阶段提交的主要改进在于增加了一个额外的"预提交"阶段，以减少系统阻塞和提高容错性，但这也带来了更复杂的实现和更高的通信开销。
>
> 尽管三阶段提交改进了一些两阶段提交的缺陷，但两者都不能完全解决分布式事务中的所有问题，如网络分区。
>
> 在实际应用中，选择两阶段提交还是三阶段提交，需要根据系统的具体需求和容错性、性能之间的权衡作出决定。

7.3 Saga 模式——长事务的解决方案

两阶段提交和三阶段提交为分布式事务提供了可靠的解决策略，但它们在实际应用中可能会遇到死锁和性能瓶颈等问题。

下面将介绍 Saga 模式——分布式系统中长事务的解决方案。

7.3.1 一张图看懂 Saga 模式

Saga 模式将长期运行的事务拆分成一系列更小、更易管理的事务，这些小事务可以独立提交。

如果其中一个事务失败，则 Saga 模式通过执行一系列补偿事务（即回滚操作）来保持数据的一致性，而不是回滚整个长事务。

例如在电商系统中，用户下单流程涉及多个服务（如库存服务、支付服务和订单服务）。在传统的事务管理中，这个下单过程需要作为一个整体来保持一致性。但在 Saga 模式下，这个过程可以被拆分成多个小事务，具体如下。

（1）减库存事务。库存服务尝试减少商品库存量。如果成功，则进入下一个事务；否则，结束事务，可能需要通知用户库存不足。

（2）支付事务。支付服务处理用户支付。如果支付成功，则进入下一个事务；否则，执行补偿事务，如恢复库存。

（3）创建订单事务。订单服务根据用户信息和商品信息创建订单。如果成功，则整个下单流程完成；否则，执行补偿事务，包括恢复库存和退款操作。

在 Saga 模式下，上述用户下单流程的事务管理方式如图 7-7 所示。

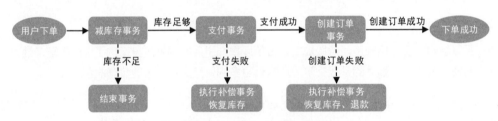

图 7-7　Saga 模式下的用户下单流程

从用户下单开始，通过一系列事务（如减库存、支付和创建订单事务）来完成整个下单流程。在每个事务中，如果操作成功，则进入下一个事务；如果操作失败，则结束整个事务，并根据情况执行相应的补偿事务（如恢复库存或退款），从而保持系统的整体一致性。

7.3.2　在电商系统中实现 Saga 模式

Saga 模式可以通过两种方式来实现：事件（消息）驱动和直接管理。

1. 事件（消息）驱动

在事件（消息）驱动的 Saga 模式下，每个服务都执行其事务，并发布事件（消息）以表明事务已完成或失败。其他服务监听这些事件，并根据事件内容触发下一个事务或执行补偿事务。

例如，在电商系统中，用户下单流程涉及库存服务、支付服务和订单服务。

（1）库存服务执行减库存事务，事务执行成功后发布一个"库存更新成功"事件。

（2）支付服务监听到该事件后，触发支付事务。事务执行成功后，发布一个"支付成功"事件。

（3）订单服务监听到"支付成功"事件后，触发创建订单事务。事务执行成功后，发布"订单创建成功"事件。

如果在任何步骤中发生失败，则相应的服务会发布失败事件，触发之前操作的补偿事务，如恢复库存和退款。

在事件（消息）驱动的 Saga 模式下，用户下单流程的事务管理方式如图 7-8 所示。

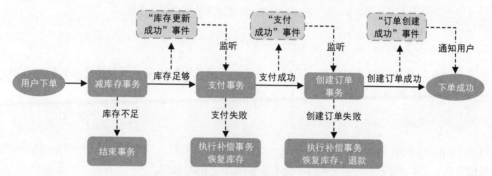

图 7-8　在事件（消息）驱动的 Saga 模式下的用户下单流程

2. 直接管理

在直接管理的 Saga 模式下，有一个事务协调器负责管理整个 Saga 的执行过程。事务协调器指导每个服务何时开始其事务，以及在失败时执行哪些补偿事务。

例如，在电商系统中，Saga 事务协调器负责下单流程的整体管理，具体如下。

（1）事务协调器指示库存服务减库存。在操作成功后，库存服务通知事务协调器成功。

（2）事务协调器在收到库存减少成功的通知后，指示支付服务进行支付操作。在操作成功后，支付服务通知事务协调器成功。

（3）事务协调器在收到支付成功的通知后，指示订单服务创建订单。在操作成功后，订单服务通知事务协调器成功。

（4）如果任何步骤失败，则事务协调器根据预定义的补偿事务进行回滚操作，如指示库存服务恢复库存、指示支付服务退款等。

在直接管理的 Saga 模式下，用户下单流程的事务管理方式如图 7-9 所示。

> **提示**　事件（消息）驱动和直接管理这两种事务实现方式各有优缺点。
> - 事件（消息）驱动方式：更加灵活，易于扩展，适合微服务架构。
> - 直接管理方式：更加集中和明确，事务协调器可以直接管理 Saga 的执行过程。

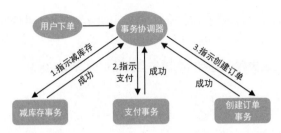

图 7-9　在直接管理的 Saga 模式下的用户下单流程

7.3.3　【实战】确保 Saga 模式下的数据一致性

由于 Saga 涉及多个服务和事务，因此确保 Saga 模式下的数据一致性是非常重要的。以下是确保数据一致性的几种方案。

1. 执行补偿事务

对于 Saga 中的每个事务，都需要定义一个相应的补偿事务。如果某个事务失败，则不继续执行其后续事务，而是执行已完成事务的补偿事务来回滚之前的操作。

例如，一个在线订单处理过程中包括减库存操作和支付操作。如果处理支付操作失败，则需要执行库存服务的补偿事务来恢复之前的减库存操作。相关的 Java 代码如下。

```java
public class OrderSaga {
    // 模拟减库存操作
    public boolean reduceStock() {
        System.out.println("减库存");
        return true; // 假设这个操作总是成功
    }

    // 模拟支付操作
    public boolean processPayment() {
        System.out.println("处理支付");
        return false; // 模拟支付操作失败
    }

    // 模拟库存补偿事务
    public void compensateStock() {
        System.out.println("执行补偿事务：恢复库存");
    }

    // 执行 Saga
    public void executeSaga() {
        if (reduceStock()) {
            if (!processPayment()) {
```

```
            compensateStock(); // 如果支付操作失败，则执行补偿事务
        }
    }
}

public static void main(String[] args) {
    OrderSaga saga = new OrderSaga();
    saga.executeSaga();
}
}
```

上述代码简化了实际操作，但清晰地说明了补偿事务的执行过程。在实际应用中，这些操作可能涉及复杂的业务逻辑、数据库操作和远程服务调用。在实际的工作中，可能需要使用 Saga 管理框架或微服务架构中的 Saga 事务协调器来管理事务的执行和补偿。

2. 持久化每个事务的状态

通过数据库或分布式存储系统来持久化每个事务的状态，可以确保即使在系统崩溃的情况下也能保持一致性。

例如，为了持久化 Saga 状态，可以设计一个简单的数据库表结构来跟踪每个事务步骤的状态。表 7-1 是一个跟踪事务状态的数据库表设计。

表 7-1　跟踪事务状态的数据库表设计

字段名称	数据类型	描述
id	BIGINT	主键，唯一标识每条 Saga 日志记录
sagaId	VARCHAR(255)	Saga 事务的全局唯一标识符
step	VARCHAR(255)	Saga 事务中的步骤名称（如"reduceStock", "processPayment"）
status	VARCHAR(50)	步骤的状态，如"SUCCESS", "FAILED", "COMPENSATED"
createTime	TIMESTAMP	记录创建时间
updateTime	TIMESTAMP	记录更新时间
payload	TEXT	步骤的相关数据，如请求参数或补偿信息等，以 JSON 格式存储

假设有一个在线订单处理流程，涉及减少库存操作和支付操作。下面演示使用 Java 和 JDBC 操作数据库，以及记录 Saga 事务的状态。

```
import java.sql.Connection;
import java.sql.PreparedStatement;
import java.sql.SQLException;
import java.sql.Timestamp;

public class SagaLogRepository {
```

```
    private Connection connection; // 假设这是一个有效的数据库连接

    // 添加 Saga 日志记录
    public void addSagaLog(String sagaId, String step, String status, String
payload) {
        // 定义 SQL 语句
        String sql = "INSERT INTO SagaTransactionLog (sagaId, step, status,
createTime, updateTime, payload) VALUES (?, ?, ?, ?, ?, ?)";

        try (PreparedStatement pstmt = connection.prepareStatement(sql)) {
            pstmt.setString(1, sagaId);
            pstmt.setString(2, step);
            pstmt.setString(3, status);
            pstmt.setTimestamp(4, new Timestamp(System.currentTimeMillis()));
            pstmt.setTimestamp(5, new Timestamp(System.currentTimeMillis()));
            pstmt.setString(6, payload);

            pstmt.executeUpdate(); // 执行 SQL 语句
        } catch (SQLException e) {
            e.printStackTrace();
        }
    }
}
```

上述代码展示了如何将 Saga 事务的每个操作的状态都持久化到数据库中。在实际应用中，通常会用 Saga 事务管理器或微服务框架来调用这类方法，以确保每个事务操作的状态都能够准确记录。这样即使在服务失败和重启的情况下，也能根据日志来恢复或补偿事务，保证数据的一致性。

3. **超时机制和重试策略**

可以为 Saga 中的每个事务都设置超时时间，这样如果事务未在规定时间内完成，则执行补偿事务。对于可重试的失败事务，可以实施重试策略。

例如，设置支付事务的超时时间为 30 秒，如果超时未收到支付成功的响应，则触发补偿事务来回滚这次操作。Java 代码如下。

```
import java.util.concurrent.Executors;
import java.util.concurrent.ScheduledExecutorService;
import java.util.concurrent.TimeUnit;

public class SagaTimeoutExample {

    private static final ScheduledExecutorService scheduler =
Executors.newScheduledThreadPool(1);
```

```java
public static void main(String[] args) {
    // 发起支付事务
    initiatePaymentTransaction();
}

private static void initiatePaymentTransaction() {
    // 模拟支付操作的执行
    System.out.println("开始执行支付事务...");

    // 设置超时时间为 30 秒
    long timeout = 30; // 单位是秒

    // 使用 ScheduledExecutorService 在指定的超时时间后执行补偿事务
    scheduler.schedule(() -> {
        // 检查支付是否成功。这里假设支付未完成，执行补偿事务
        performCompensation();
    }, timeout, TimeUnit.SECONDS);

    // 模拟支付操作。这里假设支付操作被阻塞或延迟，从而导致超时
    // 在实际应用中，这里可能是调用支付接口等操作
    try {
        Thread.sleep(35000); // 模拟操作延迟 35 秒
    } catch (InterruptedException e) {
        Thread.currentThread().interrupt();
    }
}

// 执行补偿事务
private static void performCompensation() {
    System.out.println("支付事务超时，执行补偿事务...");
    // 补偿事务的逻辑，如取消订单、释放资源等
    // 在实际应用中，这里的逻辑需要根据业务需求来实现
}
}
```

上述代码使用 ScheduledExecutorService 类来实现超时逻辑。这允许我们在指定的超时时间后执行一段代码。

- initiatePaymentTransaction()方法模拟了一个支付事务的发起。在这个方法中，设置了一个超时时间，并在超时后执行 performCompensation()方法以模拟补偿事务的执行。
- performCompensation()方法模拟了补偿事务的逻辑，这里简单地打印了一条消息。在实际应用中，补偿事务可能涉及取消订单、退款、释放预占的资源等操作。

- 为了模拟支付操作延迟，使用 Thread.sleep()方法让当前线程睡眠 35 秒，模拟了一个超过超时时间的延迟。在实际应用中，这个延迟可能是由网络延迟、支付接口响应慢等导致的。

7.4 分布式事务的其他解决方案

不同的业务场景和技术要求可能需要更多样化的解决策略。下面将继续探索分布式事务的其他解决方案，包括 TCC 模式、最大努力通知模式和可靠消息最终一致性策略。

7.4.1 TCC 模式——解决复杂业务中跨表和跨库资源锁定问题

TCC（Try-Confirm-Cancel）模式专门用于应对分布式系统中跨表和跨库等资源锁定问题。TCC 模式将每个事务都分为 3 个阶段：尝试（Try）、确认（Confirm）和取消（Cancel）。

在电商系统中，用户下单涉及的操作包括：扣减库存、记录订单、扣款。这些操作分布在不同的服务或数据库中，形成了一个跨服务、跨数据库的复杂事务。

1. TCC 模式的原理

（1）尝试阶段。

尝试阶段的流程如下。

- 扣减库存：检查库存量，预留出足够的商品数量，防止在实际减库存时出现库存不足的情况。
- 记录订单：创建订单的初始记录，标记为"未支付"或"未完成"状态。
- 扣款：检查用户账户余额，预留出足够的金额用于支付，但不实际扣款。

（2）确认阶段。

只有当所有尝试阶段的操作都成功后，才会进入确认阶段。

确认阶段的流程如下。

- 扣减库存：正式扣减预留的商品数量。
- 记录订单：更新订单状态为"已支付"或"已完成"。
- 扣款：正式从用户账户中扣除预留的金额。

（3）取消阶段

如果在尝试阶段有任一操作失败，或者在确认阶段前系统检测到问题，则进入取消阶段，回滚所有操作。

取消阶段的流程如下。

- 扣减库存：释放预留的商品数量，回滚到原始状态。
- 记录订单：标记订单状态为取消或删除订单记录。
- 扣款：释放预留的金额，回滚到原始状态。

TCC 模式下的事务管理流程如图 7-10 所示。

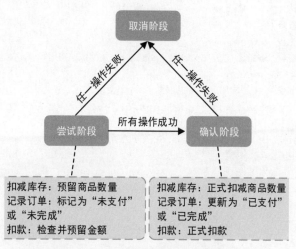

图 7-10 TCC 模式下的事务管理流程

上述 TCC 模式下 3 个阶段的 Java 代码如下。

```java
public class TCCExample {
    // 尝试阶段方法示例：尝试执行事务的所有操作，保留必要资源以确保事务可以完成
    public boolean tryReserveResources(Order order) {
        // 尝试预留库存
        // 输入：产品 ID，数量
        // 输出：是否成功
        boolean stockReserved =
InventoryService.reserveStock(order.getProductId(), order.getQuantity());
        if (!stockReserved) {
            // 库存预留失败，事务尝试失败
            return false;
        }

        // 尝试创建订单
        // 输入：订单信息
        // 输出：是否成功
        boolean orderCreated = OrderService.createOrder(order);
        if (!orderCreated) {
            // 订单创建失败，回滚之前的库存预留操作
```

```
            InventoryService.releaseStock(order.getProductId(),
order.getQuantity());
        return false;
    }

    // 尝试预留用户余额
    // 输入：用户 ID，订单金额
    // 输出：是否成功
    boolean balanceReserved =
PaymentService.reserveBalance(order.getUserId(), order.getAmount());
    if (!balanceReserved) {
        // 余额预留失败，回滚之前的操作
        InventoryService.releaseStock(order.getProductId(),
order.getQuantity());
        OrderService.cancelOrder(order.getId());
        return false;
    }

    // 所有尝试操作都成功
    return true;
}

// 确认阶段方法示例：所有尝试操作都成功后，确认所有操作，完成事务
public void confirmOrder(Order order) {
    // 确认库存预留，正式扣减库存
    InventoryService.confirmStock(order.getProductId(),
order.getQuantity());
    // 确认订单支付状态
    OrderService.markOrderAsPaid(order.getId());
    // 确认扣款
    PaymentService.confirmPayment(order.getUserId(), order.getAmount());
}

// 取消阶段方法示例：如果尝试阶段的任何操作都失败，则取消所有操作，回滚事务
public void cancelOrder(Order order) {
    // 释放预留的库存
    InventoryService.releaseStock(order.getProductId(),
order.getQuantity());
    // 取消订单
    OrderService.cancelOrder(order.getId());
    // 释放预留的用户余额
    PaymentService.releaseBalance(order.getUserId(), order.getAmount());
}
}
```

2. TCC 模式的优缺点

TCC 模式的优点如下。

- 资源锁定更短：相比于传统的分布式事务锁定资源的时间，TCC 模式通过预留资源减少了资源锁定的时间，提高了系统的并发性能。
- 业务逻辑清晰：将业务操作明确分为尝试、确认和取消 3 个阶段，使得业务逻辑更加清晰，也更便于理解和维护。

TCC 模式的缺点如下。

- 开发成本高：需要为每个操作都明确编写对应的尝试、确认和取消逻辑，增加了开发的复杂度。
- 系统依赖强：整个事务的成功依赖于所有参与服务的可用性，任何一个服务不可用都可能导致事务失败。

7.4.2　最大努力通知模式——确保数据的最终一致性

最大努力通知模式用于确保数据的最终一致性。它不像两阶段提交或三阶段提交那样严格要求数据的实时一致性，而是在一定的时间内通过重试机制来尽量达到数据的最终一致性。

> **提示**　最大努力通知模式适用于那些对实时性要求不高，但需要保证最终数据一致性的场景。

在电商系统中，用户下单后，系统需要执行多个操作，如扣减库存、记录订单、通知用户等。使用最大努力通知模式的工作流程如下，如图 7-11 所示。

（1）下单。当用户下单后，订单服务记录订单信息。

（2）执行本地事务。订单服务执行本地事务，如扣减库存。

（3）发送通知。订单服务发送一个通知消息到消息队列。

（4）存储消息。消息队列存储订单服务发送过来的消息。

（5）监听并处理通知。用户通知服务监听消息队列，并处理收到的消息。

（6）通知用户。用户通知服务执行相应操作，如发送订单确认邮件给用户。

（7）失败重试。如果邮件发送失败，则用户通知服务会记录失败，并定时重试，直到成功。

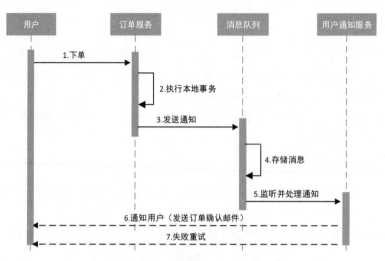

图 7-11 最大努力通知模式的工作流程

上述最大努力通知模式工作流程的 Java 代码如下。

```java
public class OrderService {
    public void placeOrder(Order order) {
        // 记录订单
        saveOrder(order);
        // 扣减库存
        if (reduceStock(order.getProductId(), order.getQuantity())) {
            // 发送通知消息
            MessageQueue.send("userNotificationQueue", new
NotificationMessage(order.getUserId(), "Your order has been placed
successfully."));
        } else {
            // 处理库存不足等问题
            throw new RuntimeException("Stock not enough");
        }
    }
}

public class UserNotificationService {
    public void onMessageReceived(NotificationMessage message) {
        // 处理接收的通知
        try {
            sendEmailToUser(message.getUserId(), message.getContent());
        } catch (Exception e) {
            // 记录失败，等待重试
            logFailure(message, e);
```

```
        }
    }

    private void logFailure(NotificationMessage message, Exception e) {
        // 将失败的消息记录下来，等待后续处理
    }

    // 定时任务重试失败的操作
    public void retryFailedNotifications() {
        // 查询失败的记录并重试
    }
}
```

在实际应用中，为了提高系统的健壮性和可维护性，可能需要结合分布式事务日志、失败重试机制等技术来实现。

7.4.3　可靠消息最终一致性策略——确保接收消息的可靠性

在分布式系统中，确保消息的可靠传递非常重要，消息的丢失或重复可能会导致订单处理不一致，影响用户体验。可靠消息最终一致性策略就是为解决这个问题而设计的。

这一策略通过确保消息的可靠传递和处理来实现系统间的消息最终一致。它通常包括以下几个关键步骤。

（1）持久化消息。在发送消息之前，先持久化消息到数据库中，确保即使服务崩溃也不会丢失消息。

（2）发送消息。发送消息到消息队列，如果发送失败，则根据数据库中持久化的消息记录进行重试。

（3）确认与消费消息。当消费者从消息队列中获取消息后，需要对消息进行确认。只有当消息被成功处理后，才会发出确认信息。如果处理不成功，则消息会被重新投递。

（4）维护消息状态。在整个处理流程中，需要维护消息的状态（如"待发送""已发送""已确认"等），以便进行相应的消息重试或补偿操作。

在电商系统中，用户下单后，系统需要通过消息队列异步通知支付服务进行支付处理。使用可靠消息最终一致性策略，可以确保支付消息的可靠传递和处理，具体流程如图 7-12 所示。

（1）在用户下单时，订单服务持久化支付消息到数据库中，并标记为"待发送"状态。

（2）订单服务发送支付消息到消息队列。如果发送成功，则更新数据库中的消息状态为"已发送"。

（3）支付服务监听消息队列，消费支付消息，并在成功处理支付逻辑后发送确认消息到消息队列。

（4）订单服务接收确认消息，更新数据库中的消息状态为"已确认"，完成整个支付流程。

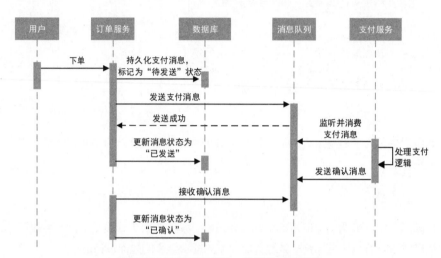

图 7-12　可靠消息最终一致性策略的流程

7.5　分布式事务的企业级应用

下面具体介绍分布式事务的企业级应用。

7.5.1　亚马逊、谷歌、阿里巴巴如何处理分布式事务

不同企业需要根据自己的业务需求、系统架构和性能要求，采取不同策略来解决分布式事务问题。

1. 亚马逊的 DynamoDB 和 S3

亚马逊在其分布式数据库 DynamoDB 和分布式存储服务 S3 中采用了最终一致性模型。DynamoDB 通过提供调整一致性级别的功能（如强一致性读或最终一致性读），允许开发者根据业务需求选择合适的一致性模型。这帮助亚马逊优化了性能和可扩展性，同时满足了不同场景下的数据一致性需求。

2. 谷歌的 Spanner

谷歌的分布式数据库 Spanner 通过使用 TrueTime API（一个全球同步的时钟系统）实现了跨

全球数据中心的强一致性和外部一致性。Spanner 的设计理念是，即使在全球范围内，也能提供接近于单机数据库的一致性保证。这对于需要全球部署和高度一致性的大型企业应用来说是一个革命性的解决方案。

3. 阿里巴巴的分布式事务中间件

阿里巴巴为了处理其庞大的电商系统中出现的分布式事务问题，开发了名为 Seata 的分布式事务中间件。Seata 的前身是 Fescar，是阿里巴巴与社区共同开源的项目。

Seata 通过将分布式事务管理逻辑从业务服务中抽象出来，实现了分布式事务的自动化处理。它支持多种分布式事务处理模式，使得开发者可以根据实际业务场景选择合适的事务处理模式。

阿里巴巴运营着多个电商系统，这些电商系统基于不同的技术栈构建，拥有独立的库存管理系统。商品的库存信息需要在各个平台间保持一致，以确保用户在任何一个电商系统中看到的商品信息都是最新的。这就涉及跨系统、跨数据库的数据一致性问题。

阿里巴巴使用 Seata 的 TCC 模式处理上述问题的流程如下。

- 尝试阶段：当一个平台上的商品库存发生变化（如商品销售或入库更新）时，系统首先会在 Seata 的管理下预留库存变动信息，同时标记此次变动为"待确认"状态。
- 确认阶段：Seata 协调各个相关的库存系统，同步更新库存信息，并将此次变动确认下来。这个过程可能涉及多个数据库和服务的事务协调。
- 取消阶段：如果在尝试阶段预留库存失败，或者在确认阶段同步更新库存时遇到无法解决的冲突，则 Seata 会自动触发取消阶段——回滚所有涉及的库存变动，确保各个系统的库存信息不会因为此次失败操作而不一致。

7.5.2　阿里巴巴 Seata 框架的工作原理

阿里巴巴 Seata 框架包含以下 3 个核心组件：事务协调器（Transaction Coordinator，TC）、事务管理器（Tronsaction Manager,TM）和资源管理器（Resource Manager，RM）。它们协同工作，共同确保分布式事务的一致性和可靠性。

- TC：分布式事务的大脑，主要职责是维护全局事务的状态，确保全局事务"要么全部成功提交，要么全部回滚"。TC 需要处理参与事务的所有 RM 发来的请求，根据这些请求更新全局事务的状态，并在必要时指导 TM 和 RM 来完成事务的提交或回滚操作。
- TM：扮演事务发起者的角色，定义了全局事务的范围。TM 负责在业务开始时启动一个新的全局事务，并在业务完成后根据执行结果决定是提交还是回滚事务。TM 需要与 TC 进行通信，注册事务并报告事务的结束状态（提交或回滚）。
- RM：扮演事务参与者的角色，管理参与分布式事务的本地资源（如数据库连接）。RM 负责将本地资源的处理结果（即本地事务的状态）报告给 TC，并根据 TC 的指令来提交或回滚本地事务。每个参与全局事务的本地事务都由一个 RM 进行管理。

假设在电商系统中存在 3 个服务：库存服务、订单服务、账户服务，使用 Seata 对这些服务进行分布式事务管理，管理机制如图 7-13 所示。

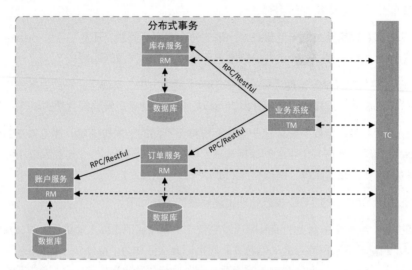

图 7-13　Seata 的分布式事务管理机制

Seata 通过两阶段提交来确保事务的一致性。这涉及 TC、TM 和 RM 三大组件的协作。Seata 管理分布式事务的典型生命周期如图 7-14 所示。

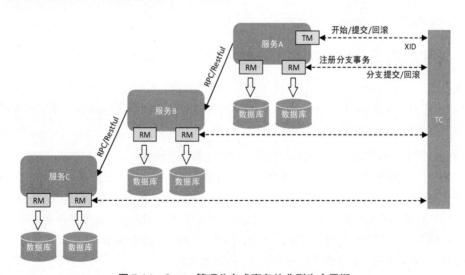

图 7-14　Seata 管理分布式事务的典型生命周期

（1）事务开启阶段。

事务发起方，即 TM，向 TC 发送请求，申请开启一个新的全局事务。TC 响应该请求，并为这个全局事务分配一个唯一标识 XID。

这个全局事务标识 XID 将在整个分布式事务所涉及的服务调用链路中被传播，确保各服务能够参与同一个全局事务。这种传播通常通过切面编程（AOP）来实现。

（2）事务注册阶段。

各参与分布式事务的本地事务由 RM 负责，向 TC 注册它们的分支事务，并报告它们准备就绪的状态。这些分支事务与全局事务标识 XID 绑定，以确保它们属于同一个全局事务。

（3）全局提交或回滚请求阶段（第一阶段结束）。

TM 根据业务执行结果向 TC 发起全局提交或回滚的请求，这标志着分布式事务的第一阶段结束。

（4）事务汇总与决策阶段。

TC 汇总所有分支事务的信息，根据汇总结果决定这个全局事务是提交还是回滚。

（5）资源提交或回滚阶段（第二阶段结束）。

根据 TC 的决策，TC 通知所有 RM 提交或回滚它们各自管理的资源。这标志着分布式事务的第二阶段和整个事务处理流程的结束。

通过这 3 个组件（TC、TM、RM）的紧密配合，Seata 能够有效地管理和协调分布式事务，确保分布式系统中事务的一致性和数据的完整性，从而解决分布式系统事务管理的难题。

7.6　分布式锁——解决分布式系统中的并发控制问题

分布式锁是分布式系统中的一种机制，其作用是确保任一时刻仅有一个进程或节点能够访问共享资源，从而有效解决分布式环境中的数据一致性和并发控制问题。

7.6.1　ZooKeeper 的集群架构和数据模型

ZooKeeper 是一个分布式应用协调服务，主要用于解决分布式集群中应用系统的一致性问题。

1. ZooKeeper 的集群架构

ZooKeeper 集群主要由一组服务器节点（Server）构成。在这些节点中，有一个节点会被指定为 Leader，而其余节点则扮演 Follower 的角色。当客户端连接到 ZooKeeper 集群并尝试执行写操作时，这些请求会首先被传送至 Leader 节点。一旦 Leader 节点收到数据变更的请求，它会先将这些变更保存在本地磁盘上，以备恢复之需。随后，Leader 节点会将变更应用到内存中，从而提升数据的读取速度。最终，这些 Leader 节点上的数据变更会被同步（即广播）到集群中的其他 Follower 节点上，确保数据的一致性。ZooKeeper 的集群架构如图 7-15 所示。

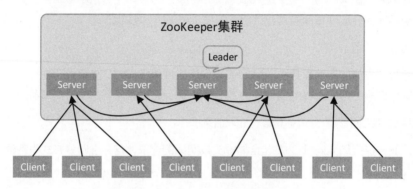

图 7-15　ZooKeeper 的集群架构

2. ZooKeeper 的数据模型

ZooKeeper 主要用来管理和协调数据，例如服务器的配置信息和状态等，但并不适合用来存储大规模的数据集。它采用了一个类似于标准文件系统的树形命名空间。这个命名空间可以被分布式应用程序共享，从而实现进程间的协调。与传统的、专为存储设计的文件系统不同的是，ZooKeeper 选择将数据保存在内存中，这样的设计显著提升了数据的吞吐速度并降低了延迟。

在 ZooKeeper 的树形命名空间中，名称是由斜线（/）分隔的路径元素组成的。每一个名称，也被称为节点（通常用 znode 表示），都由一个独特的路径来标识。这些 znode 不仅可以关联特定的数据（也称元数据），还可以拥有子 znode，这与标准文件系统中文件夹可以包含文件和子文件夹的概念相似。ZooKeeper 的数据模型如图 7-16 所示。

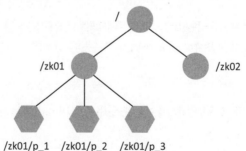

图 7-16　ZooKeeper 的数据模型

ZooKeeper 中的 znode 包括以下 4 种类型。

（1）持久 znode（PERSISTENT）。

这种类型的 znode 在创建后会一直存在，除非手动将其删除。

（2）持久顺序 znode（PERSISTENT_SEQUENTIAL）。

除拥有持久 znode 的持久性特点外，持久顺序 znode 在创建时还会在名称末尾自动添加一个自增长的数字后缀。这个后缀由 10 位数字组成，例如"0000000001"。这种机制可以记录每个 znode 的创建顺序。例如，若在名为 "/lock" 的父 znode 下创建一个顺序子 znode，如 "/lock/node-"，ZooKeeper 会根据当前子 znode 的数量自动为其添加数字后缀。若这是第一个创建的子 znode，则其名称会是 "/lock/node-0000000001"，下一个则为 "/lock/node- 0000000002"，以此类推。

（3）临时 znode（EPHEMERAL）。

这种类型的 znode 的生命周期与创建它们的客户端和 ZooKeeper 服务器之间的连接会话紧密相关。只要会话保持活动状态，这些 znode 就会存在。一旦客户端与服务器的连接断开，相应的 znode 就会被自动删除。因此，临时 znode 不允许有子 znode。

（4）临时顺序 znode（EPHEMERAL_SEQUENTIAL）。

这种类型的 znode 结合了临时 znode 的特点和在创建时自动添加数字后缀的顺序功能。

7.6.2　ZooKeeper 的观察者模式

ZooKeeper 是一个基于观察者（Watcher）模式精心设计的分布式服务管理框架。在这个框架下，客户端可以向服务器上的 znode 注册 Watcher。一旦 znode 的状态有所变化，ZooKeeper 便会即刻通知那些已注册的 Watcher，促使它们作出相应的响应。目前，ZooKeeper 能监测四种 znode 状态变化事件，分别是 znode 创建、znode 删除、znode 数据修改及子 znode 变更。

Watcher 事件相当于一次性的触发器。当 znode 的状态发生变化时，系统会向设置了 Watcher 的客户端发送通知。例如，若客户端删除了 znode "/znode1"，那么该客户端就会收到/znode1 的状态改变事件通知。

ZooKeeper Watcher 模式的原理如图 7-17 所示。

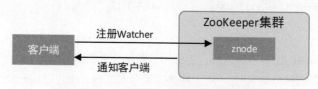

图 7-17　ZooKeeper Watcher 模式的原理

7.6.3 分布式锁的实现方式及工作原理

在分布式环境中，为了保证同一时刻只能有一个客户端对指定的数据进行访问，需要使用分布式锁技术。

1. 分布式锁的主要特点

分布式锁的主要特点如下。

- 分布式锁能够保证即使在不同的物理或逻辑节点上运行的应用实例，也能正确地实现对共享资源的互斥访问。
- 与传统的在单个应用内部使用的锁相比，分布式锁支持更大规模的系统，可以满足适应分布式系统的扩展需求。

2. 分布式锁的实现方式

分布式锁的实现方式有多种，以下是一些常见的方法。

（1）利用关系数据库。

在这种方法中，可以利用数据库的行级锁或表级锁来实现分布式锁。通过在一个共享的数据库表中插入或更新记录来尝试获取锁，操作成功即代表获得了锁。为了确保锁的独占性和避免死锁，需要合理设计数据库事务的隔离级别和锁的超时时间。

（2）利用 Redis。

Redis 提供了如 SETNX 这样的原子操作，非常适合用来实现分布式锁。当一个客户端尝试使用 SETNX 命令设置一个键值时，如果这个键不存在，则设置成功并返回 1，表示获得了锁；如果这个键已经存在，则设置失败并返回 0，表示锁已经被其他客户端持有。结合 Redis 的过期时间（EXPIRE）功能，还可以有效避免死锁。

（3）利用 ZooKeeper。

ZooKeeper 提供了一套原生的分布式锁实现机制。在 ZooKeeper 中，可以通过创建一个临时 znode 来表示一个锁，利用 ZooKeeper 的 znode 唯一性和临时 znode 的自动删除特性来实现锁的独占性和自动释放。

关于利用 ZooKeeper 实现分布式锁，将在 7.6.4 节详细讲解。

（4）利用 etcd。

etcd 是一个高可用的键值存储系统，主要用于配置共享和服务发现。etcd 也提供了创建租约（lease）和基于租约的键值对的功能，可以用来实现分布式锁。通过创建一个带租约的键值对来表示一个锁，利用 etcd 的原子操作和租约超时机制来实现锁的独占性和自动释放。

3. 分布式锁的工作原理

分布式锁的工作原理如图 7-18 所示。

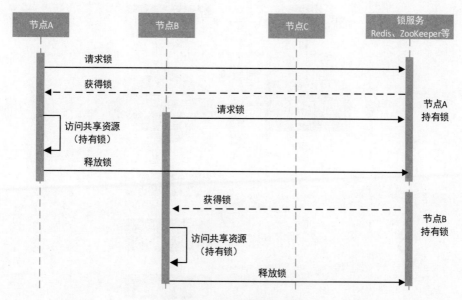

图 7-18 分布式锁的工作原理

（1）请求锁，获得锁。当节点 A 需要访问共享资源时，它会向锁服务（可以是数据库、Redis 或 ZooKeeper 等）请求一个锁。如果锁当前没有被其他节点持有，则锁服务会将锁授予节点 A，即节点 A 获得锁。

（2）访问共享资源（持有锁）。在节点 A 获得锁之后，就可以安全地访问共享资源。在此期间，如果其他节点（如节点 B 和节点 C）尝试获取同一把锁，则会被锁服务阻塞，直到锁被释放。

（3）释放锁。节点 A 完成操作后，会向锁服务发送释放锁的请求。之后锁服务会将锁授予等待消息队列中的下一个节点（例如节点 B），节点 B 随后可以安全地访问共享资源。

> **提示** 分布式锁确保了在分布式系统中对共享资源的访问是互斥的，从而避免了并发访问导致数据不一致的问题。

7.6.4 【实战】利用 ZooKeeper 实现分布式锁

利用 ZooKeeper 实现分布式锁，所有希望获得锁的客户端都需要执行以下操作，如图 7-19 所示。

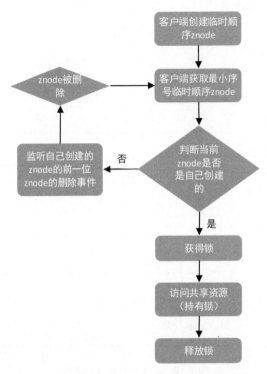

图 7-19　利用 ZooKeeper 实现分布式锁的流程

（1）创建临时顺序 znode。客户端使用 Java API 连接 ZooKeeper，并调用 create()方法在指定的 znode（如/lock）下创建一个临时顺序 znode。例如 znode 名为"node-"，则请求最先到达的客户端创建的临时顺序 znode 为"/lock/node-0000000000"，请求第二到达的客户端创建的临时顺序 znode 为"/lock/node-0000000001"，以此类推，可以看到这些 znode 是有顺序的，如图 7-20 所示。

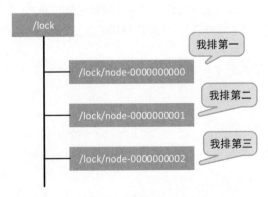

图 7-20　多个客户端创建的临时顺序 znode

（2）获取最小序号临时顺序 znode。客户端调用 getChildren()方法查询 znode "/lock"下的所有子 znode 列表，并从列表中获取最小序号临时顺序 znode。

（3）判断当前 znode 是否是自己创建的。客户端判断最小序号临时顺序 znode 是否是自己创建的。如果是，则获得锁，否则监听排在自己前一位的 znode 的删除事件。

（4）znode 被删除。若客户端监听的 znode 被删除，则重新从步骤（2）开始执行，直至获得锁。

（5）访问共享资源（持有锁）。客户端执行业务代码，访问共享资源。

（6）释放锁。客户端完成业务后，删除在 ZooKeeper 中自己创建的 znode 以释放锁。

对上述流程中的两个不容易理解的问题的解析如下。

步骤（1）中为什么要创建临时 znode？

假如在客户端 A 获得锁之后，客户端 A 所在的计算机宕机了，此时客户端 A 没有来得及主动删除 znode。如果创建的是永久 znode，则锁将永远不会被释放，从而导致死锁。临时 znode 的好处是：尽管客户端宕机了，但是如果 ZooKeeper 在一段时间内没有收到客户端的心跳，则认为会话失效，删除临时 znode 以释放锁。

步骤（3）中未获得锁的客户端为什么要监听排在自己前一位的 znode 的删除事件？

按照争夺锁的规则，每一轮锁的争夺，都是序号最小的 znode 获得锁；当序号最小的 znode 被删除后，正常情况下排在最小 znode 后一位的 znode 将获得锁，以此类推。因此，若客户端没有获得锁，只需要监听自己前一位的 znode 即可。这样每当锁释放时，ZooKeeper 只需要通知一个客户端即可，从而节省了网络带宽。若将监听事件设置在父 znode "/lock"上，那么每次锁的释放都将通知所有客户端。假如客户端数量庞大，则导致 ZooKeeper 服务器必须处理的操作数量激增，增加了 ZooKeeper 服务器的压力，同时很容易产生网络阻塞。

第 8 章
消息中间件——分布式系统中的异步通信利器

随着分布式系统的复杂度增加，异步通信成为系统架构设计中不可或缺的一部分，它不仅能提高系统的响应性能，还能有效地解耦系统组件，增强系统的伸缩性和可维护性。

8.1 为什么需要消息中间件

消息中间件是一种软件，它允许不同的系统或组件之间进行异步通信。

想象一下，有一个邮局，你把信件投递进去，邮局会将信件分发到正确的收件人手中。消息中间件就像这个邮局，它接收来自生产者（发送者）的消息，并将其存储起来。当消费者（接收者）准备好接收时，它再将消息传递给消费者。

8.1.1 一张图看懂消息中间件

在分布式系统中，消息中间件不仅使异步通信成为可能，还提供了数据缓冲、系统解耦、流量控制等功能。

想象一个场景：一个在线电商系统，在顾客下单后，系统需要进行一系列操作，包括更新库存、通知发货和记录日志等。如果没有消息中间件，则这些操作可能需要按顺序执行，用户等待时间过长。如果引入消息中间件，则情况就大为不同了。

消息中间件的工作原理如图 8-1 所示。

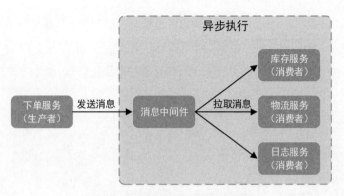

图 8-1　消息中间件的工作原理

消息中间件位于生产者（如下单服务）和消费者（如库存服务、物流服务和日志服务）之间。生产者将消息（如订单信息）发送到消息中间件，而消息中间件负责将消息安全、可靠地传递给一个或多个消费者。

（1）生产消息。生产者生成消息并发送到消息中间件。这个过程是异步的，生产者不需要等待消费者处理完消息就可以继续处理其他任务。

（2）存储消息。消息中间件临时存储这些消息，直到它们被消费。这为生产者和消费者之间的速度差异提供了缓冲。

（3）消费消息。消费者从消息中间件拉取消息并处理。消费者可以根据自己的处理能力和速度来获取消息，实现与生产者的解耦。

（4）确认。消费者处理完消息后，向消息中间件确认。这确保了消息至少被处理一次，防止数据丢失。

8.1.2　【实战】解决分布式系统中的通信、解耦、流量调节问题

在分布式系统中，服务间的有效通信、解耦和流量调节是确保系统高效运行的关键。

1. 通信问题

在分布式系统中，服务之间需要通过交换数据来协作完成任务。这个过程可能产生的问题如下。

- 网络延迟：不同服务可能部署在不同的地理位置，网络延迟可能影响服务响应时间。
- 数据格式和协议不一致：不同服务可能采用不同的数据格式和通信协议，需要进行转换才能互相理解。
- 服务发现：在动态环境中，服务实例可能频繁变化，消费者需要能够发现当前可用的服务实例。

（1）解决网络延迟问题。

为减轻网络延迟的影响，可以采用异步消息传递机制。生产者不需要等待消费者的响应，就可以继续执行其他任务，从而提高系统的响应速度和吞吐量。

例如，使用 Kafka 作为消息中间件，实现订单处理的异步化，Java 代码如下。

```java
// 生产者示例：发送订单创建消息
public void sendOrderCreateMessage(Order order) {
    kafkaTemplate.send("order-create-topic", order);
}

// 消费者示例：异步处理订单创建消息
@KafkaListener(topics = "order-create-topic")
public void onOrderCreateMessage(Order order) {
    // 处理订单创建逻辑
    processOrderCreation(order);
}
```

（2）解决数据格式和协议不一致问题。

消息中间件（如 RabbitMQ）支持消息转换器（Message Converter），能够在消息生产者和消费者之间自动转换数据格式。这样，即使服务间采用不同的数据格式或通信协议，也能确保消息的正确传递和解析。Java 代码如下。

```java
// RabbitMQ 生产者配置示例
rabbitTemplate.setMessageConverter(new Jackson2JsonMessageConverter());

// RabbitMQ 消费者配置示例
@RabbitListener(queues = "order-queue")
public void receiveMessage(Order order) {
    // 直接接收和处理 JSON 格式的订单数据
    processOrder(order);
}
```

（3）解决服务发现问题。

服务实例的动态性要求有服务发现机制。使用 Spring Cloud Netflix Eureka 作为服务发现组件，可以自动注册和发现服务实例，简化服务间的通信。Java 代码如下。

```java
// Eureka 客户端配置示例
@SpringBootApplication
@EnableEurekaClient
public class ProductServiceApplication {
    public static void main(String[] args) {
        SpringApplication.run(ProductServiceApplication.class, args);
    }
}
```

```
// 使用 RestTemplate 调用服务示例
@RestController
public class ProductController {

    @Autowired
    private RestTemplate restTemplate;

    @GetMapping("/product/details/{id}")
    public ProductDetails getProductDetails(@PathVariable String id) {
        // 使用服务名而非硬编码的 URL
        return restTemplate.getForObject("http://PRODUCT-SERVICE/products/" +
id, ProductDetails.class);
    }
}
```

2. 解耦问题

服务之间的高耦合度会增加系统的复杂性和维护成本，具体如下。

- 依赖性管理：服务之间的依赖关系可能导致"牵一发而动全身"的情况，一个服务的变更可能需要同步更新多个服务。
- 变更的影响：服务接口的变更可能影响依赖该服务的其他服务，需要协调更新。

针对解耦问题，消息中间件提供了有效的解决方案，尤其是在电商系统中。通过使用消息中间件，可以降低服务之间的直接依赖，实现服务间的松耦合。

以下是解耦问题的具体解决方案和代码。

（1）采用事件驱动架构。

在事件驱动架构中，服务通过发布和订阅事件来进行通信，而不是直接调用对方的接口。这种方式可以大大降低服务间的直接依赖。

例如在电商系统中，当一个订单创建时，需要相应地减少库存。使用 Kafka 作为消息中间件，订单服务和库存服务可以通过事件（消息）来通信，而不是直接调用对方的 API。具体流程如图 8-2 所示。

图 8-2　电商系统中的事件驱动架构的具体流程

订单服务发布订单创建事件，Java 代码如下。

```java
public class OrderService {
    @Autowired
    private KafkaTemplate<String, OrderCreatedEvent> kafkaTemplate;

    public void createOrder(Order order) {
        // 创建订单逻辑
        saveOrder(order);
        // 发布订单创建事件
        kafkaTemplate.send("order-created-topic", new
OrderCreatedEvent(order.getId()));
    }
}
```

库存服务订阅订单创建事件并相应减少库存，Java 代码如下。

```java
@Service
public class InventoryService {

    @KafkaListener(topics = "order-created-topic")
    public void onOrderCreated(OrderCreatedEvent event) {
        // 根据订单 ID 减少库存
        reduceInventory(event.getOrderId());
    }

    private void reduceInventory(String orderId) {
        // 减少库存逻辑
    }
}
```

（2）使用 API 网关。

API 网关作为系统的统一入口，可以进一步降低服务间的耦合度。客户端只需要与 API 网关交互，由 API 网关路由到具体的服务即可。这样，即使后端服务发生变化，也不会直接影响客户端。

例如，使用 Spring Cloud Gateway 作为 API 网关，配置路由规则将客户端请求转发到相应的服务，代码如下。

```yaml
spring:
  cloud:
    gateway:
      routes:
        - id: order-service
          uri: lb://ORDER-SERVICE
          predicates:
            - Path=/orders/**
        - id: inventory-service
```

```
uri: lb://INVENTORY-SERVICE
predicates:
  - Path=/inventory/**
```

上述配置通过定义两个路由规则,实现了对订单服务(ORDER-SERVICE)和库存服务(INVENTORY-SERVICE)的请求路由。通过路径匹配断言,API 网关可以将不同路径的请求转发到对应的微服务,从而实现了服务间的解耦和动态路由。

上述 API 网关的路由流程如图 8-3 所示。

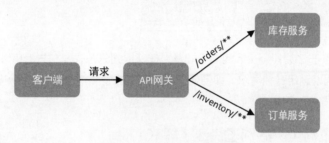

图 8-3 API 网关的路由流程

3. 流量调节问题

在高并发场景下,突发的流量可能导致系统过载,影响服务的稳定性和可用性。这时就需要进行流量调节,流量调节的挑战如下。

- 峰值流量处理:系统需要能够处理突发的高流量,避免服务因过载而崩溃。
- 消息积压:在生产者处理速率超过消费者处理速率的情况下,消息可能在消息队列中积压,导致延迟增高。
- 资源限制:系统的处理能力受限于资源(如 CPU、内存),需要有效管理资源以优化性能。

在电商系统中,面对流量调节问题,通常采用如下策略。

(1)熔断器。

熔断器可以防止系统因为某个服务的故障而整体崩溃。当特定服务的错误率超过预设阈值时,熔断器会"断开",暂时停止向该服务转发请求,以保护系统免受进一步影响。经过预设的恢复时间后,熔断器会尝试恢复部分请求,检查服务是否恢复正常。Spring Cloud Hystrix 提供了熔断器的实现。关于熔断器的实战应用,详见 10.2.4 节。

(2)限流。

限流是控制接入请求速率的有效方法,可以避免系统资源被过度消耗。限流可以在不同层面上实施,例如 API 网关层面、服务层面或者数据库层面。常见的限流算法有漏桶算法和令牌桶算法。Spring Cloud Gateway 支持简单的限流配置,也可以集成 Redis 等来实现更复杂的限流策略。关于限流的实战应用,详见 10.2.3 节。

(3)异步处理和消息队列。

将同步处理改为异步处理,可以显著提高系统的吞吐量和稳定性。例如,对于订单处理流程,可以通过消息队列异步处理订单校验、支付处理等环节。这样,即使某个环节出现延迟,也不会直接影响用户的请求响应时间。Kafka、RabbitMQ 等消息中间件可以用于实现异步消息的传递。

8.2 Kafka——分布式流处理中间件

Kafka 是一个基于 ZooKeeper 的高吞吐量、低延迟的分布式发布与消息订阅系统。它可以实时处理大量消息数据以满足各种需求。即便使用非常普通的硬件,Kafka 也可以每秒处理数百万条消息,其延迟最低只有几毫秒。

8.2.1 利用"放鸡蛋"的例子快速了解 Kafka

那么,Kafka 到底是什么?简单来说,Kafka 是一种消息中间件。

1. 例子

下面举一个生产者与消费者的例子。

生产者生产鸡蛋,消费者消费鸡蛋。假设消费者消费鸡蛋时"噎住"了(系统宕机了),而生产者还在生产鸡蛋,那么新生产的鸡蛋就丢失了;再比如,生产者 1 秒生产 100 个鸡蛋(大交易量的情况),而消费者 1 秒只能消费 50 个鸡蛋,那么过不了多长时间,消费者就"吃不消"了(消息堵塞,最终导致系统超时),导致鸡蛋又丢失了。此时,我们放 1 个篮子在生产者与消费者中间,生产者生产出来的鸡蛋都放到篮子里,消费者去篮子里拿鸡蛋,这样鸡蛋就不会丢失了,这个篮子就相当于 Kafka。

上述例子中的鸡蛋则相当于 Kafka 中的消息(Message);篮子相当于存放消息的消息队列,也就是 Kafka 集群;当篮子满了,鸡蛋放不下时,再加几个篮子,就是 Kafka 集群扩容。

2. Kafka 中的基本概念

Kafka 中的一些基本概念如下。

- 消息(Message)。Kafka 的数据单元被称为消息。可以把消息看成数据库里的一行数据或一条记录。
- 服务器节点(Broker)。Kafka 集群包含一个或多个服务器节点,一个独立的服务器节点被称为 Broker。

- 主题（Topic）。每条发布到 Kafka 集群的消息都有一个类别，这个类别被称为主题。在物理上，不同主题的消息分开存储；在逻辑上，一个主题的消息虽然保存在一个或多个 Broker 上，但用户只需指定消息的主题即可生产或消费消息，而不必关心消息存于何处。
- 分区（Partition）。为了使 Kafka 的吞吐量可以水平扩展，在物理上把主题分成一个或多个分区。创建主题时可指定分区数量。每个分区都对应一个文件夹，该文件夹下存储该分区的数据和索引文件。
- 生产者（Producer）。生产者负责发布消息到 Kafka 的 Broker，实际上生产者属于 Broker 的一种客户端。
- 消费者（Consumer）。消费者是从 Kafka 的 Broker 上读取消息的客户端。读取消息时需要指定读取的主题，通常消费者会订阅一个或多个主题，并按照消息生成的顺序读取它们。

8.2.2　Kafka 的集群架构

Kafka 以其高效且可靠的消息传递机制而备受推崇。

1. Kafka 的消息传递流程

Kafka 的消息传递流程如图 8-4 所示。生产者将消息发送给 Kafka 集群，同时 Kafka 集群将消息转发给消费者。

图 8-4　Kafka 的消息传递流程

客户端（生产者/消费者）和 Kafka 集群之间的通信通过一个简单的、高性能的、与语言无关的 TCP 完成。Kafka 不仅提供 Java 客户端，也提供其他多种语言的客户端。

2. ZooKeeper 在 Kafka 中的协调作用

一个典型的 Kafka 集群中包含若干生产者（数据可以是 Web 前端产生的页面内容或者服务器日志等）、若干 Broker、若干消费者（可以是 Hadoop 集群、实时监控程序、数据仓库或其他服务），以及一个 ZooKeeper 集群。

ZooKeeper 用于管理和协调 Broker。当 Kafka 集群中新增了 Broker 或者某个 Broker 故障失效时，ZooKeeper 将通知生产者和消费者。生产者和消费者据此开始与其他 Broker 协调工作。从 Kafka 2.8.0 开始，可以不使用 ZooKeeper，而使用 Kafka 内部的 Quorum 控制器代替 ZooKeeper。

ZooKeeper 在 Kafka 中的协调作用如图 8-5 所示。生产者使用 Push 模式将消息发送到 Broker，而消费者使用 Pull 模式从 Broker 订阅并消费消息。

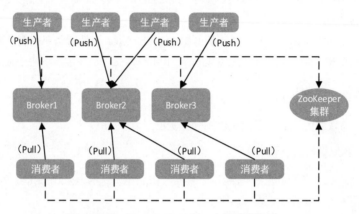

图 8-5 ZooKeeper 在 Kafka 中的协调作用

8.2.3 Kafka 处理海量消息的原理

Kafka 内部通过主题与分区、分区副本的方式，保证了消息数据的高吞吐量、低延迟和高可靠性。

1. Kafka 的主题与分区

Kafka 通过主题对消息进行分类，一个主题可以分为多个分区，且每个分区都可以存储于不同的 Broker 上，即一个主题可以横跨多个服务器。

如果你对 HBase 的集群架构比较了解，用 HBase 数据库做类比，可以将主题看作 HBase 数据库中的一张表；分区则是将表数据拆分成了多个部分，即 HRegion。不同的 HRegion 可以存储于不同的服务器上，分区也是如此。

Kafka 主题与分区的关系如图 8-6 所示。

当一条消息被发送到 Broker 时，会根据分区规则被存储到某个分区里。如果分区规则设置合理，则所有消息都将被均匀地分配到不同的分区里，这样就实现了水平扩展。如果一个主题的消息都存放到一个文件中，则该文件所在的 Broker 的 I/O 将成为主题的性能瓶颈，而分区正好解决了这个问题。

图 8-6　Kafka 主题与分区的关系

分区中的每条记录都被分配了一个偏移量（offset），偏移量是一个连续递增的整数值，它唯一标识分区中的某条记录。而消费者只需保存该偏移量即可，当消费者客户端向 Broker 发起消息请求时，需要携带偏移量。例如，消费者向 Broker 请求主题 test 的分区 0 中的偏移量从 20 开始的所有消息，以及主题 test 的分区 1 中的偏移量从 35 开始的所有消息。当消费者读取消息后，偏移量会线性递增。当然，消费者也可以按照任意顺序消费消息，比如读取已经消费过的历史消息（将偏移量重置到之前版本）。此外，消费者还可以指定从某个分区中一次最多返回多少条数据，防止一次返回数据太多而耗尽客户端的内存。

Kafka 分区消息的读写如图 8-7 所示。

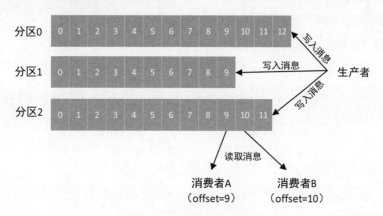

图 8-7　Kafka 分区消息的读写

2. Kafka 的分区副本

在 Kafka 集群中，为了提高数据的可靠性，同一个分区可以复制多个副本分配到不同的 Broker 上，这种方式类似于 HDFS 的副本机制。如果其中一个 Broker 宕机，则其他 Broker 可以接替宕机的 Broker，不过生产者和消费者需要重新连接新的 Broker。

Kafka 分区的复制如图 8-8 所示。

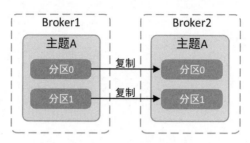

图 8-8　Kafka 分区的复制

8.2.4　【实战】构建一个分布式、高性能的 Kafka 集群

在构建 Kafka 集群之前，需要先构建好 ZooKeeper 集群。ZooKeeper 集群的构建步骤此处不做讲解。本例使用 3 个服务器在 CentOS 7 上构建 Kafka 集群，3 个服务器的主机和 IP 地址分别如下。

```
centos01 192.168.170.133
centos02 192.168.170.134
centos03 192.168.170.135
```

由于 Kafka 集群的各个节点（Broker）都是对等的，配置基本相同，因此只需要配置一个 Broker，然后将这个 Broker 上的配置复制到其他 Broker 并进行微调即可。

下面介绍具体的构建步骤。

1. 下载并解压缩 Kafka

首先从 Apache 官网下载 Kafka 的稳定版本，此处使用的是 3.1.0 版本，即下载 kafka_2.12-3.1.0.tgz 文件（Kafka 使用 Scala 和 Java 编写，2.12 指的是 Scala 的版本号）。

然后将 Kafka 安装包上传到 centos01 节点的/opt/softwares 目录下，并解压缩到目录/opt/modules 下，解压缩命令如下。

```
$ tar -zxvf kafka_2.12-3.1.0.tgz -C /opt/modules/
```

2. 修改配置文件

修改 Kafka 安装目录下的 config/server.properties 文件，代码如下。在分布式环境中，建议至少修改以下配置项（若文件中无此配置项，则需要新增），其他配置项可以根据具体项目环境进行调优。

```
broker.id=1
num.partitions=2
default.replication.factor=2
listeners=PLAINTEXT://centos01:9092
log.dirs=/opt/modules/kafka_2.12-3.1.0/kafka-logs
```

```
zookeeper.connect=centos01:2181,centos02:2181,centos03:2181
```

在上述代码中，各选项的含义如下。

- broker.id：每一个 Broker 都需要有一个标识符，使用 broker.id 表示，类似于 ZooKeeper 的 myid。broker.id 必须是一个全局（集群范围）唯一的整数值，即集群中每个 Kafka 服务器的 broker.id 的值都不能相同。

- num.partitions：每个主题的分区数量，默认为 1。注意，可以增加分区的数量，但是不能减少分区的数量。

- default.replication.factor：消息备份的副本数，默认为 1，即不进行备份。

- listeners：Socket 监听的地址，用于 Broker 监听生产者和消费者的请求，格式为 listeners = security_protocol://host_name:port。如果没有配置该参数，则默认通过 Java 的 API（java.net.InetAddress.getCanonicalHostName()）来获取主机名，端口默认为 9092。建议进行显式配置，避免多网卡时解析有误。

- log.dirs：Kafka 消息数据的存储位置。可以指定多个目录，以逗号分隔。

- zookeeper.connect：ZooKeeper 的连接地址。该参数是用逗号分隔的一组格式为 hostname:port/path 的列表。其中，hostname 为 ZooKeeper 服务器的主机名或 IP 地址；port 为 ZooKeeper 客户端的连接端口；/path 为可选的 ZooKeeper 路径。如果不指定，则默认使用 ZooKeeper 根路径。

3. 发送安装文件到其他节点

执行以下命令，将 centos01 节点配置好的 Kafka 安装文件复制到 centos02 和 centos03 节点。

```
scp -r kafka_2.12-3.1.0/ hadoop@centos02:/opt/modules/
scp -r kafka_2.12-3.1.0/ hadoop@centos03:/opt/modules/
```

复制完成后，修改 centos02 节点的 Kafka 安装目录下的 config/server.properties 文件，修改内容如下。

```
broker.id=2
listeners=PLAINTEXT://centos02:9092
```

同理，修改 centos03 节点的 Kafka 安装目录下的 config/server.properties 文件，修改内容如下。

```
broker.id=3
listeners=PLAINTEXT://centos03:9092
```

4. 启动 ZooKeeper 集群

分别在 3 个节点上执行以下命令，启动 ZooKeeper 集群（需要进入 ZooKeeper 安装目录）。

```
bin/zkServer.sh start
```

5. 启动 Kafka 集群

分别在 3 个节点上执行以下命令，启动 Kafka 集群（需要进入 Kafka 安装目录）。

```
bin/kafka-server-start.sh -daemon config/server.properties
```

集群启动后，分别在各个节点上执行 jps 命令，查看启动的 Java 进程。若能输出如下进程信息，则说明启动成功。

```
2848 Jps
2518 QuorumPeerMain
2795 Kafka
```

查看 Kafka 安装目录下的日志文件 logs/server.log，确保运行稳定，没有抛出异常。至此，Kafka 集群构建完成。

8.3 RabbitMQ——高可用的消息队列系统

RabbitMQ 是一个开源的消息代理和消息队列系统，用于在分布式系统中传递消息。它是用 Erlang 语言编写的，专为高可用和多协议支持设计，非常适合在电商系统中使用。

8.3.1 RabbitMQ 的工作原理

RabbitMQ 的核心组件包括生产者（Producer）、交换器（Exchange）、队列（Queue）、消费者（Consumer）和绑定（Binding）。通过这些组件，RabbitMQ 能够实现消息的创建、路由、存储和处理。RabbitMQ 的工作原理如图 8-9 所示。

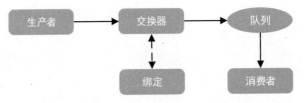

图 8-9　RabbitMQ 的工作原理

1. RabbitMQ 的核心组件

（1）生产者。

生产者是消息的创建者。它负责生成消息并将消息发送到交换器。例如，在电商系统中，当用户下单时，下单服务可以作为生产者，将订单信息生成消息发送到 RabbitMQ。

（2）交换器。

交换器是接收生产者发送的消息的组件，并根据特定的路由规则将消息路由到一个或多个队列。交换器有以下四种类型。

- 直接交换器（Direct Exchange）：根据消息的路由键（Routing Key）精确匹配队列的绑定键（Binding Key）进行路由。
- 主题交换器（Topic Exchange）：根据消息的路由键模式进行路由，支持模糊匹配。
- 扇出交换器（Fanout Exchange）：将消息广播到所有绑定到该交换器的队列，不考虑路由键。
- 头交换器（Header Exchange）：根据消息头部的属性进行路由，忽略路由键。

（3）队列。

队列是存储消息的缓冲区，消费者从队列中获取消息进行处理。可以把队列看作一个等待处理任务的待办箱。队列的存储是可靠的，即使 RabbitMQ 服务器重启，队列中的消息也不会丢失。

（4）消费者。

消费者是从消息队列中获取消息并进行处理的应用。例如，在电商系统中，订单处理服务可以作为消费者，从消息队列中获取订单信息并进行处理，如更新库存、生成发货单等。

（5）绑定。

绑定是交换器和队列之间的连接，定义了消息如何从交换器路由到队列。绑定通过路由键来确定交换器和队列之间的关系。例如，在直接交换器中，生产者发送的消息的路由键必须匹配队列的绑定键，消息才能路由到该队列。

2. RabbitMQ 的工作流程

RabbitMQ 的工作流程如下。

（1）生产者发送消息。生产者创建消息并将其发送到指定的交换器，同时指定一个路由键。例如，当用户下单后，下单服务（生产者）会生成一条订单消息，并将其发送到 RabbitMQ 的交换器。

（2）交换器路由消息。交换器收到消息后，根据路由键（例如 order.created）和绑定规则决定将消息发送到哪个队列。如果匹配多个队列，则消息会被复制并发送到每个匹配的队列，例如订单处理队列和库存更新队列。

（3）队列存储消息。消息到达队列后，会被存储在队列中，等待消费者处理。如果队列没有消费者，则消息会一直保存在队列中，直到有消费者连接并处理消息。例如，订单处理队列和库存更新队列分别存储这条订单消息，等待相应的消费者进行处理。

（4）消费者处理消息。消费者连接队列，获取消息并进行处理。处理完成后，消费者会向

RabbitMQ 发送确认信息，表示消息已经被成功处理。RabbitMQ 会将消息从消息队列中删除，确保消息不被重复处理。例如，订单处理服务（消费者）从订单处理队列中获取消息，更新订单状态并生成发货单；库存更新服务（消费者）从库存更新队列中获取消息，减少相应商品的库存数量。

8.3.2　RabbitMQ 在电商系统中的应用

RabbitMQ 在电商系统中有广泛的应用，以下是几个典型的应用场景。

1. 订单系统

在电商系统中，RabbitMQ 可以用于处理用户订单。用户下单请求首先发送到消息队列中，异步处理订单生成、库存检查和订单确认等步骤。这种方式可以快速响应用户请求，提高用户体验。

例如，当用户单击"下单"按钮时，前端系统会立即向用户反馈"订单处理中"，同时将订单信息发送到 RabbitMQ 队列。后台订单服务从消息队列中获取消息，依次进行库存检查、订单生成和确认，处理完成后再通知用户订单状态。

2. 库存管理

RabbitMQ 可以用于库存服务。当商品库存变动时（如新的订单减少了库存），库存服务通过 RabbitMQ 发送库存更新消息，相关服务（如商品服务、订单服务）监听这些消息并相应地更新数据，确保数据的一致性。

例如，当订单被确认后，库存服务会发送一条消息到 RabbitMQ，通知所有相关服务库存已经减少。商品服务收到消息后，会更新商品展示页上的库存信息，订单服务则会确保订单记录的库存信息是最新的。

3. 用户通知

电商系统在订单状态更新、促销活动等情况下，需要通知用户。RabbitMQ 可以用于异步发送通知邮件或短信，提高通知的发送效率，减少对主要业务流程的影响。

例如，当订单状态从"处理中"变为"已发货"时，系统会将通知消息发送到 RabbitMQ 队列，通知服务从消息队列中获取消息，生成并发送相应的邮件或短信通知用户。

4. 日志处理

RabbitMQ 可以收集系统的日志信息，然后异步地传输到日志处理系统（如 Elasticsearch），进行日志分析和监控。

例如，电商系统的各个服务可以将日志消息发送到 RabbitMQ 日志队列，一个专门的日志处理服务从消息队列中获取消息，并进行格式化处理后，再存储到 Elasticsearch 中。这种方式不仅能实时收集和分析日志，还能减轻系统各个服务的负担，提高系统的整体性能。

5. 活动和推荐系统

在电商系统中，活动和推荐系统需要根据用户行为进行实时调整。RabbitMQ 可以用于收集用户行为数据，并将这些数据传递给推荐引擎或活动管理系统。

例如，当用户浏览商品时，系统可以将浏览记录发送到 RabbitMQ 队列，推荐引擎从消息队列中获取这些数据，实时更新推荐算法，为用户提供个性化的商品推荐和促销活动。

6. 支付和结算系统

在支付和结算过程中，RabbitMQ 可以用于处理支付请求和结算操作。

例如，当用户发起支付请求时，系统会将支付请求消息发送到 RabbitMQ 队列，支付服务从消息队列中获取消息，进行支付处理并返回结果。这种方式可以确保支付过程的高效性和可靠性，同时避免了支付服务直接处理高并发请求带来的压力。

8.3.3 【实战】使用 RabbitMQ 实现电商系统的用户通知功能

以下示例展示了生产者如何将通知消息发送到 RabbitMQ 队列，以及消费者如何从消息队列中接收消息并处理（如发送电子邮件或短信给用户），以实现电商系统的用户通知功能。

（1）添加 RabbitMQ 客户端依赖库到项目中，代码如下。

```xml
<!-- 在项目的 pom.xml 中添加 RabbitMQ 客户端依赖 -->
<dependency>
    <groupId>com.rabbitmq</groupId>
    <artifactId>amqp-client</artifactId>
    <version>5.9.0</version>
</dependency>
```

（2）创建生产者，发送用户通知消息到 RabbitMQ 队列，代码如下。

```java
import com.rabbitmq.client.Channel;
import com.rabbitmq.client.Connection;
import com.rabbitmq.client.ConnectionFactory;

public class NotificationProducer {
    // 队列名称
    private final static String QUEUE_NAME = "userNotifications";

    public static void main(String[] argv) throws Exception {
        // 创建连接工厂
        ConnectionFactory factory = new ConnectionFactory();
        factory.setHost("localhost"); // 设置 RabbitMQ 服务器地址
        // 建立到服务器的连接
        try (Connection connection = factory.newConnection();
```

```
    Channel channel = connection.createChannel()) { // 创建通道
        // 声明队列，如果队列不存在，则创建
        channel.queueDeclare(QUEUE_NAME, false, false, false, null);
        String message = "我是用户通知消息"; // 消息内容

        // 发送消息到队列
        channel.basicPublish("", QUEUE_NAME, null, message.getBytes());
    }
  }
}
```

（3）创建消费者，从 RabbitMQ 队列接收用户通知消息并处理，代码如下。

```
import com.rabbitmq.client.*;

public class NotificationConsumer {
    // 队列名称
    private final static String QUEUE_NAME = "userNotifications";

    public static void main(String[] argv) throws Exception {
        ConnectionFactory factory = new ConnectionFactory();
        factory.setHost("localhost"); // 设置 RabbitMQ 服务器地址
        // 建立到服务器的连接
        Connection connection = factory.newConnection();
        Channel channel = connection.createChannel(); // 创建通道

        // 声明队列，如果队列不存在，则创建
        channel.queueDeclare(QUEUE_NAME, false, false, false, null);

        // 创建消息接收回调
        DeliverCallback deliverCallback = (consumerTag, delivery) -> {
            String message = new String(delivery.getBody(), "UTF-8");
            System.out.println("收到消息: '" + message + "'");

            // 这里可以添加实际的处理逻辑，如发送电子邮件或短信给用户

        };
        // 开始接收消息，不自动确认消息
        channel.basicConsume(QUEUE_NAME, true, deliverCallback, consumerTag ->
{});
    }
}
```

通过这种方式，可以有效地解耦消息的发送和接收过程，提高系统的响应性和扩展性。

8.4　RocketMQ——低延迟、高可靠性的分布式消息中间件

RocketMQ 是一个开源的分布式消息中间件，专为高吞吐量、低延迟和高可靠性的场景设计。它支持多种消息通信模式，包括发布/订阅、点对点、延时消息和事务消息等，能够满足不同场景下的业务需求。

RocketMQ 广泛应用于金融、电商、物流、大数据等领域，帮助企业构建高效、稳定的分布式系统。

8.4.1　RocketMQ 消息通信模式 1——发布/订阅模式

RocketMQ 的发布/订阅模式是一种消息通信模式，使得消息的生产者（发布者）不直接发送消息给特定的消费者（订阅者），而是通过一个中间件——Broker。在这个模式下，生产者发布消息到 Broker 的特定主题上，而消费者则向 Broker 订阅感兴趣的主题。当 Broker 收到消息后，它负责将消息推送给订阅了该主题的所有消费者。

RocketMQ 的发布/订阅模型如图 8-10 所示。

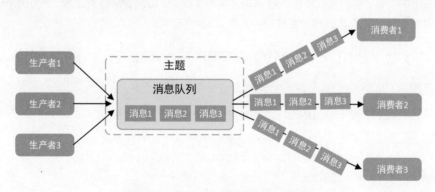

图 8-10　RocketMQ 的发布/订阅模型

在电商系统中，RocketMQ 的发布/订阅模式广泛应用于事件驱动架构，以提高系统的响应性、可扩展性和解耦性。以下是一些具体应用场景。

（1）商品库存更新。

当商品库存发生变化（如新商品上架、商品下架、促销活动开始等）时，系统可以将库存更新事件发布到一个主题中。各个服务（如搜索服务、推荐服务、前端展示服务）订阅该主题，以实时更新各自系统中的商品信息，确保用户总是看到最新的商品状态。

（2）订单状态通知。

在电商系统中，订单的状态变更（如订单创建、支付成功、发货、完成等）是一个关键的业务流程。系统可以将订单状态变更事件发布到特定主题，而与订单状态相关的各个子系统（如支付系统、物流系统、用户通知服务等）可以订阅这个主题，根据订单状态变更执行相应的业务逻辑，如更新物流信息、发送状态更新通知给用户等。

（3）异步处理耗时任务。

在订单处理、支付处理等场景下，可能需要进行耗时的第三方服务调用（如信用评分、支付授权等）。通过将这些任务异步化，发布到 RocketMQ 主题，然后由后台服务订阅处理，可以极大地提高用户请求的响应时间，提升用户体验。

（4）事务消息。

在电商系统中，可能会涉及需要保证一致性的跨服务调用。例如，用户下单购买商品后，需要同时更新库存系统和积分系统。RocketMQ 支持事务消息，能够保证在这种跨系统操作中，要么所有的操作都成功，要么所有的操作都失败，从而保证系统数据的一致性。

（5）用户行为分析。

电商系统可能需要收集用户的行为数据（如页面浏览、搜索、点击、购买等）来进行用户行为分析、个性化推荐等。系统可以将用户行为事件实时发布到 RocketMQ 的主题，分析系统订阅这些主题，实时或批量处理这些数据，生成用户画像、推荐列表等。

8.4.2　【实战】使用 RocketMQ 实现用户行为分析

以下是使用 RocketMQ 实现用户行为数据收集和分析的代码。

用户行为数据生产者（发送用户行为事件到 RocketMQ）的代码如下。

```java
import org.apache.rocketmq.client.producer.DefaultMQProducer;
import org.apache.rocketmq.client.producer.SendResult;
import org.apache.rocketmq.common.message.Message;

// 用户行为事件的生产者类
public class UserBehaviorProducer {
    public static void main(String[] args) throws Exception {
        // 创建生产者实例，设置生产者组名
        DefaultMQProducer producer = new
DefaultMQProducer("user_behavior_producer_group");
        // 设置 NameServer 的地址
        producer.setNamesrvAddr("localhost:9876");
        // 启动生产者
        producer.start();
```

```
        // 模拟用户行为数据
        String userBehavior =
"{\"userId\":\"123456\",\"action\":\"click\",\"itemId\":\"78910\"}";

        // 创建消息对象，包括主题、标签和消息体（这里的主题可以是 user_behavior）
        Message msg = new Message("UserBehaviorTopic", "click",
userBehavior.getBytes());

        // 发送消息
        SendResult sendResult = producer.send(msg);

        // 打印发送结果
        System.out.printf("%s%n", sendResult);

        // 关闭生产者
        producer.shutdown();
    }
}
```

用户行为数据消费者（对订阅用户的行为事件进行处理，如更新用户画像或生成推荐列表）的代码如下。

```
import org.apache.rocketmq.client.consumer.DefaultMQPushConsumer;
import org.apache.rocketmq.client.consumer.listener.
ConsumeConcurrentlyContext;
import org.apache.rocketmq.client.consumer.listener.
ConsumeConcurrentlyStatus;
import org.apache.rocketmq.client.consumer.listener.
MessageListenerConcurrently;
import org.apache.rocketmq.common.message.MessageExt;

import java.util.List;

// 用户行为事件的消费者类
public class UserBehaviorConsumer {
    public static void main(String[] args) throws Exception {
        // 创建消费者实例，设置消费者组名
        DefaultMQPushConsumer consumer = new
DefaultMQPushConsumer("user_behavior_consumer_group");
        // 设置 NameServer 的地址
        consumer.setNamesrvAddr("localhost:9876");
        // 订阅主题
        consumer.subscribe("UserBehaviorTopic", "*");
        // 注册消息监听器来接收消息
```

```
    consumer.registerMessageListener(new MessageListenerConcurrently() {
        @Override
        public ConsumeConcurrentlyStatus consumeMessage(List<MessageExt>
msgs, ConsumeConcurrentlyContext context) {
            for (MessageExt msg : msgs) {
                // 获取消息内容
                String messageBody = new String(msg.getBody());
                // 此处实现具体的处理逻辑
                // 例如解析消息、更新用户画像、生成推荐列表等
                System.out.printf("%s 接收新消息: %s %n",
Thread.currentThread().getName(), messageBody);
            }
            // 返回消费状态
            return ConsumeConcurrentlyStatus.CONSUME_SUCCESS;
        }
    });
    // 启动消费者
    consumer.start();
    System.out.printf("消费者已启动.%n");
    }
}
```

8.4.3 RocketMQ 消息通信模式 2——点对点模式

RocketMQ 的点对点（Point-to-Point，P2P）模式，也称为队列模式（Queue Model），是一种简单的消息通信模式。在这种模式下，消息被发送到一个队列，每条消息只能被一个消费者接收和处理。这意味着，即使有多个消费者订阅了同一个队列，一条消息也只会被其中一个消费者消费。

RocketMQ 的点对点模式如图 8-11 所示。

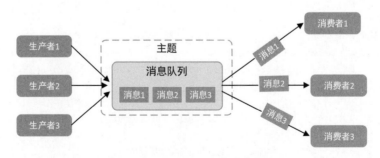

图 8-11　RocketMQ 的点对点模式

在电商系统中，RocketMQ 的点对点模式主要用于确保消息精准地被单个消费者处理，适用于

需要明确处理者的场景。以下是一些具体应用场景。

（1）订单处理。

在订单创建后，需要进行一系列后续处理，如支付确认、库存扣减、发货等。这些处理步骤可以通过点对点模式实现，确保每个订单都被单个服务按顺序处理，避免处理过程中的并发冲突。例如，订单服务将订单创建事件发送到 RocketMQ，而处理这些订单的后台服务作为唯一消费者订阅并处理这些消息，确保订单处理的一致性和顺序性。

（2）支付确认。

在用户完成支付后，支付服务需要将支付确认信息发送到订单服务，以更新订单状态。通过点对点模式，支付服务可以确保每条支付确认消息都只被订单服务的一个实例消费并处理，避免了消息被重复处理的问题。

（3）客户服务通知。

当用户提交服务请求（如退货、换货、投诉等）时，客服系统需要处理这些请求。通过点对点模式，可以将每个服务请求都发送到专门处理这些请求的客服队列，确保每个请求都能得到及时和有效的处理。

（4）物流跟踪。

在电商系统中，物流信息的更新是一个典型的点对点消息使用场景。物流系统将包裹的运输状态更新发送到 RocketMQ，订单系统订阅这些消息，以更新订单的物流状态。点对点模式可以确保每个状态更新都只被单个消费者处理，从而保持订单状态的准确性。

8.4.4　【实战】使用 RocketMQ 实现物流跟踪

以下是使用 RocketMQ 实现物流跟踪功能的代码。

物流信息生产者的代码如下。

```
// 物流信息生产者类
public class LogisticsProducer {
    public static void main(String[] args) throws Exception {
        // 创建一个生产者组名
        DefaultMQProducer producer = new
DefaultMQProducer("logistics_producer_group");
        // 指定 NameServer 地址
        producer.setNamesrvAddr("localhost:9876");
        // 启动生产者
        producer.start();
```

```
        // 构造物流信息
        String logisticsInfo =
"{\"orderId\":\"123456789\",\"logisticsStatus\":\"Delivered\"}";

        // 创建消息对象，包含主题、标签和消息体
        Message msg = new Message("LogisticsTopic", "update",
logisticsInfo.getBytes());

        // 发送消息
        SendResult sendResult = producer.send(msg);

        // 打印发送结果
        System.out.printf("%s%n", sendResult);

        // 关闭生产者
        producer.shutdown();
    }
}
```

物流信息消费者的代码如下。

```
// 物流信息消费者类
public class LogisticsConsumer {
    public static void main(String[] args) throws Exception {
        // 创建消费者实例并设置消费者组名
        DefaultMQPushConsumer consumer = new
DefaultMQPushConsumer("logistics_consumer_group");
        // 指定 NameServer 地址
        consumer.setNamesrvAddr("localhost:9876");
        // 订阅物流主题
        consumer.subscribe("LogisticsTopic", "*");
        // 注册消息监听器
        consumer.registerMessageListener(new MessageListenerConcurrently() {
            public ConsumeConcurrentlyStatus consumeMessage(List<MessageExt>
msgs, ConsumeConcurrentlyContext context) {
                for (MessageExt msg : msgs) {
                    // 将消息体转换为字符串
                    String logisticsUpdate = new String(msg.getBody());
                    // 处理物流更新信息，例如更新数据库中的订单状态
                    System.out.printf("%s Receive New Logistics Update: %s %n",
Thread.currentThread().getName(), logisticsUpdate);
                }
                //成功消费消息
                return ConsumeConcurrentlyStatus.CONSUME_SUCCESS;
            }
```

```
    });
    // 启动消费者
    consumer.start();
    }
}
```

在上述代码中，LogisticsProducer 类负责将物流信息作为消息发送到 RocketMQ，LogisticsConsumer 类订阅这些消息并对其进行处理（如更新数据库中相应订单的物流状态）。这种模式确保了电商系统中物流跟踪信息更新的及时性和准确性。

8.5 根据业务需求选择合适的消息中间件

通过比较 Kafka、RabbitMQ 和 RocketMQ 等不同消息中间件的架构设计、性能特征和适用场景，可以更好地理解如何根据具体的业务需求选择合适的消息中间件，三者的对比如表 8-1 所示。

表 8-1 对比 Kafka、RabbitMQ 和 RocketMQ

特性	Kafka	RabbitMQ	RocketMQ
消息模型	基于日志（Log-based）	基于队列（Queue-based）	基于日志（Log-based）
使用场景	实时数据处理、大数据分析、日志收集	传统消息队列应用、微服务通信、任务调度	分布式系统、高可用场景、事务消息
吞吐量	高	中等	高
延迟	低（通常在毫秒级别）	低（但在高负载时可能增加）	低（通常在毫秒级别）
持久化	是	是	是
高可用	内置分布式架构，支持复制和分区容错	支持集群，但需手动配置	内置分布式架构，支持主从复制
消息顺序	按分区顺序	支持，但需额外配置	支持
消息保证	至少一次，至多一次	至少一次，至多一次，精准一次（需配置）	至少一次，精准一次（事务消息）
多语言支持	Java、Scala、Python、Go 等	Java、Python、.NET、Go 等	Java、Python、.NET、Go 等
管理工具	Kafka Manager、Confluent Control Center	RabbitMQ Management Plugin	RocketMQ Console
开发难度	较高，需要理解分区、副本等概念	较低，易于集成	中等，支持丰富的特性但需要额外配置
集成生态	与 Hadoop、Spark、Flink 等大数据组件紧密集成	丰富的插件和扩展	与微服务、事务消息系统集成良好
社区支持	活跃，贡献者众多	活跃，使用广泛	活跃，特别在我国被广泛使用
优点	高吞吐量、水平扩展、适用于大数据处理	简单易用、功能丰富、良好的插件支持	高可用、事务消息支持、低延迟

如果需要高吞吐量和实时数据处理，Kafka 是一个很好的选择；如果需要传统的消息队列功能和易用性，RabbitMQ 是一个不错的选择；如果需要高可用和事务消息支持，则可以考虑RocketMQ。

选择合适的消息中间件的关键策略如下。

1. 系统规模和扩展性

在系统规模和扩展性方面，消息中间件的选择策略如下。

- 小型或中型应用：如果业务规模较小，则可以考虑使用轻量级的消息中间件，如 RabbitMQ 或 ActiveMQ。这些中间件易于安装和配置，适合初步构建和测试异步通信机制。
- 大型或高并发应用：对于大型或高并发的系统，如电商系统、大数据处理等，需要选择能够支持大规模部署和高吞吐量的消息中间件，如 Kafka 或 RocketMQ。这些中间件能够处理大量消息，支持集群和负载均衡，可以确保系统的稳定性和可靠性。

2. 消息传递模式

在消息传递模式方面，消息中间件的选择策略如下。

- 点对点（P2P）：如果业务场景需要确保每个消息都只被一个消费者处理，则可以选择支持P2P 模式的消息中间件，如 RabbitMQ。
- 发布/订阅（Pub/Sub）：如果业务需要广播消息到多个订阅者，则可以选择支持 Pub/Sub 模式的消息中间件，如 Kafka 或 ActiveMQ。

3. 延迟和吞吐量

在延迟和吞吐量方面，消息中间件的选择策略如下。

- 低延迟：对于需要实时或近实时处理的业务，如股票交易系统，应选择低延迟的消息中间件，如 RocketMQ 或 Kafka。
- 高吞吐量：对于需要处理大量数据的业务，如日志收集和分析，应选择高吞吐量的消息中间件，如 Kafka。

4. 持久性和可靠性

在持久性和可靠性方面，消息中间件的选择策略如下。

- 持久化需求：如果业务要求消息不能丢失，则需要选择支持消息持久化的消息中间件，如 Kafka 或 RocketMQ。
- 事务性消息：对于需要事务支持的业务场景，如分布式事务处理，可以选择支持事务性消息的中间件，如 RabbitMQ。

5．容错性和高可用性

在容错性和高可用性方面，消息中间件的选择策略如下。

- 容错性：选择能够在部分节点故障时继续提供服务的消息中间件，确保业务连续性。
- 高可用性：对于关键业务系统，需要选择具有高可用和故障转移能力的消息中间件，如 Kafka 的多副本和 Broker 集群，或 RocketMQ 的 NameServer 和 Broker 集群。

8.6　在微服务中利用消息中间件实现事件驱动

在微服务架构中，服务间的通信和协调是实现业务流程的关键。消息中间件在这里扮演了至关重要的角色，尤其是在实现事件驱动方面。事件驱动架构通过消息中间件来促进服务间的松耦合通信，提高系统的响应性和可扩展性。

1．基本概念

事件驱动架构是一种设计模式，服务通过事件来响应状态变化。在这种架构中，事件是系统中发生特定活动的记录，例如用户注册、订单创建或商品库存更新。

服务可以作为事件的生产者，发布这些事件到消息中间件；其他服务可以作为事件的消费者，订阅这些事件并根据事件内容执行相应的业务逻辑。

2．实现事件驱动的步骤

实现事件驱动的步骤具体如下。

（1）定义事件。需要定义业务过程中的事件。这些事件应该清晰地描述业务活动，例如"订单创建"、"支付成功"或"库存不足"。

（2）生产并发送事件。微服务中的事件生产者负责在特定业务事件发生时，将事件信息封装成消息并发送到消息中间件。例如，当用户完成支付后，支付服务会发送一个"支付成功"事件。

（3）存储事件。消息中间件负责存储、路由和分发事件消息。它可以确保事件的可靠传递，即使在网络延迟或服务不可用的情况下。

（4）消费事件。微服务中的事件消费者订阅感兴趣的事件类型。当事件消息被发布后，消费者会接收并处理这些事件。例如，库存服务可能会订阅"订单创建"事件，以便更新库存信息。

3．事件驱动在电商系统中的应用

假设你正在开发一个电商系统，用户下单后需要触发一系列后续处理，包括订单处理、库存更新、发货通知和支付处理。事件驱动的具体实现流程如图 8-12 所示。

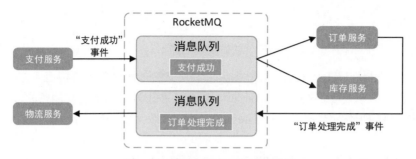

图 8-12　事件驱动的具体实现流程

（1）用户在前端下单并支付成功。支付服务作为事件生产者，生成一个"支付成功"事件，并将其发送到消息中间件（如 Kafka 或 RocketMQ）。

（2）订单服务订阅了"支付成功"事件。当消息中间件收到该事件时，它将事件路由到订单服务。

（3）订单服务作为事件消费者，接收"支付成功"事件后，开始处理订单创建的流程，包括验证订单详情、记录订单状态等。

（4）库存服务也订阅了"支付成功"事件。当库存服务接收事件后，会根据订单详情更新库存信息。

（5）物流服务订阅了"订单处理完成"事件。当订单服务完成订单处理并生成发货单后，物流服务接收事件并开始安排发货。

8.7　在分布式存储和计算中使用消息中间件

本节将通过实际案例，展示消息中间件在分布式存储和计算场景（包括数据同步、日志收集、用户行为分析等）中的关键作用。

8.7.1　【实战】进行分布式系统的数据同步和复制

在分布式系统中，为了确保系统中的多个节点或服务能够实时地获取最新的数据变更，需要进行有效的数据同步和复制。消息中间件在这个过程中发挥着关键作用。

例如，电商系统的库存管理系统往往分布在多个数据中心，以支持全球用户的高并发访问。每个数据中心都有自己的库存服务实例，它们需要实时同步库存数据，以确保全球各地的用户都能看到最新的库存信息。这就必然带来一系列技术挑战，包括数据一致性、高可用、性能问题等。针对这些问题，可以利用消息中间件进行异步数据同步，实现策略如下。

（1）事件发布。

当用户在某个数据中心下单成功后，库存服务将库存扣减的操作视为一个事件，发布到消息中间件的特定主题（如 StockUpdate）上。

（2）数据复制。

其他数据中心的库存服务订阅了 StockUpdate 主题，一旦有库存更新事件发布，它们即可收到这个事件。

每个订阅服务都根据收到的库存更新事件，在本地数据中心内同步执行库存扣减操作，从而保证全球各地数据中心的库存数据一致性。

（3）高可用与负载均衡。

通过在多个数据中心部署库存服务并使用消息中间件进行数据同步，可以在某个数据中心不可用时，自动将请求转发到其他健康的数据中心，实现服务的高可用。

同时，这种模式也实现了跨数据中心的负载均衡，避免了单点的性能瓶颈。

上述库存扣减事件发布的部分代码如下。

```
public void reduceStock(int productId, int quantity) {
    // 执行库存扣减逻辑
    if (checkStock(productId, quantity)) {
        updateLocalStock(productId, quantity);
        // 构建库存更新事件
        StockUpdateEvent event = new StockUpdateEvent(productId, -quantity);
        // 发布事件到消息中间件
        messagePublisher.publish("StockUpdate", event);
    }
}
```

跨数据中心的库存更新订阅的部分代码如下。

```
public void onStockUpdateEvent(StockUpdateEvent event) {
    // 接收库存更新事件，执行本地库存同步
    updateLocalStock(event.getProductId(), event.getQuantity());
}
```

8.7.2 【实战】用消息中间件和日志收集工具进行日志处理

在电商系统中，日志对于监控系统健康状况、分析用户行为、调试和优化系统性能至关重要。可以将消息中间件与日志收集工具结合使用，以实现日志数据的高效处理。

假设有一个电商系统，它分布于多个数据中心，每个数据中心都处理成千上万的用户请求。系

统需要收集各种日志，包括用户操作日志、系统错误日志、性能指标日志等。由于用户请求量巨大，日志数据量也非常庞大，直接写入日志存储系统可能会造成性能瓶颈。因此，需要一种高效的方式来收集和处理日志，解决步骤如下。

1. 日志输出

在每个服务实例中，都将日志输出到消息中间件，而不是直接写入文件或数据库。这样做可以减少对本地资源的占用，并提高日志处理的灵活性和可靠性。

2. 日志处理和聚合

使用日志收集工具（如 Fluentd、Logstash）作为消息中间件的消费者，订阅日志消息。这些工具可以从消息中间件接收日志数据，进行处理（如格式转换、过滤、富化）后，再统一写入日志存储系统（如 Elasticsearch）。

在这个过程中，可以根据需要对日志进行聚合或分析，为运维人员提供实时的日志查询和监控能力。

之后把 RabbitMQ 作为消息中间件、Fluentd 作为日志收集工具，实现上述日志的收集功能。

服务实例日志发布功能的相关代码如下。

```
// 假设这是电商系统的某个服务实例中处理用户请求的方法
public void handleRequest(UserRequest request) {
    try {
        // 处理用户请求
        processRequest(request);
        // 构建并发布操作日志消息
        String logMessage = buildLogMessage(request, "Success");
        messagePublisher.publish("LogTopic", logMessage);
    } catch (Exception e) {
        // 构建并发布错误日志消息
        String errorMessage = buildLogMessage(request, "Error: " +
e.getMessage());
        messagePublisher.publish("LogTopic", errorMessage);
    }
}
```

对代码的解析如下。

- processRequest(request)方法负责处理用户请求。这里可能涉及查询数据库、调用其他服务等操作。
- 在成功处理请求后，构建一条操作日志消息，内容包括请求详情和处理结果。然后使用 messagePublisher.publish("LogTopic",logMessage)方法将日志消息发布到消息中间件（例如 RabbitMQ）的 LogTopic 主题。

- 如果在处理请求时发生异常，则捕获异常并构建一条错误日志消息，同样发布到 LogTopic 主题。这样做能够确保系统的任何异常都被记录和监控。

为了从消息中间件中收集并处理日志，需要配置日志收集工具 Fluentd。以下配置演示了如何接收 RabbitMQ 中的日志消息，并将处理后的日志数据存储到 Elasticsearch。

```
# Fluentd配置示例（假设已安装RabbitMQ插件）
<source>
  @type rabbitmq          # 指定数据来源类型为 RabbitMQ
  tag log.aggregate       # 给数据打标签 log.aggregate，便于后续处理
  host mq.example.com     # RabbitMQ 服务器的主机名
  port 5672               # RabbitMQ 服务器的端口
  vhost /                 # RabbitMQ 虚拟主机，默认为根目录
  user guest              # RabbitMQ 用户名
  pass guest              # RabbitMQ 密码
  queue log_queue         # 要读取日志的 RabbitMQ 队列名称
  format json             # 指定日志消息的格式为 JSON
  <parse>
    @type json            # 将接收的 JSON 格式的消息解析成 Fluentd 可处理的格式
  </parse>
</source>

<match log.aggregate>
  @type elasticsearch     # 指定输出数据的类型为 Elasticsearch
  host es.example.com     # Elasticsearch 服务器的主机名
  port 9200               # Elasticsearch 服务器的端口
  index_name logs         # 存储日志的索引名称
  type_name log           # 日志的类型名称(已弃用, Elasticsearch 7.x 及以上不需要)
</match>
```

对代码的解析如下。

- Fluentd 通过<source>配置块连接 RabbitMQ 服务器。这里指定了 RabbitMQ 的连接信息（如主机、端口、用户名、密码等）和日志队列名称 log_queue。"format json"表明日志消息以 JSON 格式发送。
- <parse>配置块中的"@type json"指定了消息解析方式，即将接收的 JSON 格式消息解析成 Fluentd 可处理的格式。
- 使用 <match> 配置块将处理后的日志数据输出到 Elasticsearch。这里指定了 Elasticsearch 的连接信息（如主机、端口等）和日志索引名称 logs。

通过这种方式，Fluentd 不仅从 RabbitMQ 中接收和解析日志消息，还能将解析后的数据发送到 Elasticsearch 进行存储和索引。这使得日志数据可以通过 Elasticsearch 进行快速搜索和分析。

8.7.3 【实战】构建一个搜索引擎用户行为分析系统

随着互联网的迅速发展，Web 系统在满足大量用户访问的同时，几乎每天都在产生大量的用户行为数据（用户在使用系统时通过点击、浏览等行为产生的日志数据）及业务交互数据，通过对这些行为数据进行分析，可以获取用户的浏览行为，从而挖掘数据中的潜在价值，以便更好地、有针对性地进行系统的运营。而随着每天日志数据上百 GB 的增长，传统的单机处理架构已经不能满足需求，此时就需要使用大数据技术并行计算来解决。

例如，用大数据技术对搜索引擎海量用户的搜索日志数据进行用户行为分析，最终实现以下需求。

- 实时统计前 10 名流量最高的搜索词。
- 使用可视化图表实时展示统计结果。
- 统计一天中上网用户最多的时间段。
- 统计用户访问最多的前 10 个网站域名。
- 分析链接排名与用户点击的相关性。
- 统计每天搜索数量前 3 名的搜索词（热点搜索词统计）。
- 搜索引擎每日 UV 统计。

对于实时统计，最终将以可视化柱形图的形式在浏览器中实时动态地展示并排名，展示效果如图 8-13 所示。

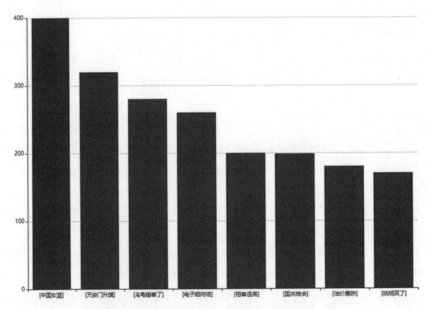

图 8-13　用可视化柱形图实时展示搜索词访问量

为了实现上述需求，需要构建大数据分析系统，对海量数据进行分析与计算。上述需求涉及离线计算和实时计算，Spark 是一个基于内存计算的快速通用计算系统，既拥有离线计算组件，又拥有实时计算组件，因此以 Spark 为核心进行数据分析会更加容易，且易于维护。

Kafka 作为一个高吞吐量的分布式消息中间件系统，常与大数据处理框架（如 Spark、Flink）结合使用，来实现实时数据流处理的需求。

日志分析系统的数据流架构如图 8-14 所示。

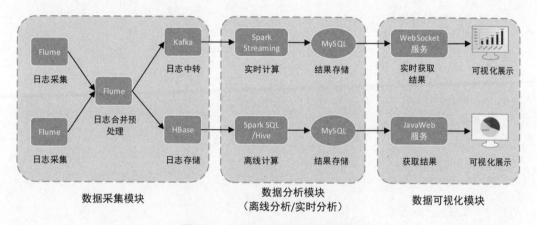

图 8-14　日志分析系统的数据流架构

（1）在产生日志的每个服务器上都安装 Flume 进行日志采集，然后把各自采集的日志数据发送给同一个 Flume 服务器进行日志合并。

（2）将合并后的日志数据以副本的方式分成两路（两路数据相同）：一路进行实时计算，另一路进行离线计算。将需要实时计算的数据发送到实时消息系统 Kafka 进行中转，将需要离线计算的数据存储到 HBase 分布式数据库。

（3）使用 Spark Streaming 作为 Kafka 的消费者，按批次从 Kafka 中获取数据进行实时计算，并将计算结果存储于 MySQL 中。

（4）使用 Spark SQL（或 Hive）查询 HBase 中的日志数据进行离线计算，并将计算结果存储于 MySQL 中。通常的做法是使用两个关系数据库分别存储实时和离线的计算结果。

（5）使用 WebSocket 实时获取 MySQL 中的数据，然后通过可视化组件（如 ECharts 等）进行实时展示。

（6）当用户在前端页面单击需要获取离线计算结果时，使用 Java Web 获取 MySQL 中的结果数据，然后通过可视化组件（如 ECharts 等）进行展示。

使用 Spark Streaming 读取 Kafka 中的数据进行分析，代码如下。

```java
public class SparkStreamingExample {
    public static void main(String[] args) throws InterruptedException {
        // 配置 Spark
        SparkConf conf = new
SparkConf().setMaster("local[2]").setAppName("KafkaSparkStreamingExample");
        // 创建 JavaStreamingContext，批处理间隔为 5 秒
        JavaStreamingContext jssc = new JavaStreamingContext(conf,
Durations.seconds(5));

        // Kafka 参数配置
        Map<String, Object> kafkaParams = new HashMap<>();
        kafkaParams.put("bootstrap.servers", "localhost:9092");
        kafkaParams.put("key.deserializer",
"org.apache.kafka.common.serialization.StringDeserializer");
        kafkaParams.put("value.deserializer",
"org.apache.kafka.common.serialization.StringDeserializer");
        kafkaParams.put("group.id",
"use_a_separate_group_id_for_each_stream");
        kafkaParams.put("auto.offset.reset", "latest");
        kafkaParams.put("enable.auto.commit", false);

        // 设置 Kafka 主题
        Set<String> topics = Collections.singleton("userBehavior");

        // 从 Kafka 中创建 DStream
        JavaInputDStream<ConsumerRecord<String, String>> stream =
            KafkaUtils.createDirectStream(
                jssc,
                LocationStrategies.PreferConsistent(),
                ConsumerStrategies.<String, String>Subscribe(topics,
kafkaParams)
            );

        // 处理接收的消息
        stream.mapToPair(record -> new Tuple2<>(record.key(), record.value()))
            .foreachRDD(rdd -> {
                rdd.foreach(record -> {
                    // 这里可以进行数据处理，如实时统计、分析等
                    System.out.println("Key: " + record._1() + ", Value: " +
record._2());
                });
            });

        // 开始流计算
```

```
    jssc.start();
    jssc.awaitTermination();
  }
}
```

对代码的解析如下。

- 配置 Spark 和 JavaStreamingContext，设置批处理间隔为 5 秒。
- 配置 Kafka 的参数，如服务器地址、反序列化方式、消费者组 ID 等。
- 指定要从 Kafka 消费的主题，这里是 "userBehavior"。
- 使用 KafkaUtils.createDirectStream 创建直接从 Kafka 主题 "userBehavior" 消费数据的 DStream。
- 对接收的数据进行处理，这里的示例是打印每条消息的 Key 和 Value。在实际应用中，可以在此处加入复杂的数据处理逻辑，如窗口函数操作、聚合、连接外部数据库等。
- 启动 Spark Streaming 作业，等待流计算的执行。

第3篇
高可用与数据安全策略

第9章

冗余备份——数据的备份和容灾策略

9

随着分布式系统的不断扩展和用户数量的增长，数据的安全性和可靠性变得越发重要。在前面的章节中，我们探讨了如何通过分布式存储、消息中间件及日志收集等技术来提升系统的性能和稳定性。

无论系统设计得多么健壮，硬件故障、软件错误、网络问题甚至自然灾害都可能导致数据丢失或服务中断。因此，本章将聚焦于数据的备份和容灾策略，这是确保业务连续性和数据完整性的关键环节。

9.1 两张图看懂冗余备份

冗余备份是数据保护的一种重要策略。它的核心思想是，在不同的地理位置、不同的存储介质中或者通过不同的方式存储多份数据副本。这样做的目的是在原始数据因为各种原因丢失或损坏时，能够从备份中恢复数据，确保业务的连续性和数据的完整性。

想象一下，你写了一篇非常重要的报告，为了防止电脑故障或其他意外导致报告丢失，你做了下面几件事情。

（1）将报告保存在电脑的硬盘上。

（2）将报告的副本保存在外部硬盘上。

（3）将报告上传到云存储服务。

这样，即使电脑硬盘发生故障，你还有其他两份备份可以恢复报告。这就是冗余备份的基本原理。

冗余备份通常分为几种不同的类型，主要包括热备、冷备和温备。

- 热备：热备是指实时或几乎实时的数据备份。在这种模式下，备份系统始终处于运行状态，随时准备接管原始系统的工作。如果原始系统发生故障，则热备系统可以立即切换并继续提供服务，对用户几乎无感知。
- 冷备：冷备通常指在较长的时间间隔内进行数据备份，例如每天、每周或在重大变更后。备份的数据可能不是最新的，因为更新的频率相对较低。冷备的数据通常存储在与原始数据分开的位置，如不同的数据中心或离线存储设备。冷备主要用于灾难恢复，因为恢复数据可能需要更多时间和人工操作。
- 温备：温备的更新频率介于热备和冷备之间，通常在主系统发生重要变更后进行，如每几小时或每天多次。温备数据存储在可以较快访问的位置，如近线的存储系统或云存储服务，以便在需要时能够较快速地恢复服务。

热备、冷备和温备的备份对比如图 9-1 所示。

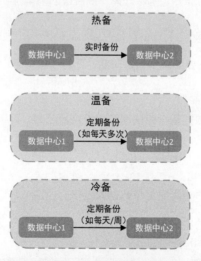

图 9-1　热备、冷备和温备的备份对比

冗余备份的原理是，通过在不同物理位置存储数据的多个副本，增加数据的安全性和可用性，如图 9-2 所示。无论发生何种情况，这些备份点都能保证数据不会全部丢失，可以从任意一个备份点迅速恢复。这种策略在面对硬件故障、自然灾害、人为错误或恶意攻击时尤其重要。

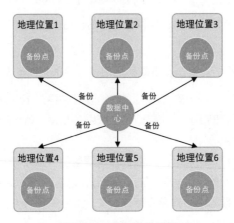

图 9-2　冗余备份的原理

9.2　选择合适的冗余备份策略

选择最适合业务需求的备份策略，就像选择一把合适的雨伞，可以保护数据免受暴风雨的侵袭。

9.2.1　【实战】热备、冷备和温备在电商系统中的应用

热备、冷备和温备是三种主要的冗余备份策略，它们各具特点，适用于不同的业务需求和场景。

1. 热备的应用

热备能够提供近乎实时的数据备份和快速的故障恢复能力。以下是热备在电商系统中的一些具体应用场景。

（1）数据库镜像。

在电商系统中，订单数据库和用户信息数据库是核心组件，它们需要实时备份以保证数据的一致性和可用性。应用场景如下。

- 主数据库处理实时订单和用户数据。
- 热备数据库实时复制主数据库的变更，存储在不同的服务器或数据中心。

代码（假设使用 MySQL）如下。

```sql
-- 配置主数据库复制
CHANGE MASTER TO
  MASTER_HOST='master_host',
  MASTER_USER='replication_user',
  MASTER_PASSWORD='replication_password',
```

```
  MASTER_LOG_FILE='recorded_log_file',
  MASTER_LOG_POS=recorded_log_position;

-- 启动数据库复制进程
START SLAVE;
```

（2）应用服务器集群。

为了处理大量的用户请求，电商系统通常会部署多个应用服务器。应用场景如下。

- 主应用服务器集群处理用户请求。
- 热备服务器集群实时接收主应用服务器集群的流量，准备在主应用服务器集群故障时接管。

代码（假设使用 Nginx 作为负载均衡器）如下。

```
# Nginx 配置文件
http {
    upstream backend {
        server master_server_ip;        # 主应用服务器 IP 地址
        server hot_backup_server_ip;    # 热备服务器 IP 地址
    }

    server {
        listen 80;
        location / {
            proxy_pass http://backend;
        }
    }
}
```

在这个配置中，Nginx 会将流量转发到主应用服务器，同时热备服务器作为代理目标，准备在主应用服务器出现问题时接管。

（3）缓存系统（Cache System）。

电商系统通常会使用缓存来提高数据读取速度、降低数据库负载。应用场景如下。

- 主缓存系统存储热门数据和要频繁访问的信息。
- 热备缓存系统实时复制主缓存系统的数据，确保数据的高可用。

代码（假设使用 Redis 作为缓存系统）如下。

```
# 配置 Redis 主从复制
redis-cli --rhost master_host --port 6379 slaveof master_host 6379
```

这个命令会将热备 Redis 服务器配置为主服务器的从属，开始数据复制过程。

（4）文件存储服务。

电商系统需要存储大量的商品图片、用户文件等。应用场景如下。

- 主文件存储服务提供文件的上传和下载。
- 热备存储服务实时同步主文件存储服务的文件，以便在主文件存储服务不可用时提供服务。

代码（假设使用 Ceph 作为分布式存储系统）如下。

```
# Ceph 配置文件
[mon.]
 mon_host = main_ceph_monitor                # 主监控节点
 mon_initial_members = main_ceph_monitor     # 初始成员列表

[osd.]
 osd_data = /var/lib/ceph/osd/ceph-0         # 数据存储路径
```

在这个配置中，Ceph 集群的监控节点和对象存储守护进程（OSD）被设置为同步状态，确保数据在多个节点之间实时复制。

> **提示** 无论是数据库、应用服务器、缓存系统还是文件存储，热备都能提供实时或近实时的数据同步，确保在主系统发生故障时可以快速切换到热备系统。这对于需要 24/7 高可用的分布式系统来说至关重要。

2. 温备的应用

温备适用于那些对数据实时性要求不是极端严格，但恢复时间又不能太长的场景。

以下是温备在电商系统中的一些具体应用场景。

（1）商品信息和用户数据备份。

在电商系统中，商品信息和用户数据是非常关键的，但这些数据的变更频率相对较低，不需要实时同步。应用场景如下。

- 主数据库实时处理商品和用户数据。
- 温备数据库定期（如每小时或每天）同步主数据库的数据。

代码（假设使用 MySQL 数据库）如下。

```
-- 配置 MySQL 定期备份
-- 此操作通常在数据库维护时间窗口内执行，可以通过定时任务（Cron Job）来实现

-- 导出数据
mysqldump -u [username] -p[password] [database_name] > backup.sql
```

```
-- 将备份文件传输到温备服务器（可能需要使用 scp 或其他文件传输工具）
```

（2）报表和分析数据存储。

电商系统会生成各种报表和分析数据，用于支持业务决策。这些数据通常不需要实时更新，但需要定期备份以便进行历史分析。应用场景如下。

- 主数据仓库存储实时分析数据。
- 温备数据仓库定期同步主数据仓库的数据，用于生成报表和存储历史数据。

代码（假设使用 Hadoop HDFS 作为数据存储）如下。

```
# 使用 Hadoop distcp 工具定期复制数据
hadoop fs -D dfs.namenode.kerberos.principal=hdfs/namenode@EXAMPLE.COM -distcp
/path/to/main/cluster/data /path/to/warm/backup/data
```

该命令会将主集群的数据复制到温备集群，以设置定时任务来定期执行。

（3）应用配置和静态资源。

电商系统的配置文件和静态资源（如图片、CSS、JavaScript）也需要定期备份，以便在出现问题时快速恢复。应用场景如下。

- 主应用服务器提供在线服务。
- 温备服务器定期拉取主应用服务器的配置文件和静态资源。

代码（假设使用 Nginx 作为 Web 服务器）如下。

```
# 配置文件和静态资源通常存储在版本控制系统（如 Git）中
# 温备服务器定期从版本控制仓库拉取最新的配置和资源

# 例如，使用 Git 拉取最新的配置文件
git pull origin production

# 拉取静态资源到温备服务器的 Nginx 目录
rsync -avz --delete main_server_ip:/path/to/static/files
/path/to/backup/static/files
```

温备为那些不需要即时备份，但又需要在可接受的时间内恢复的服务提供了一种有效的数据保护方法。在实际应用中，温备通常与热备和冷备结合使用，以构建一个全面的数据中心备份和恢复计划。

3. 冷备的应用

冷备在电商系统中通常用于数据存档、遵守法规要求的记录保留，或者作为灾难恢复计划的一部分。

以下是冷备在电商系统中的一些具体应用场景。

（1）历史交易数据存档。

电商系统每天都会产生大量的交易数据。虽然这些数据对于日常运营非常重要，但随着时间的推移，对实时性的要求会降低，此时可以将数据转移到冷备系统中。应用场景如下。

- 将历史交易数据从主数据库迁移到冷备系统。
- 定期（如每月或每季度）进行数据迁移。

代码（假设使用 MySQL 数据库）如下。

```
-- 导出历史数据
mysqldump -u [username] -p[password] --where="order_date < '2023-01-01'"
[database_name] > historical_data_backup.sql

-- 将备份文件传输到冷备系统（可能需要使用 scp 或其他文件传输工具）
```

（2）法规遵从性数据保留。

某些法规可能要求企业将用户数据和交易记录保留一定年限。冷备可以帮助企业在不影响系统性能的情况下，长期保存这些数据。应用场景如下。

- 将用户数据和交易记录备份到符合法规要求的冷备系统。
- 定期（如每年）进行数据备份，以满足法规要求。

代码（假设使用 Python 脚本进行数据备份）如下。

```python
# 假设有一个包含用户数据的 CSV 文件
# 将当前用户数据备份到冷备目录
import shutil
import os

# 源数据文件路径
source_data = "current_user_data.csv"
# 冷备目录
backup_directory = "cold_backup/"

# 创建备份目录
if not os.path.exists(backup_directory):
    os.makedirs(backup_directory)

# 备份数据
shutil.copyfile(source_data, os.path.join(backup_directory,
"user_data_backup_{}.csv".format(date.today())))
```

（3）灾难恢复计划。

在发生严重系统故障或灾难时，冷备可以作为最后的恢复手段，帮助企业把系统恢复到某个时间点的状态。应用场景如下。

- 在灾难发生时，使用冷备数据恢复系统到最近的一个稳定状态。
- 定期（如每周或每月）更新冷备数据，以保证灾难恢复的可行性。

代码（假设使用 Linux 系统进行系统级备份）如下。

```
# 使用 tar 命令进行系统级备份
tar -cvzf system_backup_$(date +%Y%m%d).tar.gz --exclude=/cold_backup /

# 将备份文件存储到冷备存储设备或远程位置
scp system_backup_$(date +%Y%m%d).tar.gz
user@cold_storage_server:/path/to/cold_backup/
```

冷备虽然恢复时间可能较长，但冷备在成本和数据保护之间取得了平衡，是电商系统中不可或缺的一部分。

9.2.2 【实战】通过数据冗余和应用冗余应对流量激增

在电商领域，面对瞬息万变的业务需求和流量波动，构建一个稳健且可扩展的系统架构至关重要。为实现这个目标，数据冗余和应用冗余成为不可或缺的技术手段。

1. 数据冗余

在实施数据冗余时，需要综合考虑以下几个维度。

- 数据的重要性：对于核心数据，如用户信息、订单数据等，热备是确保数据零丢失和灾难恢复的首选。而对于日志等非核心数据，温备或冷备则更为经济高效。
- 系统的可用性要求：在追求高可用的系统中，热备因其几乎无缝的故障切换能力而受到青睐。若系统能容忍短暂的服务中断，温备或冷备或许是更合理的选择。
- 恢复时间目标（RTO）：系统恢复到正常运行状态所需的时间。电商系统通常对 RTO 有严格要求，特别是在促销活动期间。
- 数据恢复点目标（RPO）：指在灾难发生时，系统可以恢复的最小时间跨度，代表了系统可接受的数据丢失量。例如，RPO 为 30 分钟，表示在灾难发生后，系统能够恢复到灾难发生前 30 分钟的状态。对于电商系统，订单数据的 RPO 应尽可能接近零，以避免丢失交易记录。

2. 应用冗余

应用冗余的实施策略如下。

- 负载均衡：通过负载均衡器（如 Nginx、HAProxy 等），将用户的请求均匀地分配到多个应用实例上。
- 容器化与微服务架构：采用容器化技术，将应用拆分为多个微服务，每个微服务都可以在多个容器实例中运行。
- 多数据中心部署：在地理分布不同的数据中心部署应用服务，确保当一个数据中心发生故障时，其他数据中心能够迅速接管服务。

3. 应用冗余在电商系统中的实际应用

假设你是一家电商系统的开发者，系统需要处理大量的用户访问和订单处理请求，尤其是在促销活动（如双十一）期间。这就带来了以下问题。

- 如何确保在流量激增时，系统不会崩溃？
- 如果一个应用服务器宕机，如何保证服务不中断？

上述问题的解决方案如下。

（1）应用部署。

- 在云服务提供商（如 AWS、阿里云等）上部署多个相同的应用服务器实例。
- 每个实例都运行相同的应用代码，并且配置相同的资源和环境。

例如，使用 Dockerfile 定义一个运行 Node.js 应用的基础 Docker 镜像，代码如下。

```
# 指定基础镜像，这里使用的是官方的 Node.js 镜像，标签为 14
FROM node:14
# 设置容器内的工作目录为 /app，接下来的指令都会在这个目录下执行
WORKDIR /app
# 将当前目录下的所有文件都复制到容器内的工作目录（/app）中
COPY . /app
# 在容器内执行 npm install 命令，安装 package.json 文件中列出的所有依赖
RUN npm install
# 声明容器运行时需要暴露的端口，这里设置为 3000，即 Node.js 应用将监听 3000 端口
EXPOSE 3000
# 定义容器启动后执行的命令，这里使用 npm start 启动 Node.js 应用
CMD ["npm", "start"]
```

该镜像包含了运行 Node.js 应用所需的所有依赖和配置。

（2）负载均衡设置。

- 使用负载均衡器（如 Nginx、ELB 等）来分配进入的流量。
- 配置负载均衡器的规则，如按请求轮询或根据服务器的当前负载来分配请求。

例如，使用 Nginx 配置定义一个上游服务器组，包含 3 个应用实例，并将所有进入的请求都代

理到这个组，代码如下。

```
http {
    upstream backend {
        server app1:3000;  # 应用实例 1，监听 3000 端口
        server app2:3000;  # 应用实例 2，监听 3000 端口
        server app3:3000;  # 应用实例 3，监听 3000 端口
    }
    server {
        listen 80;
        location / {
            proxy_pass http://backend;  # 将所有进入的请求都代理到上游服务器组 backend
        }
    }
}
```

（3）自动故障转移。

- 集成健康检查机制，定期检查每个应用实例的健康状态。
- 一旦检测到某个实例出现问题，负载均衡器自动将该实例标记为不健康，并停止向其发送新的请求。

例如，在应用代码中实现一个健康检查端点（如/health），返回应用的当前状态。负载均衡器可以定期请求这个端点来检查每个实例的健康状态。

（4）自动伸缩。

- 根据实时流量和系统负载情况，自动增加或减少应用实例的数量。
- 可以设置自动伸缩策略，如当 CPU 使用率超过一定阈值时，自动增加实例。

例如，使用云服务提供商的自动伸缩服务（如 AWS Auto Scaling），根据预设的策略自动调整应用实例的数量。

9.2.3 【实战】利用 RAID 技术实现磁盘冗余，提高数据可靠性

RAID（Redundant Array of Independent Disk，独立磁盘冗余阵列）是一种用于提高存储性能和数据可靠性的技术。通过将多个磁盘驱动器组合成一个逻辑单元，RAID 可以在不同的磁盘之间分布数据，从而实现数据冗余和提高整体的存储性能。RAID 通过不同的级别（RAID 0、RAID 1、RAID 5 等）来实现数据备份、容错和性能提升的目的。

1. RAID 的工作原理

（1）RAID 0（条带化）。

将数据分散存储在两个或更多的硬盘上，但不提供冗余。这可以提高读写速度，因为多个驱动

器可以同时工作。适用于需要高数据读写速度但不关注数据冗余的场景，例如临时缓存文件的存储。

（2）RAID 1（镜像）。

数据同时写入两个或更多的硬盘，实现数据的完全镜像。如果一个硬盘失败，则系统可以立即从另一个硬盘读取数据，不影响系统运行。适用于数据安全性要求高的场景，如电商系统的交易数据存储，保证交易信息的安全。

（3）RAID 5（带奇偶校验的条带化）。

将数据和奇偶校验信息分散存储在 3 个或更多的硬盘上。如果一个硬盘失败，则可以使用其他硬盘上的数据和奇偶校验信息重构丢失的数据。适用于既需要较高读写速度又需要一定冗余保护的场景，如电商系统的商品图片、用户信息等数据存储。

（4）RAID 6（双奇偶校验）。

类似于 RAID 5，但有两个奇偶校验块。可以容忍两个磁盘同时失败，提供了更高的数据冗余和较好的性能。

2. RAID 的实际开发场景

开发者需要为电商系统的数据库服务器配置一个 RAID，以确保在磁盘故障时数据不会丢失，并且有一定的性能保障。具体实现步骤如下。

（1）选择合适的 RAID 级别。

对于数据库服务器，数据的可靠性至关重要，因此可能会考虑使用 RAID 5 或 RAID 6。如果预算允许，并且对性能有较高要求，则可以选择 RAID 10，它结合了镜像和条带化，提供了数据冗余和高性能。

（2）配置 RAID。

在服务器的硬件管理界面（如服务器的 BIOS 或 UEFI 设置）中，创建一个新的 RAID。选择相应的 RAID 级别，并按照提示将磁盘添加到阵列中。

（3）监控和维护。

配置完成后，定期监控 RAID 的健康状况。使用 SMART（自监测、分析和报告技术）工具来预测磁盘故障。

（4）数据恢复。

如果一个磁盘失败，则 RAID 会自动使用剩余的磁盘和奇偶校验信息来重建丢失的数据。需要确保有有效的备份策略，以防 RAID 中的多个磁盘同时出现问题。

3. RAID 的开发示例

在 Linux 系统中使用 mdadm 工具配置 RAID 5，步骤如下。

（1）安装 mdadm 工具。

在基于 Debian 的系统上安装 mdadm 工具，命令如下。

```
sudo apt-get install mdadm
```

（2）创建 RAID 5。

创建一个名为/dev/md0 的 RAID 5，使用 3 个磁盘/dev/sda、/dev/sdb 和/dev/sdc，命令如下。

```
sudo mdadm --create --verbose /dev/md0 --level=5 --raid-devices=3 /dev/sda
/dev/sdb /dev/sdc
```

（3）监控 RAID 状态。

显示当前 RAID 的状态，命令如下。

```
cat /proc/mdstat
```

通过使用 RAID 技术，可以为电商系统提供一个既高效又可靠的数据存储解决方案。即使在磁盘故障的情况下，RAID 也能保护数据不受损失，确保业务的连续性。

9.2.4　【实战】基于 AWS S3 服务实现跨地域的冗余备份

实现有效的冗余备份是确保数据安全和业务连续性的关键。这通常涉及跨多个地理位置、多个数据中心和不同类型的存储介质存储数据副本。

下面以 AWS S3 服务为例来讲解如何设置跨地域的冗余备份。

（1）创建 S3 存储桶。

- 登录 AWS 管理控制台。
- 导航到 S3 服务，并创建一个新的存储桶。
- 选择一个合适的名称，并设置存储桶的位置（这将成为主存储桶的所在地）。

（2）设置跨区域复制（CRR）。

- 在 S3 存储桶的属性页面中，找到"管理"部分下的"跨区域复制"选项。
- 单击"创建目标规则"来定义复制规则。
- 选择目标区域，这是备份数据将被复制到的地理位置。
- 指定复制哪些对象（可以基于前缀或所有对象）。
- 配置 IAM 角色，允许 S3 服务进行跨区域复制操作。

- 保存规则并启动 CRR 过程。

（3）验证备份。

- 在 CRR 规则创建后，AWS S3 服务将自动开始复制新写入主存储桶的对象到目标存储桶。
- 可以设置 CloudWatch 事件通知，监控复制进度和状态。
- 登录到目标区域的 AWS S3 服务控制台，检查是否成功复制了数据。

（4）测试和监控。

- 定期上传测试文件到主存储桶，并验证这些文件是否成功复制到目标存储桶。
- 监控复制过程，确保没有错误发生。可以通过查看 S3 日志来了解复制活动和解决任何问题。

（5）灾难恢复演练。

- 定期进行灾难恢复演练，模拟主存储桶不可用的情况，并尝试从备份存储桶恢复数据。
- 确保备份数据的完整性和可用性，调整策略和流程以优化恢复时间。

通过以上步骤，可以确保在 AWS S3 服务中实现跨地域的冗余备份。这种策略不仅提高了数据的耐久性和可用性，还为应对自然灾害或其他类型的中断提供了强有力的保障。在实际开发中，这些操作通常通过 AWS 管理控制台、AWS CLI（命令行接口）或 SDK（软件开发工具包）来执行，以满足自动化和集成的需求。

9.3 在生产环境中进行冗余备份

下面探讨如何在生产环境中进行冗余备份，以便更好地理解冗余备份在解决实际问题时的强大功能和灵活性。

9.3.1 【实战】在大规模数据中心中实施冗余备份

假设我们运营一个全球性的电商系统，主要数据中心位于美国东部，我们需要在另一个地理位置（例如欧洲西部）建立一个备份数据中心，以确保任何情况下用户数据和订单信息的安全性和可用性。

1. 评估和规划

具体步骤如下。

（1）与业务团队合作，识别出订单处理系统、用户数据库和库存管理系统作为关键业务组件。

（2）与管理层协商，确定订单处理系统的 RTO 和 RPO 的时间。例如 RTO 为 30 分钟，RPO 为 5 分钟。

（3）评估当前数据中心的存储容量、网络带宽和服务器性能，确定需要至少 10PB 的存储空间用于备份。

（4）决定使用 RAID 1 策略来保护关键数据，并使用 RAID 5 来优化存储效率。

2. 备份系统设计

具体步骤如下。

（1）设计一个备份架构，包括两个主要组件：一个是位于美国东部的主数据中心，另一个是位于欧洲西部的备份数据中心。

（2）选择使用 EMC VNX 系列作为存储解决方案，因为它支持 RAID 1 和 RAID 5 配置。

（3）选择使用 Veritas NetBackup 作为备份软件，以实现自动化备份和跨数据中心的数据复制。

3. 备份实施

具体步骤如下。

（1）在两个数据中心部署 EMC VNX 存储系统，并配置为镜像模式，确保数据实时同步。

（2）安装 Veritas NetBackup 软件，并配置备份策略，包括备份时间表、数据选择和存储目的地。

（3）执行首次全量数据备份，并监控数据迁移过程，确保所有关键数据都被成功复制到备份数据中心。

（4）验证备份数据的完整性，通过从备份数据中心恢复数据到测试系统来检查数据的可用性。

（5）定期执行增量备份，并进行恢复测试，确保备份系统在紧急情况下能够可靠地恢复数据。

4. 监控和维护

具体步骤如下。

（1）在 EMC VNX 和 Veritas NetBackup 中启用监控功能，实时跟踪备份状态和性能指标。

（2）每季度进行一次系统维护，包括检查硬件状态、更新备份软件和优化备份策略。

（3）每日审查备份日志，检查是否有错误或警告，及时解决任何潜在的问题。

5. 灾难恢复计划

具体步骤如下。

（1）制定详细的灾难恢复流程，包括不同级别的灾难事件和相应的恢复步骤。

（2）每半年进行一次全面的灾难恢复演练，模拟数据中心故障，并执行数据恢复操作。

（3）根据演练结果和业务变化，定期更新灾难恢复计划，确保其始终符合当前业务需求。

9.3.2 【实战】在云存储环境中实施备份技术

在云存储环境中实施备份技术，企业可以利用云服务提供商提供的一系列工具和服务来确保数据的安全性和可靠性。以下是一些常用的云存储备份技术。

1. 快照

快照（Snapshot）是一种创建数据存储状态的点对点副本的技术。它通常用于云环境中的块存储和文件存储服务，如 Amazon EBS 快照或 Azure Blob 存储快照。快照可以在几秒钟内完成，且对生产系统的影响最小。

快照的工作原理类似于为数据存储（如磁盘、卷或文件系统）拍一张照片。当创建快照时，云服务提供商会记录数据在那一刻的精确状态，包括所有文件、配置和设置。这个过程通常非常快速，因为它不需要复制整个数据集，而是记录数据的当前状态和自上次快照以来发生变化的部分。

根据实现方式和用途，快照可以分为以下几种类型。

- 增量快照：只记录自上次快照以来发生变化的数据。这意味着每个增量快照都建立在前一个快照的基础上，节省了存储空间和时间。
- 全量快照：复制整个数据集，包括所有文件和状态。全量快照通常作为基准，后续的快照可以是增量快照。
- 累积快照：结合了全量快照和增量快照的特点，它们在一定时间窗口内记录所有变化，然后创建一个新的全量快照。

以 AWS S3 服务为例，以下是配置增量快照的代码（使用 AWS SDK for Python – Boto3）。

```
import boto3

# 初始化 S3 资源
s3 = boto3.resource('s3')

# 定义源桶和目标桶
source_bucket_name = 'your-source-bucket'
backup_bucket_name = 'your-backup-bucket'

# 列出目标桶中的所有对象
backup_objects = {obj.key: obj.last_modified for obj in
s3.Bucket(backup_bucket_name).objects.all()}

# 列出源桶中的所有对象
```

```
for obj in s3.Bucket(source_bucket_name).objects.all():
    # 如果目标桶中不存在该对象，或源桶中的对象较新，则进行复制
    if obj.key not in backup_objects or obj.last_modified >
backup_objects[obj.key]:
        copy_source = {
            'Bucket': source_bucket_name,
            'Key': obj.key
        }
        s3.meta.client.copy(copy_source, backup_bucket_name, obj.key)
```

这段代码在复制对象之前，会检查目标桶中是否已经存在同名对象，以及对象的最后修改时间是否较旧，从而达到增量备份的效果。

> **提示**　在大多数云服务平台上，创建和管理快照都非常简单。用户可以通过云服务提供商的管理控制台、命令行工具或 API 来创建快照。例如，在 Amazon S3 中，用户可以为 EBS 卷创建快照；而在 Google Cloud Storage 中，用户可以为存储桶或文件系统创建快照。

2. 存储卷复制

存储卷复制（Volume Cloning）是创建一个完整的数据存储卷副本的过程。云服务提供商通常提供工具来复制存储卷，如 AWS 的 AMI（Amazon Machine Image）或 Google Cloud 的磁盘复制。

存储卷复制的主要应用场景如下。

- 备份和恢复：复制可以作为备份的一种形式，如果原始卷发生故障或数据丢失，则可以使用复制卷进行快速恢复。
- 开发和测试：开发人员可以复制生产环境的存储卷来创建一个相同的测试环境，以便进行应用的测试和开发工作。
- 数据迁移：当需要将数据迁移到新的服务器或云环境时，复制可以确保数据的完整性和一致性。
- 灾难恢复：在发生灾难时，复制卷可以迅速接管原始卷的工作，减少业务中断时间。

3. 跨区域复制

跨区域复制（Cross-Region Replication）是指将数据从一个地区的存储服务复制到另一个地区的存储服务。例如，AWS S3 的跨区域复制功能可以自动将数据复制到全球不同的 S3 存储桶中。

这种技术提供了地理冗余，有助于防止区域性故障导致的数据丢失，也有助于满足数据驻留和合规性要求，因为数据可以存储在特定的法律管辖区内。

4. 备份即服务

备份即服务（Backup as a Service，BaaS）是一种云服务模型，用户可以通过云服务提供商来管理备份和恢复过程。例如，AWS Backup、Google Cloud Backup 都是 BaaS 产品，它们提供了集中的备份管理功能。

BaaS 简化了备份管理，用户无须担心备份基础设施的维护和升级。它可以统一跨多个云服务和本地环境的备份策略，提供一致的备份和恢复体验。

5. 版本控制

版本控制（Versioning）是一种存储服务功能，它保存存储对象的每个版本的数据。S3 等云存储服务提供了版本控制功能，可以恢复被覆盖或意外删除的对象。

版本控制提供了对数据的额外保护，也有助于审计和合规性，因为可以追踪数据的历史变更记录。

> **提示** 通过这些云存储备份技术，企业可以在云环境中实现灵活、可靠和高效的数据保护策略。这些技术不仅帮助企业应对数据丢失的风险，还提供了易于管理和扩展的备份解决方案，以适应不断变化的业务需求。

9.3.3 【实战】在系统故障时利用备份数据进行快速恢复

下面通过使用 AWS S3 服务演示如何在系统故障时利用备份数据进行快速恢复。代码使用 Python 和 AWS 的 SDK——Boto3。

快速恢复备份数据的代码如下。

```python
import boto3

# 初始化 S3 客户端，用于与 AWS S3 服务通信
s3_client = boto3.client('s3')

# 定义存放备份数据的 S3 桶名称和将恢复数据的目标桶名称
backup_bucket = 'your-backup-bucket-name'
target_bucket = 'your-target-bucket-name'

# 定义恢复备份数据的函数
def restore_backup(backup_bucket, target_bucket):
    # 使用 S3 客户端列出备份桶中的所有对象
    backup_objects = s3_client.list_objects(Bucket=backup_bucket)

    # 遍历备份桶中的所有对象
```

```
    for obj in backup_objects.get('Contents', []):
        # 定义复制源，包含桶名和对象键（文件路径和名称）
        copy_source = {'Bucket': backup_bucket, 'Key': obj['Key']}
        # 使用 S3 客户端的 copy 方法将对象从备份桶复制到目标桶
        s3_client.copy(copy_source, target_bucket, obj['Key'])
        # 打印复制成功的消息
        print(f"Restored {obj['Key']} to {target_bucket}")

# 调用函数开始恢复过程
restore_backup(backup_bucket, target_bucket)
```

　　这段代码实现了从一个 S3 桶到另一个 S3 桶的数据恢复过程，确保在发生故障时可以迅速将备份数据恢复到生产环境中。

　　为了确保备份数据的完整性，可以在备份和恢复过程中计算数据的 MD5 校验和。以下代码展示了如何计算文件的 MD5 校验和。

```
import hashlib

# 定义计算文件校验和的函数
def calculate_checksum(file_path):
    # 初始化 MD5 对象
    md5 = hashlib.md5()
    # 以二进制读取模式打开文件
    with open(file_path, 'rb') as f:
        # 分块读取文件内容，更新 MD5 校验和
        for chunk in iter(lambda: f.read(4096), b""):
            md5.update(chunk)
    # 返回计算得到的 MD5 校验和
    return md5.hexdigest()

# 指定备份文件的路径
backup_file_path = 'path/to/your/backup/file'
# 计算并打印文件的 MD5 校验和
checksum = calculate_checksum(backup_file_path)
print(f"The checksum of backup file is: {checksum}")
```

　　这段代码通过计算文件在备份前后的 MD5 校验和，帮助验证数据在备份过程中是否保持不变，从而确保数据的完整性。

　　通过以上两个步骤，不仅能够在系统故障时快速恢复业务运营，还能够确保恢复的数据是完整无误的，为电商系统提供了一个可靠的数据备份和恢复解决方案。

第 10 章

高可用与异地多活——提高系统的稳定性和故障恢复能力

随着云计算、微服务架构及分布式系统的广泛应用，如何设计和实现一个既稳定又能快速恢复的系统变得尤为重要。本章通过实践案例展示如何在电商系统、云环境和大型在线游戏中应用高可用（High Availability，HA），为读者提供一个全面的高可用解决方案框架，助力企业构建更加稳健的系统架构。

10.1 一张图看懂高可用

高可用是指，系统在面对各种挑战时，如硬件故障、软件缺陷、网络问题等，依然能够持续提供服务。高可用通常用"五个九"（99.999%的可用性）这样的术语来衡量，意味着系统一年中的停机时间只有几分钟。

分布式系统的高可用架构设计如图 10-1 所示。

- 用户请求：所有用户的请求都首先到达负载均衡器。
- 负载均衡器：它是高可用架构的关键组成部分。它接收来自用户的请求，并将其均匀地分配给多个服务器，如服务器 A 和服务器 B。这样做的目的是防止任何单个服务器过载并提高资源利用率。负载均衡器还负责进行健康检查，以确保所有流量仅被转发到健康的服务器。
- 服务器 A 和服务器 B：代表应用服务器的集群，每个服务器都能独立处理请求。这些服务器是冗余的，如果一个服务器失败，则负载均衡器可以将流量重定向到其他健康的服务器。
- 数据库 A 和数据库 B：代表数据层的冗余，确保数据的持久性和可用性。通过主从复制或其他同步机制，可以在一个数据库发生故障时快速切换到另一个数据库，以维护服务的持续性。

- 监控系统：负载均衡器也可以连接一个监控系统，用来监控整个架构的健康状态，包括服务器和数据库的性能指标。监控系统可以自动响应某些事件，如在检测到服务器故障时，自动从服务器池中剔除故障服务器，或者在资源使用率达到某个阈值时触发扩容。

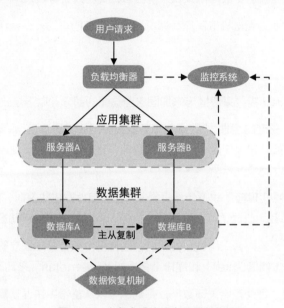

图 10-1　分布式系统的高可用架构设计

10.2　设计一个高可用架构

前面我们深入探讨了高可用的概念，下面将设计一个高可用架构，以保持系统持续稳定运行，且在面对故障和高流量挑战时不中断服务。

10.2.1　识别和加固单点故障点

单点故障指的是，系统中某个关键组件一旦发生故障，将直接导致整个系统或服务瘫痪。在实际开发过程中，必须对系统架构进行深入分析，精准识别那些潜在的、一旦失效便可能导致整个业务中断的部分，即单点故障点，并采取措施来消除或降低这种风险。

1. 识别单点故障点

识别单点故障点通常涉及以下几方面。

（1）系统架构审查。通过审查系统的整体架构和组件间的依赖，明确每个组件的角色及其相互关系。特别注意那些没有备份或冗余设计的组件。

（2）性能监控。运用性能监控工具，密切关注系统的运行状态，特别是出现性能瓶颈或经常出问题的组件。

（3）历史数据分析。分析历史故障记录和系统日志，找出过去导致系统中断的组件。

（4）压力测试。通过压力测试模拟高负载情况，观察系统的行为，识别压力下可能出现问题的部分。

2．加固单点故障点

一旦识别出单点故障点，需要采取措施来加固这些脆弱的部分。以下是一些具体的实践方法。

（1）冗余部署。对于关键的组件(如数据库服务器或应用服务器)，应部署多个实例，并配置负载均衡器来分配流量。例如，如果使用 MySQL 数据库，则可以配置主从复制，并将读操作负载均衡到多个从服务器。

（2）故障转移和切换。实现自动故障转移机制——当主组件发生故障时，自动切换到备用组件。例如，使用 Nginx 作为负载均衡器，可以配置它在检测到服务器故障时自动重新路由请求。

（3）弹性设计。设计系统时，采用微服务架构，使得每个服务都是独立的，并且能够独立扩展和恢复。利用容器化技术（如 Docker）和编排工具（如 Kubernetes）来动态管理服务实例。

（4）数据备份和恢复。定期备份关键数据，并确保可以从备份中快速恢复。例如，使用云服务的自动备份功能，并测试恢复过程以确保其有效性。

（5）使用云服务的高可用特性。利用云服务提供商提供的高可用服务，如 AWSELB（Elastic Load Balancing）等。例如，在 AWS 上，可以启用跨区域复制来保护数据免受区域性故障的影响。

3．实际开发示例

假设开发一个电商系统，其订单处理系统是关键业务流程。要确保订单处理服务不会因为单点故障而中断，可以采取的措施如下。

（1）部署冗余订单处理服务。

可以在两个不同的可用区部署多个订单处理服务实例，并通过 AWS ELB 来分配流量。当一个实例出现故障时，ELB 会自动将流量路由到其他健康的实例。

（2）数据库的主从复制。

设置 MySQL 的主从复制，所有写操作都指向主数据库，而读操作则通过 ELB 分发到从数据库。这样即使主数据库发生故障，从数据库也可以接管读操作，保证服务的连续性。

（3）数据备份和恢复策略。

使用 AWS RDS 的自动备份功能，每天进行一次全量备份，并保留 30 天内的所有备份。同时，每月进行一次恢复测试，确保在紧急情况下可以快速恢复数据。

（4）监控和报警。

使用 AWS CloudWatch 来监控服务的性能指标，如响应时间和错误率。一旦检测到异常，立即通过 SNS（Simple Notification Service）向运维团队发送报警通知。

通过这些措施，可以消除订单处理系统的单点故障风险，确保电商系统的高可用。

10.2.2　【实战】通过添加冗余组件来提高系统的可用性

冗余组件是指，在系统中部署的额外硬件或软件资源，以便在主要组件发生故障时能够迅速接管任务，从而减少系统的停机时间。

下面通过示例讲解如何在电商系统的数据库服务中添加冗余组件，以提高系统的可用性。

（1）购买额外的数据库服务器。

选择与当前数据库服务器相同或更高配置的硬件。例如，如果主数据库服务器配置为 16GB RAM 和 4 核 CPU，则备份服务器应至少有相同的配置。

这样可以确保备份服务器能够处理与主服务器相同的工作负载，甚至在高负载情况下也能保持性能。

（2）安装和配置数据库软件。

在备份服务器上安装与主服务器相同版本的数据库软件，如 MySQL、PostgreSQL 或 MongoDB，并进行基本配置。

相同的软件版本和配置可以确保备份服务器在接管任务时无须进行额外调整。

（3）配置数据镜像或复制。

根据所使用的数据库类型，配置数据镜像或复制。例如，在 MySQL 中，可以配置主从复制，其中主服务器的数据变更会自动复制到备份服务器。

（4）测试。

测试数据库复制是否正常工作：在主数据库上执行一系列操作，如创建表、插入数据、更新和删除记录，然后检查备份服务器上是否反映了这些变更。

例如，可以先在主服务器上执行写操作，再在备份服务器上检查数据是否同步。代码如下。

```
# 在主服务器上执行写操作
INSERT INTO products (name, price) VALUES ('Product A', 100.00);

# 在备份服务器上检查数据是否同步
```

```
SELECT * FROM products;
```

（5）模拟故障和切换。

通过模拟故障，可以验证切换机制是否有效，以及应用是否能够无缝地继续运行。例如，人为地关闭主数据库服务器，或者模拟网络故障，然后监控应用是否能够自动切换到备份服务器。

可以通过以下命令行停止主服务器的服务。

```
# 停止 MySQL 服务（在主服务器上执行）
sudo systemctl stop mysqld
```

（6）监控和日志记录。

监控和日志记录对于及时发现和解决潜在问题至关重要，有助于维护系统的稳定性和可用性。

例如，配置监控系统（如 Zabbix、Nagios 或 Prometheus）来监控主服务器和备份服务器的状态。同时，确保数据库的日志记录功能开启，记录所有关键操作。

配置 MySQL 监控和日志记录，可以在 my.cnf 或 my.ini 配置文件中进行设置。

```
# 在[mysql]部分添加以下配置
log_error = /var/log/mysql/error.log
log_bin = /var/log/mysql/mysql-bin.log
binlog_format = mixed
server-id = 1 # 主服务器 ID
# 备份服务器的 server-id 应该与主服务器不同
```

（7）定期维护和测试。

定期（如每周或每月）进行备份服务器的维护，包括软件更新、性能优化和安全检查。同时，定期执行完整的故障切换测试。

定期运行数据库的优化工具，命令如下。

```
# 优化和重建数据库表
mysqlcheck --optimize --all-databases -u root -p
```

注意，具体的命令和代码示例可能需要根据所使用的数据库类型、操作系统和应用环境进行调整。

10.2.3　【实战】在高并发场景下，使用"限流"防止系统崩溃

在设计高可用架构时，除需要考虑冗余和备份机制外，还需要实施一系列服务治理策略，来确保系统在面对异常流量、服务依赖故障等特殊情况时的稳定性和弹性。这些策略包括限流、降级、熔断和隔离等，它们有助于系统在压力下保持核心功能，避免全面崩溃。

限流（Rate Limiting）是电商系统中常用的一种保护机制，用于控制流入系统的请求速率，防

止系统因短时间内请求过多而过载。

限流的常用策略如下。

- 固定窗口计数器：在固定的时间窗口（如每分钟）内，只允许一定数量的请求通过。
- 滑动窗口计数器：在滑动的时间窗口内，计算请求的速率，并动态调整允许的请求数量。
- 令牌桶（Token Bucket）：系统以固定速率生成令牌，请求需要消耗令牌才能通过，令牌的生成和消耗类似于漏桶模型。这种方式允许突发流量在短时间内高速传入，但长期速率限制在固定值。
- 优先级队列：对请求进行优先级排序，高优先级的请求先通过限流检查。

在电商系统中，可能会对以下几方面实施限流。

- 用户级别的限流：通过用户 ID 进行识别，为每个用户都设置独立的限流规则，防止单个用户频繁请求，如每秒限制用户下单次数。例如，使用 Redis 等缓存数据库记录每个用户的请求时间戳，只有当时间间隔满足要求时，才允许新的请求通过。
- 接口级别的限流：对特定的 API 设置限流规则，如每个 API 在一定时间内只能处理一定数量的请求。可以使用 Sentinel 等工具，为每个接口都配置限流规则，并在网关或 API 控制器中实现限流逻辑。
- 全局级别的限流：对整个系统或服务集群设置总体的流量控制，防止整个系统因流量过大而崩溃。可以在负载均衡器或网关层面实现全局限流，如 Nginx 的限流模块。

1. 接口级别的限流

以访问电商系统中的商品详情页为例，假设我们希望限制每个用户每秒对商品详情页的访问次数不超过 5 次，则可以通过使用令牌桶算法实现。

Spring Cloud Gateway 提供了集成令牌桶算法限流的能力，结合 Redis 使用，可以实现分布式的限流策略。Spring Cloud 的代码如下。

```java
import org.springframework.cloud.gateway.route.RouteLocator;
import org.springframework.cloud.gateway.route.builder.RouteLocatorBuilder;
import org.springframework.context.annotation.Bean;
import org.springframework.context.annotation.Configuration;
import org.springframework.cloud.gateway.filter.ratelimit.RedisRateLimiter;

@Configuration
public class GatewayConfig {
 // 定义路由规则，指向商品详情服务
 @Bean
 public RouteLocator customRouteLocator(RouteLocatorBuilder builder){
     return builder.routes()
```

```
                .route("product_detail_route", r ->
r.path("/product/details/**")
                    .filters(f -> f.requestRateLimiter().configure(c ->
c.setRateLimiter(redisRateLimiter())))
                    .uri("lb://PRODUCT-SERVICE"))
            .build();
    }

    // 应用限流过滤器，使用 Redis 实现
    @Bean
    RedisRateLimiter redisRateLimiter() {
        // 创建 RedisRateLimiter 实例
        // 参数分别是允许用户每秒进行 5 次请求，突发流量大小为 10 个令牌
        return new RedisRateLimiter(5, 10);
    }
}
```

对代码的解析如下。

- requestRateLimiter()：应用限流过滤器，使用 Redis 实现。
- RedisRateLimiter(5, 10)：配置令牌桶参数，表示每秒生成 5 个令牌，允许的突发流量大小为 10 个令牌。

通过上述配置，当用户对商品详情页的访问频率超过每秒 5 次时，额外的请求将被限流策略拦截，从而保护了背后的商品详情服务不会因为过高的访问频率而过载。

提示 在实际部署时，需要考虑 Redis 的性能和高可用配置，确保限流服务本身不成为系统的瓶颈。

此外，还可以使用 Spring Cloud Alibaba Sentinel 进行限流，使用步骤如下。

（1）添加 Sentinel 依赖到项目的 pom.xml 文件中，代码如下。

```
<dependency>
    <groupId>com.alibaba.cloud</groupId>
    <artifactId>spring-cloud-starter-alibaba-sentinel</artifactId>
    <version>版本号</version>
</dependency>
```

（2）在 application.yml 或 application.properties 中配置 Sentinel 的限流规则，代码如下。

```
spring:
  cloud:
    sentinel:
      transport:
```

```
    dashboard: localhost:8080 # Sentinel 控制台地址
  rule:
    # 定义流控规则
    flow:
      - resource: orderService    # 被限流的资源名
        limit: 5                  # 每秒最多通过的请求数
        strategy: DIRECT          # 流控策略，这里使用直接拒绝策略
```

（3）在需要限流的方法上使用@SentinelResource 注解，代码如下。

```
@RestController
public class OrderController {

    @SentinelResource(value = "orderService", blockHandler = "handleBlock")
    @GetMapping("/order")
    public String createOrder() {
        // 创建订单的业务逻辑
        return "订单创建成功！";
    }

    public String handleBlock(BlockException ex) {
        // 限流时的回调方法
        return "请求太频繁了，请稍后再试！";
    }
}
```

这个例子中定义了一个名为 orderService 的资源，并设置了每秒最多允许 5 个请求通过。当请求超过这个限制时，会调用 handleBlock()方法来处理被限流的情况。

Sentinel 提供了丰富的限流策略和灵活的配置选项，使得在实际开发中可以根据业务需求灵活地实施限流措施。

2. 全局级别的限流

在电商系统中，全局限流是一个关键的策略，它能够帮助系统在面对大量用户请求时保持稳定和高效运行。全局限流策略通常涉及多个层面，包括客户端、接入层、应用层、数据层的优化。

图 10-2 是一个常见的电商系统架构，在该架构的基础上实施全局限流的具体步骤和策略如下。

（1）接入层限流。

接入层限流是对进入系统的请求进行控制的第一道防线，旨在保护后端服务不被突发的高流量击溃。这通常在 API 网关（位置③）或负载均衡器层面实现南北流量的限流。通过定义流量阈值来限制短时间内处理的请求量，超过阈值的请求会被暂时阻塞或拒绝，以此来确保系统稳定运行并防止服务过载。

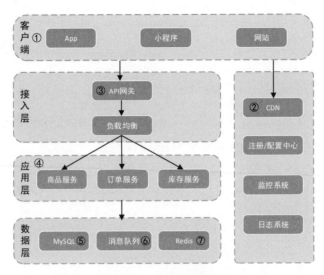

图 10-2　电商系统架构

　　假设使用 Spring Cloud Gateway 作为微服务架构中的 API 网关, 可以通过集成 Spring Cloud 的 RequestRateLimiter 过滤器来实现接入层的限流。以下是具体的实现步骤和代码。

　　①确保在项目 POM 文件中添加了 Spring Cloud Gateway 依赖。

```
<dependency>
    <groupId>org.springframework.cloud</groupId>
    <artifactId>spring-cloud-starter-gateway</artifactId>
</dependency>
```

　　②在 application.yml 或 application.properties 文件中配置限流规则, 包括限流策略和限流键的定义。

```
spring:
 cloud:
   gateway:
     routes:
       - id: product-service-route
         uri: lb://PRODUCT-SERVICE
         predicates:
           - Path=/product/**
         filters:
           - name: RequestRateLimiter
             args:
               redis-rate-limiter.replenishRate: 10
               redis-rate-limiter.burstCapacity: 20
               key-resolver: "#{@userKeyResolver}"
```

这段代码配置了一个简单的限流规则，replenishRate 定义了每秒允许通过的请求数量为 10，burstCapacity 定义了系统允许的最大并发数为 20。key-resolver 用于指定限流键的解析逻辑，通常是基于请求者的某些属性，例如用户的 IP 地址或用户 ID。

③在 Spring 配置类中定义一个 Bean，用于解析限流键。

```
import org.springframework.cloud.gateway.filter.ratelimit.KeyResolver;
import org.springframework.context.annotation.Bean;
import org.springframework.context.annotation.Configuration;
import reactor.core.publisher.Mono;

@Configuration
public class GatewayConfig {
    // 将请求路径作为限流键
    @Bean
    public KeyResolver userKeyResolver() {
        return exchange ->
Mono.just(exchange.getRequest().getPath().toString());
    }
}
```

在上述代码中，userKeyResolver()方法将请求路径作为限流键，这意味着对于同一个请求路径的访问会被限流规则控制。在实际应用中，可以根据需求定义更合适的限流键，如根据用户的 IP 地址进行限流。

（2）读缓存的优化。

①客户端缓存。

客户端缓存（位置①）主要针对变化不频繁的数据，如用户的配置信息、商品的静态详情等。通过在客户端（如 Web 浏览器、移动应用）存储这些数据，可以减少对后端服务的请求次数。

例如，在 Web 应用中，使用 LocalStorage 进行数据缓存。相关的 JavaScript 代码如下。

```
// 检查 LocalStorage 中是否存在商品详情
let productDetails = localStorage.getItem('productDetails');
if (productDetails) {
    displayProductDetails(JSON.parse(productDetails));
} else {
    // 从后端 API 获取商品详情
    fetch('/api/product/details')
        .then(response => response.json())
        .then(data => {
            // 显示商品详情
            displayProductDetails(data);
```

```
        // 缓存到 LocalStorage
        localStorage.setItem('productDetails', JSON.stringify(data));
    });
}
```

②CDN 缓存。

CDN（内容分发网络）（位置②）可以缓存静态资源如图片、CSS、JS 文件等，使用户能就近访问这些资源。这不仅加速了用户的访问速度，还大大减轻了后端服务器的读取压力。

例如，配置 CDN 服务（以 AWS CloudFront 为例），将静态资源上传至 S3，然后通过 CloudFront 分发。配置代码如下。

```
# AWS CloudFront 分发配置，假设静态资源存储在 S3
DistributionConfig:
    Origins: # 配置源站信息
        - DomainName: mybucket.s3.amazonaws.com      # S3 存储桶的域名
          Id: S3-mybucket                            # 为源站分配一个唯一 ID
          S3OriginConfig:                            # 配置 S3 作为源站
              OriginAccessIdentity: origin-access-identity/cloudfront/EXAMPLE
    DefaultCacheBehavior:
        TargetOriginId: S3-mybucket                  # 指定目标源站 ID
        ViewerProtocolPolicy: redirect-to-https      # 使用 HTTPS
        ForwardedValues:
            QueryString: false          # 是否转发查询字符串，这里设置为不转发
```

③Redis 缓存。

将热点数据（如频繁查询的商品库存信息、用户会话等）缓存到 Redis（位置⑦），可以显著提高读取效率，减轻数据库的查询压力。

例如，使用 Spring Boot 结合 Spring Data Redis 实现商品库存信息的缓存，Java 代码如下。

```java
import org.springframework.beans.factory.annotation.Autowired;
import org.springframework.data.redis.core.RedisTemplate;
import org.springframework.stereotype.Service;

@Service
public class ProductService {
s
    @Autowired
    private RedisTemplate<String, Object> redisTemplate;

    public Product getProductById(String productId) {
        // 尝试从 Redis 中缓存获取商品信息
        Product product = (Product) redisTemplate.opsForValue().get("product:"
```

```
+ productId);
        if (product == null) {
            // 如果Redis中没有缓存，则从数据库中查询
            product = queryProductFromDatabase(productId);
            // 将查询结果缓存到Redis
            redisTemplate.opsForValue().set("product:" + productId, product);
        }
        return product;
    }
}
```

通过以上三种读缓存的优化方法，可以有效地应对高并发场景下的读取压力，保障系统的高可用性和稳定性。

（3）写数据的优化。

写数据的优化主要关注如何在保证数据一致性的同时，提高系统处理高并发写入操作的能力。以下是具体的实施方法及代码。

①读写分离。

在读写分离架构下，写操作只发生在主数据库上，而读操作则可以在一个或多个从数据库上进行。这不仅可以减轻主数据库的负载，还可以通过增加读副本来线性扩展读取能力。

可以使用 MySQL（位置⑤）等数据库进行读写分离，通过增加读实例来提高读写性能。

在 Spring Boot 应用中配置读写分离，application.yml 配置文件的代码如下。

```
# application.yml 中的数据库配置
spring:
  datasource:
    primary:
      url: jdbc:mysql://master.example.com:3306/mydb
      username: user
      password: pass
    replica:
      url: jdbc:mysql://replica.example.com:3306/mydb
      username: user
      password: pass
```

对代码的解析如下。

- spring.datasource：Spring Boot 配置数据源的标准路径。
- primary：表示主数据库的配置。在读写分离的上下文中，主数据库通常用于处理所有写操作（如 INSERT、UPDATE、DELETE）。
  - url：数据库的 JDBC 连接字符串，指向主数据库的地址和数据库名。这里假设数据库地

址为 master.example.com，数据库名为 mydb。

- username 和 password：用于连接数据库的用户名和密码。
- replica：表示从数据库（或副本数据库）的配置。在读写分离中，从数据库用于处理读操作（如 SELECT）。
  - url：从数据库的 JDBC 连接字符串，这里的数据库地址为 replica.example.com，数据库名同样为 mydb。
  - username 和 password：与主数据库相同，这些是连接从数据库的凭据。

通过这种配置，Spring Boot 应用可以根据操作类型（读或写）自动选择合适的数据库。

②水平分库分表。

当单个数据库实例无法满足性能需求时，可以采用水平分库分表的策略，将数据分散到多个数据库或表中，以此来提升系统的并发处理能力和数据的存储容量。

例如，使用 ShardingSphere 进行分库分表配置，Java 代码如下。

```java
// 创建 ShardingRuleConfiguration 对象
// 这个对象是 ShardingSphere 分库分表规则的核心配置类
ShardingRuleConfiguration shardingRuleConfig = new
ShardingRuleConfiguration();

// 添加一个表的分片规则配置
// 这里假设 getOrderTableRuleConfiguration()方法返回的是针对 order 表的分片规则配置
shardingRuleConfig.getTableRuleConfigs().add(getOrderTableRuleConfiguration(
));

// 绑定表组
shardingRuleConfig.getBindingTableGroups().add("order");

// 配置默认数据库分片策略。分片键为 user_id，分片算法为 dbShardingAlgorithm
// 这意味着，系统会根据 user_id 的值，通过 dbShardingAlgorithm 算法计算出对应的数据库
shardingRuleConfig.setDefaultDatabaseShardingStrategyConfig(new
StandardShardingStrategyConfiguration("user_id", "dbShardingAlgorithm"));

// 配置默认表分片策略。分片键为 order_id，分片算法为 tableShardingAlgorithm
// 这意味着，系统会根据 order_id 的值，通过 tableShardingAlgorithm 算法计算出存储该记录
// 的具体表
shardingRuleConfig.setDefaultTableShardingStrategyConfig(new
StandardShardingStrategyConfiguration("order_id",
"tableShardingAlgorithm"));
```

在这段代码中，shardingRuleConfig.getBindingTableGroups().add("order");这行代码将

order 表添加到绑定表组中。绑定表组是一组逻辑上相关的表，它们之间存在分片键的关联。在进行联合查询时，绑定表组内的表会基于分片键进行关联查询，以确保查询结果的正确性。

> **提示**　通过这样的配置，ShardingSphere 能够根据配置的分片策略和算法，将数据自动分布到不同的数据库和表中，从而达到水平扩展数据库的目的。这对于高并发、大数据量的电商系统来说，可以显著提升数据库的读写性能和数据处理能力。

③异步解耦。

利用消息队列（位置⑥）异步处理写操作，可以有效地削峰填谷，通过控制写入速度来避免瞬时流量高峰导致的系统崩溃。

例如，在电商系统中使用 RabbitMQ 异步处理订单创建操作，Java 代码如下。

```java
import org.springframework.amqp.rabbit.core.RabbitTemplate;
import org.springframework.beans.factory.annotation.Autowired;
import org.springframework.stereotype.Service;

@Service
public class OrderService {

    @Autowired
    private RabbitTemplate rabbitTemplate;

    public void createOrderAsync(Order order) {
        // 将订单信息发送到消息队列进行异步处理
        rabbitTemplate.convertAndSend("orderExchange", "orderRoutingKey",
order);
    }
}
```

（4）应用层服务的扩展。

在电商系统中，通过应用层的服务扩展（位置④）可以有效地应对流量高峰。

例如，使用 Spring Cloud 构建微服务架构，通过 Eureka Server 进行服务注册和发现，可以动态地进行服务实例的增减以应对不同的负载情况。Java 代码如下。

```java
@SpringBootApplication
@EnableEurekaClient // 启用 Eureka 客户端功能，实现服务注册和发现
public class ProductServiceApplication {
    public static void main(String[] args) {
        SpringApplication.run(ProductServiceApplication.class, args);
    }
}
```

通过简单的配置，服务实例即可自动注册到 Eureka Server。当需要扩展服务时，只需启动更多的服务实例即可自动加入服务池。

10.2.4 【实战】在高并发场景下，使用"熔断"防止服务雪崩

在电商系统中，服务间的依赖关系复杂，一旦某个服务发生故障，很容易引发连锁反应，导致整个系统瘫痪，这就是所谓的"服务雪崩"效应。

以商品详情页服务为例，这个服务在电商系统中非常关键，它需要从多个依赖服务中获取数据，如商品描述服务、商品价格服务、商品评论服务等。如果其中一个服务发生故障，没有熔断保护，则导致用户无法正常访问商品详情页，严重时甚至可能影响整个系统，如图 10-3 所示。

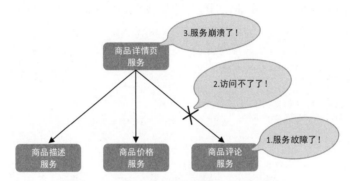

图 10-3　一个服务发生故障导致其他服务崩溃

熔断策略是一种有效的机制，用于防止这种情况的发生。就像电路中的保险丝一样，当电流过大时，保险丝会熔断以保护电路不受损害。在高可用架构中，熔断器也能够在服务出现问题时"断开"，从而保护系统不受进一步损害。

在上述商品详情页服务中添加熔断器后，如图 10-4 所示。

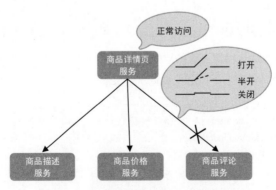

图 10-4　在商品详情页服务中添加熔断器

熔断器主要有如下三种状态。

- 关闭（CLOSED）：在正常状态下，所有请求都可以直接调用服务。
- 打开（OPEN）：当错误率超过阈值时，熔断器打开。此时，对该服务的调用会立即失败，不会执行实际的业务逻辑。这个状态会持续一段时间，被称为"熔断时间"。
- 半开（HALF-OPEN）：熔断时间过后，熔断器进入半开状态。这时，允许有限的请求通过以测试服务是否恢复正常。如果这些请求都成功了，则熔断器回到闭合状态；如果仍有过多的请求失败，则熔断器再次打开。

以下是使用 Spring Cloud Hystrix 实现的熔断器示例。假设有一个获取商品评论的服务，当评论服务发生故障时，熔断器将自动断开，调用备用方法返回默认评论。

（1）添加 Hystrix 依赖到项目中（以 Maven 为例），代码如下。

```
<dependency>
    <groupId>org.springframework.cloud</groupId>
    <artifactId>spring-cloud-starter-netflix-hystrix</artifactId>
    <version>2.2.6.RELEASE</version>
</dependency>
```

（2）在 Spring Boot 应用主类或配置类上添加@EnableCircuitBreaker 注解来启用 Hystrix，代码如下。

```
@SpringBootApplication
@EnableCircuitBreaker
public class ProductServiceApplication {
    public static void main(String[] args) {
        SpringApplication.run(ProductServiceApplication.class, args);
    }
}
```

（3）创建一个服务类，使用@HystrixCommand 注解定义熔断策略，代码如下。

```
@Service
public class CommentService {

    @HystrixCommand(fallbackMethod = "getDefaultComments")
    public String getComments(String productId) {
        // 模拟从评论服务获取评论的操作，可能会因为服务发生故障而抛出异常
        if (new Random().nextInt(10) < 8) { // 假设有80%的概率服务会失败
            throw new RuntimeException("评论服务异常");
        }
        return "正常获取评论数据";
    }
```

```
    // 定义熔断时的备用方法
    public String getDefaultComments(String productId) {
        return "评论服务当前不可用,请稍后再试";
    }
}
```

在上述代码中,getComments()方法尝试获取商品的评论信息。这里我们通过随机数模拟服务的不稳定性。@HystrixCommand 注解指定了当 getComments()方法调用失败时,将自动调用 getDefaultComments()方法作为备用逻辑,向用户返回一个友好的提示信息。

通过上面的示例,我们可以将这种策略应用到所有的服务调用中,以保证即使在某个服务发生故障时,也能向用户提供最基本的服务,从而提高系统的整体可用性和用户的体验。

此外,在 Node.js 中可以使用 Hystrix.js 库来实现熔断策略,代码如下。

```
const Hystrix = require('hystrix-js');

// 创建一个熔断器,设置错误率阈值为 50%
const paymentHystrix = new Hystrix({
    metrics: {
        healthPercentThresholds: [50]
    }
});

// 包装支付服务的调用
function makePaymentRequest() {
    return paymentHystrix.wrap(((resolve, reject) => {
        // 假设的支付服务调用
        payService 支付((err, result) => {
            if (err) {
                reject(err); // 支付失败,触发熔断器
            } else {
                resolve(result); // 支付成功
            }
        });
    })).then(() => {
        // 处理支付成功
    }).catch(err => {
        // 处理支付失败,可能触发熔断器
        console.error('支付失败:', err);
    });
}
```

在这段代码中,Hystrix 对象包装了支付服务的调用。如果支付服务的错误率达到了 50%,则

将触发熔断器，之后的支付请求将会立即失败，从而保护系统不受进一步的损害。

10.2.5　【实战】在高并发场景下，使用"降级"应对性能瓶颈

在高并发场景下，电商系统经常会遇到性能瓶颈，这可能导致用户体验下降，甚至服务中断。为了应对这种情况，开发团队通常会采用降级策略，有计划地降低系统的部分功能，以确保核心功能的稳定运行。

常用的降级策略如下。

- 服务降级：在后端服务响应慢时，返回缓存的数据或者简化的响应内容。
- 功能降级：暂时关闭或简化一些非核心功能，如商品推荐、促销活动等。
- 用户体验降级：在无法提供完整服务时，只提供基本的服务，如用文本描述代替图片等。

1. 服务降级

对于电商系统的后端服务（如商品服务），服务降级的具体实现策略如下。

（1）使用缓存数据。

- 系统预先将热门商品的详情页信息缓存起来，如缓存在 Redis 或 Memcached 中。
- 当后端服务响应变慢或不可用时，系统自动切换为返回缓存数据。
- 可以定期更新缓存，以保证信息的相对新鲜度。

（2）简化响应内容。

- 对于一些非核心的信息（如用户评论、推荐商品等），可以在系统负载高时不加载这些内容。
- 提供一个简化版本的商品详情页，只包含最关键的购买信息，如价格、库存和基本描述。这样可以减少网络传输的数据量和前端渲染的复杂度。
- 在某些情况下，可以根据实时的系统负载动态决定是否触发降级处理。例如，如果检测到 CPU 或内存使用率超过预设阈值，则自动开始返回简化的响应内容。

下面是一段简单的 Java 代码，展示了如何根据后端服务的状态返回不同的响应。

```java
public class ProductService {
    private CacheManager cacheManager;

    public ProductService(CacheManager cacheManager) {
        this.cacheManager = cacheManager;
    }

    // 获取商品详情
    public ProductDetail getProductDetail(String productId) {
        try {
```

```
        // 尝试从数据库中获取最新的商品详情页
        ProductDetail productDetail = fetchProductDetailFromDB(productId);
        return productDetail;
    } catch (Exception e) {
        // 如果数据库访问出错或超时，则使用缓存数据
        ProductDetail cachedDetail =
cacheManager.getCachedProductDetail(productId);
        if (cachedDetail != null) {
            return cachedDetail; // 返回缓存的商品详情页信息
        }
        // 如果没有缓存，则返回简化的商品信息
        return new ProductDetail(productId, "暂无详细描述，请稍后再试。");
    }
}

// 模拟从数据库中获取商品详情页
private ProductDetail fetchProductDetailFromDB(String productId) throws
Exception {
    // 模拟数据库操作可能的延迟
    Thread.sleep(200); // 假设有 200ms 的延迟
    return new ProductDetail(productId, "完整的商品描述。");
}
}
```

对代码的解析如下。

- ProductService 类负责处理商品详情页的获取。
- 如果从数据库中获取数据失败（如抛出异常），则尝试从缓存中获取商品详情页。
- 如果缓存也不存在，则返回一个包含极简信息的 ProductDetail 对象，提示用户稍后再试。

通过这种方式，即使后端服务由于某些原因而性能下降，用户依然可以得到必要的商品信息，保证了用户体验的连续性和系统的高可用。

2．功能降级

假设电商系统中有一个商品推荐服务，它根据用户的浏览历史和购买历史来推荐商品。虽然这项服务可以增强用户体验，但它并不是完成交易的核心部分。在高流量事件中，如大型促销活动或购物季等，服务器可能会面临极大的压力。

这时就需要对商品推荐服务进行降级处理，处理步骤如下。

（1）定义服务状态控制。

在服务的 Java 实现中，定义一个静态变量 isServiceEnabled，用来标识推荐服务当前是否可用。

（2）服务降级开关。

在服务的 Java 实现中，提供一个公共方法 setServiceStatus(boolean status)，允许动态地控制推荐服务的开启或关闭。

（3）服务方法调整。

在推荐方法中，首先检查 isServiceEnabled 的状态。如果服务被设置为不可用，则进行降级处理，推荐方法将直接返回一个空列表或预设的简单推荐列表，这样可以大幅减少对系统资源的占用。

上述降级处理的具体代码如下。

```java
public class RecommendationService {
    // 标志位, 用于标识推荐服务是否可用
    private static volatile boolean isServiceEnabled = true;

    // 设置服务状态的方法, 可以被外部调用来开启或关闭服务
    public static void setServiceStatus(boolean status) {
        isServiceEnabled = status;
    }

    // 推荐商品的方法
    public List<Product> recommendProducts(User user) {
        // 检查推荐服务是否被降级 (即关闭)
        if (!isServiceEnabled) {
            // 在推荐服务被关闭时, 返回一个空列表或者预设的简单推荐列表
            return Collections.emptyList(); // 这里为了简化, 直接返回空列表
        }
        // 正常情况下的推荐逻辑
        // 假设有一个复杂的逻辑, 根据用户的浏览历史、购买历史等信息生成推荐列表
        // ……
        return new ArrayList<>(); // 在实际业务中应有复杂逻辑返回推荐商品
    }
}
```

在系统监控工具观察到服务器负载达到临界点时，系统管理员或自动化脚本可以调用 setServiceStatus(false)方法来关闭推荐服务，减轻服务器的压力。当系统负载恢复正常后，再次调用 setServiceStatus(true)方法来重新开启推荐服务。

3. 用户体验降级

假设一个电商网站在特价促销期间遭遇流量激增，服务器负载急剧上升，导致图片服务器响应变慢。为了不影响核心购买流程，网站可以实施用户体验降级策略，即在图片加载困难时用文本描述或图标作为替代，确保页面加载速度和核心交易功能的正常运行。

用户体验降级策略如下。

- 用文本描述代替图片：在图片加载缓慢或失败时，使用文本描述来代替图片，让用户至少知道商品的基本信息。
- 简化页面布局：在前端页面渲染能力受限时，提供一个简化的页面布局，只包含必要的元素和信息。
- 延迟加载：对于非关键的页面元素，如广告和推荐商品，可以采用延迟加载的方式，优先保证核心内容的加载。

例如，在前端代码中实现降级逻辑，确保在后端服务不稳定或网络条件差时，用户仍然能够获取基本信息。前端的代码如下。

```
// 假设这是一个商品详情页的前端代码片段
function fetchProductDetails(productId) {
    fetch(`/api/product/${productId}`)
        .then(response => {
            if (!response.ok) {
                // 如果请求失败，则返回降级内容
                return getDegradedProductDetails(productId);
            }
            return response.json();
        })
        .then(details => renderProductDetails(details))
        .catch(error => {
            // 如果请求失败，则返回降级内容
            getDegradedProductDetails(productId).then(degradedDetails =>{
                renderDegradedProductDetails(degradedDetails);
            });
        });
}

function getDegradedProductDetails(productId) {
    // 这里可以从本地缓存中获取，或者是更简单的数据
    return new Promise(resolve => {
        resolve({
            name: '商品名称',
            description: '商品描述',
            price: '商品价格'
        });
    });
}

function renderDegradedProductDetails(degradedDetails) {
```

```
// 使用简化的模板或布局渲染降级内容
const container = document.getElementById('product-details');
container.innerHTML = '
    <h1>${degradedDetails.name}</h1>
    <p>${degradedDetails.description}</p>
    <p>价格: $${degradedDetails.price}</p>
';
}
```

在上述代码中，fetchProductDetails()方法尝试从后端获取完整的商品详情页。如果请求失败，则它会调用 getDegradedProductDetails() 方法来获取一个简化的商品详情页，并使用 renderDegradedProductDetails()方法来渲染。

10.3　利用容器化技术部署和管理项目

容器化技术（特别是 Docker）现已成为提高应用部署效率和系统可靠性的重要手段。

10.3.1　什么是 Docker

Docker 是一种工具，可以用来将应用及其所有依赖都打包在一起，形成一个轻量的、可移植的容器，这样就可以确保应用在不同环境中以相同的方式运行，大大增强了其运行的一致性和稳定性。

> **提示**　在实际开发场景下，Docker 的应用可以极大地提高开发效率、加强版本控制、简化部署流程，并增强系统的可移植性和可伸缩性。

Docker 的优势如下。

- 保证环境一致：Docker 包含了运行应用所需的所有依赖和配置，确保了开发、测试和生产环境的一致性。
- 快速部署：Docker 可以在几秒钟内启动，便于快速部署和扩展应用。
- 资源隔离：Docker 之间相互隔离，一个 Docker 的故障不会影响其他 Docker。
- 可移植性：Docker 可以在任何支持它的平台上运行，无论是物理机、虚拟机还是云服务。
- 易于管理和维护：Docker 提供了丰富的命令行工具和 API 接口，用于管理容器的整个生命周期——从创建、启动、停止到删除。

Docker 的实际应用场景如下。

- 开发环境搭建：开发人员可以使用 Docker 来创建一致的开发环境，确保本地开发环境与生产环境相同，减少"在我的机器上可以运行"的尴尬情况。
- 微服务架构：在微服务架构中，每个服务都可以打包在独立的 Docker 中，服务之间通过轻

量级的通信协议交互，提高了系统的可伸缩性和可维护性。

- 持续集成/持续部署（CI/CD）：Docker 可以与 CI/CD 工具（如 Jenkins、GitLab CI/CD 等）无缝集成，实现自动化构建、测试和部署的全流程。
- 自动化测试：测试环境可以通过 Docker 快速搭建和销毁，每次测试都在独立的 Docker 中运行，彻底消除了测试间的相互干扰。
- 多环境部署：Docker 让应用在不同云服务提供商之间的迁移变得轻而易举，因为容器化的应用不再依赖于任何特定的基础设施。

10.3.2 【实战】利用 Docker 快速部署电商系统的商品服务

对于一个电商系统，其中一个关键组件是商品服务，负责管理商品信息。在传统的开发流程中，将商品服务部署到新环境（如从开发环境迁移到测试环境，再到生产环境）往往需要复杂的配置和环境搭建过程。而且，不同环境之间的微小差异有时会导致"在我的机器上可以运行"的问题。

通过 Docker 容器化商品服务，可以极大地简化部署过程并提高服务的可靠性。具体实施步骤如下。

（1）构建服务的 jar 包。

确保商品服务已经开发完成，且所有的源码都已经准备就绪。使用 Maven 构建工具可以简化 Java 项目的构建过程。在项目根目录下运行以下命令。

```
mvn package
```

这个命令会编译 Java 源码，运行单元测试，并将编译后的代码打包成一个 jar 包。mvn package 命令会在项目的 target 目录下生成 jar 包，例如 goods-service.jar。这个 jar 包包含了运行商品服务所需的所有依赖和资源。

（2）编写 Dockerfile。

在项目根目录下创建一个 Dockerfile。Dockerfile 是一个文本文件，包含了一系列指令，用于定义如何构建 Docker 镜像。内容如下所示。

```
# 使用官方 Java 8 基础镜像
FROM java:8

# 设置工作目录
WORKDIR /app

# 将构建好的 jar 包复制到工作目录下
COPY ./target/goods-service.jar /app

# 定义容器启动时执行的命令
```

```
ENTRYPOINT ["java", "-jar", "goods-service.jar"]
```

这个 Dockerfile 基于 Java 8 镜像，确保了运行环境的一致性。它将构建好的 jar 包复制到容器内的/app 目录，并指定容器启动时运行 jar 包。

（3）构建 Docker 镜像。

有了 Dockerfile，就可以构建 Docker 镜像了。打开终端，切换到包含 Dockerfile 的目录，然后运行以下命令。

```
docker build -t goods-service:latest .
```

这个命令会根据 Dockerfile 中的指令构建一个新的 Docker 镜像，并为它打上 goods-service:latest 的标签。在这个过程中，Docker 会自动下载基础镜像（如果本地不存在），并按照 Dockerfile 的指令执行，最终生成一个包含商品服务的镜像。

（4）启动容器实例。

使用以下命令启动一个容器实例，运行商品服务。

```
docker run -d --name goods-service-instance -p 8080:8080 goods-service:latest
```

这个命令会启动一个名为 goods-service-instance 的容器实例，基于 goods-service:latest 镜像。–d 参数表示以后台模式运行，–p 8080:8080 参数将容器内部的 8080 端口映射到宿主机的 8080 端口，允许外部访问商品服务。

这样就可以在任何已安装 Docker 的机器上部署启动商品服务的容器，无须关心底层环境和依赖问题。

10.3.3 什么是 Kubernetes

Kubernetes（简称 K8s）是一个开源的容器编排工具，可以帮助开发人员管理和部署容器化应用。

想象一下，如果你有一堆乐高积木，每个积木都代表一个应用的一部分，而 Kubernetes 就像那个能帮你把积木组织起来、搭建成一个完整城堡的高手。它不仅让整个搭建过程变得简单、快速，而且能够确保每部分都在正确的位置上。

1. Kubernetes 的优点

Kubernetes 的优点如下。

- 自动化部署和管理：Kubernetes 可以自动化应用的部署过程，从启动容器到配置网络和存储，一切都可以预先定义好，一键完成。
- 无缝扩展：当应用需要更多的计算资源来处理更多的工作时，Kubernetes 可以自动增加或减少容器的数量。

- 高可用：Kubernetes 能够确保应用始终可用，如果某部分出现问题，则它会自动修复或替换。

- 灵活的服务发现：Kubernetes 提供了服务发现机制，应用可以很容易地找到并与其他服务通信。

- 负载均衡：Kubernetes 可以自动分配流量到不同的容器，防止任何一个容器过载。

- 版本控制和回滚：Kubernetes 支持应用的版本控制，如果新版本出现问题，则可以轻松回滚到旧版本。

2. Kubernetes 的工作原理

Kubernetes 像一个现代化的工厂，每部分都有明确的职责，共同确保整个系统的高效运转。其中核心是 API 服务器（类似工厂的控制中心），接收来自用户的命令和配置文件，并指挥其他部分进行工作，如图 10-5 所示。

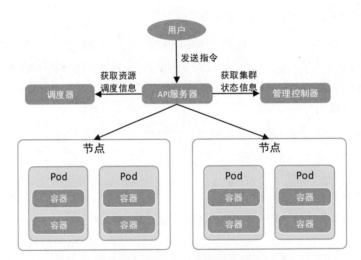

图 10-5 Kubernetes 的工作原理

- 控制中心（API 服务器）：所有的指令和状态信息都通过它进行通信。它接收用户的指令（如创建、更新、删除资源等），并将这些指令转发给各个具体的组件去执行。

- 生产线（Pod）：容器被封装在 Pod 中，每个 Pod 都可以被看作一个小型的、独立的生产线，负责运行具体的应用实例。Pod 是 Kubernetes 进行管理的最小单位，可以包含一个或多个容器。

- 调度器：根据工作的需求和资源的可用情况，决定将哪个 Pod 部署到哪个工作节点上运行。

- 工作节点：就像工厂的一个工作站，负责运行一个或多个 Pod。

- 管理控制器：负责监视集群状态，并通过启动控制器来确保集群的状态与用户的预期状态一致。例如，如果一个节点失败了，则管理控制器会自动替换它，确保 Pod 的数量和配置不变。

- 服务发现和负载均衡：Kubernetes 自动为容器分配地址和名称，并能够在 Pod 之间进行负载均衡。
- 存储编排：Kubernetes 还能自动管理存储系统，将存储挂载到 Pod 上，就像工厂的仓储系统，可以确保生产线上的机器有足够的原材料。

10.3.4　在项目开发中，何时用 Docker，何时用 Kubernetes

假设我们正在开发一个电商系统，该系统包含多个功能模块，如用户管理、订单处理、库存管理和支付服务等。这些模块采用微服务架构进行开发。

1. 开发阶段：使用 Docker

在项目开发初期，开发团队需要确保所有成员都在相同的开发环境中工作。这时，Docker 就派上用场了。每个开发人员都可以为他们的服务创建一个 Docker 容器，容器中包含了运行服务所需的所有依赖和配置。这样，无论开发人员使用的是 Windows、macOS 还是 Linux，他们的开发环境都是一致的。这就避免了"在我的电脑上运行没问题，在你的电脑上运行有问题"的情况。

例如，用户管理服务需要 Node.js 环境，订单处理服务需要 Python 环境。开发人员可以为这两个服务分别创建相应的 Docker 镜像，只需拉取镜像并运行容器即可进行开发。

2. 测试阶段：使用 Docker

需要确保服务在隔离的环境中运行，以便测试它们是否按预期工作。使用 Docker 可以确保它们不会相互干扰。这对于测试服务的独立功能和集成功能至关重要。

此外，在 CI/CD 流程中，Docker 可以用来自动化构建过程。每当代码仓库有新的代码提交时，CI/CD 工具可以自动构建 Docker 镜像，运行测试，并确保新的代码不会破坏现有的功能。

例如，在开发人员修改了库存管理服务的代码后，可以立即在本地构建新的 Docker 镜像并运行测试，确保修改没有引入新问题。

3. 部署阶段：使用 Kubernetes

在用户管理、订单处理、库存管理等服务开发完成并经过测试后，需要将它们部署到生产环境中。使用 Kubernetes 可以实现自动化部署、扩展和管理，确保系统的高可用和稳定性。

> **提示**　Docker 是构建和运行容器的工具，Kubernetes 是管理这些容器的工具。在项目开发中，通常将 Docker 和 Kubernetes 结合使用：先使用 Docker 来开发和测试各个服务，然后使用 Kubernetes 来部署和管理这些服务。这样可以确保开发效率和生产环境的稳定性。

10.3.5 【实战】利用 Kubernetes 管理电商系统的各个服务

在电商系统中，利用 Kubernetes 进行容器编排和管理可以显著提高系统的可用性和扩展性。例如，使用 Kubernetes 来管理电商系统中的商品服务、订单服务、用户服务等关键组件的具体步骤如下。

（1）创建 Kubernetes Pod 配置。

为每个服务都创建 Kubernetes Pod 配置。Pod 是 Kubernetes 中的最小部署单元，通常包含一个或多个容器。这里以订单服务为例，创建一个名为 order-service.yaml 的配置文件，代码如下。

```yaml
apiVersion: v1
kind: Pod
metadata:
  name: order-service-pod     # Pod 的名称
  labels:
    app: order-service        # Pod 的标签，用于选择器
spec:
  containers:
  - name: order-service-container    # 容器的名称
    image: order-service:latest      # 容器使用的镜像
    ports:
    - containerPort: 8080            # 容器内部暴露的端口
```

这个配置定义了一个 Pod，包含一个名为 order-service-container 的容器，它基于 order-service:latest 镜像。Pod 将容器内的 8080 端口暴露出来，供外部访问。

（2）创建 Kubernetes Deployment 配置。

为了实现服务的自动修复和横向扩展，需要创建 Kubernetes Deployment 配置。Deployment 管理一组相同的 Pod，确保指定数量的 Pod 副本始终处于运行状态。创建一个名为 order-service-deployment.yaml 的配置文件，代码如下。

```yaml
apiVersion: apps/v1
kind: Deployment
metadata:
  name: order-service-deployment    # Deployment 的名称
spec:
  replicas: 3                       # 期望运行的 Pod 副本数量
  selector:
    matchLabels:
      app: order-service            # 选择匹配 App 的标签为 order-service 的 Pod
  template:
```

```
metadata:
  labels:
    app: order-service    # Pod 模板的标签
spec:
  containers:
  - name: order-service-container    # 容器的名称
    image: order-service:latest      # 容器使用的镜像
    ports:
    - containerPort: 8080            # 容器内部暴露的端口
```

这个配置通过 Deployment 确保始终有 3 个 order-service 的 Pod 实例运行。如果某个 Pod 实例失败，则 Kubernetes 会自动替换它，保持系统的稳定性。

（3）使用 Kubernetes Service 暴露服务。

需要创建一个 Kubernetes Service 来暴露订单服务。Service 是 Kubernetes 中定义如何访问一组具有相同功能的 Pod 的抽象方式。创建一个名为 order-service-service.yaml 的配置文件，代码如下。

```
apiVersion: v1
kind: Service
metadata:
  name: order-service    # Service 的名称
spec:
  selector:
    app: order-service   # 选择匹配 App 的标签为 order-service 的 Pod
  ports:
  - protocol: TCP
    port: 80             # 服务暴露的端口
    targetPort: 8080     # Pod 中容器的端口
  type: LoadBalancer     # 使用云服务提供商的负载均衡器
```

这个配置创建了一个 Service，将外部的请求转发到 order-service Pod 的 8080 端口。type: LoadBalancer 指示 Kubernetes 使用云服务提供商的负载均衡器将外部流量分配到 Pod。

（4）应用配置到 Kubernetes 集群。

将上述配置文件应用到 Kubernetes 集群中，代码如下。

```
kubectl apply -f order-service-deployment.yaml
kubectl apply -f order-service-service.yaml
```

这些命令会在 Kubernetes 集群中创建 Deployment 和 Service，实现订单服务的自动修复、横向扩展和外部访问。

通过这种方式，电商系统的关键组件（如商品服务、订单服务、用户服务等）都可以容器化并通过 Kubernetes 进行管理，以应对高流量情况，并保证服务的高可用。

10.4 【实战】大型在线游戏的高可用策略

在大型在线游戏中，确保玩家体验的连续性是至关重要的。高可用策略能够保证即使在出现硬件故障、网络问题或其他意外情况时，游戏服务仍能稳定运行，为用户提供不间断的游戏体验。以下是实现大型在线游戏高可用的关键策略。

10.4.1 负载均衡与集群化

使用负载均衡器分散玩家请求，确保每个游戏服务器都得到均匀且适量的负载。这有助于防止单个服务器过载，从而提高整体系统的可用性。

使用 Nginx 作为负载均衡器的代码如下。

```
http {
    upstream game_servers {
        server game1.example.com;   # 定义第一个游戏服务器
        server game2.example.com;   # 定义第二个游戏服务器
        server game3.example.com;   # 定义第三个游戏服务器
    }

    server {
        listen 80;                      # 配置 Nginx 监听 80 端口
        location / {
            proxy_pass http://game_servers; # 将请求代理到 game_servers 组
        }
    }
}
```

此外，将游戏服务器部署在多个实例上，形成集群。这样，即使某个服务器出现故障，其他服务器仍能继续提供服务。

10.4.2 数据冗余与备份

在数据冗余与备份阶段，采用多种技术来确保数据的完整性和可恢复性至关重要。以下是一些常用的技术。

- RAID 技术：具体见 9.2.3 节。
- 快照技术：快照是对数据系统某个时刻的状态进行完整记录的技术。例如，VMware 的 vSphere 平台提供了虚拟机快照功能，可以在不中断虚拟机运行的情况下捕获其状态和数据。当需要回滚到之前的状态时，只需恢复相应的快照即可。

- 远程复制技术：为了保障数据在地理位置上的冗余，可以利用远程复制技术将数据备份到远离主数据中心的位置。例如，使用基于块的远程复制技术（如 SRDF）或基于文件的远程复制技术（如 rsync）来保持两个或多个站点之间的数据同步。
- 云存储备份技术：现在，将数据备份到云存储服务已成为一种趋势。像 Amazon S3、Google Cloud Storage、阿里 ECS 这样的云存储服务，都提供了高度可扩展、持久且具备容错能力的存储解决方案，非常适合数据备份与归档。
- 数据库备份技术：对于数据库系统而言，可以选择物理备份（如完整备份、增量备份和差异备份）或逻辑备份（如导出为 SQL 脚本）来确保数据的可恢复性。例如，Oracle 的 RMAN（Recovery Manager）工具提供了强大的物理备份和恢复功能；而 MySQL 的 mysqldump 命令则可用于创建数据库的逻辑备份。
- 数据去重技术：在备份数据时，数据去重技术能有效识别和去除重复数据块，这不仅节省了存储空间，还能提高备份的效率。例如，Data Domain 等专业备份设备，以及一些软件定义的存储解决方案，都集成了数据去重功能。

10.4.3　容灾与故障恢复

在不同的地理位置部署游戏服务器并进行数据备份，可以应对可能由自然灾害等引起的区域性风险。同时，采用先进的监控系统实时监测游戏服务器的健康状态，一旦发现故障，自动触发恢复机制，如重启服务、切换备份服务器等。

例如，使用 Zabbix 系统进行故障检测，步骤如下。

（1）在 Zabbix 系统中为游戏服务器设置相应的监控项目和触发器。

（2）当某个监控项（如 CPU 使用率、内存占用率等）超过阈值时，触发器会被激活报警。

（3）根据报警信息，管理员可以选择手动介入或让系统自动执行预设的恢复操作。

10.4.4　无缝更新与维护

游戏需要不断更新以引入新功能、修复漏洞或进行性能优化，而这些更新通常需要在不影响玩家游戏体验的前提下进行。

（1）计划和准备。

在开始任何更新之前，必须制定详细的计划并做好准备工作，具体如下。

- 项目管理工具：使用项目管理工具（如 JIRA 或 Trello）来跟踪和规划更新任务。
- 自动化测试：在更新前，使用自动化测试工具（如 Selenium、Appium 等）对新功能进行回归测试，确保没有引入新的问题。

- 性能评估工具：使用性能评估工具（如 LoadRunner、JMeter 等）预测更新对服务器性能的影响。

（2）蓝绿部署策略。

蓝绿部署是一种常用的无缝更新策略，它要求部署两套相同的环境：蓝环境和绿环境。实际操作如下。

①部署蓝绿环境。假设当前蓝环境是活跃环境，承载着玩家的游戏服务。可以使用 Docker 容器化技术来快速部署蓝绿环境，每个环境都运行在不同的容器集群上。利用 Kubernetes 来管理 Docker 容器集群，以实现自动化部署。

②更新绿环境。在绿环境中进行更新操作，包括安装新版本、配置更改等。

③切换到绿环境。当绿环境准备好后，通过 Nginx 负载均衡器将玩家流量逐渐切换到绿环境。在这个过程中，需要确保流量的切换是平滑的，不会对玩家造成明显的中断。

④验证与监控绿环境。在切换过程中和切换完成后，密切监控绿环境的运行状态，确保没有出现问题。

⑤回滚准备。如果更新出现问题，则需要能够快速回滚到蓝环境。因此，绿环境在更新期间也需要保持蓝环境的可用状态。

（3）热更新技术。

对于某些小型更新或紧急修复，可以采用热更新技术来减少对玩家的影响。热更新允许在不重启服务器的情况下动态加载新的代码或配置。具体实现方式可能因游戏引擎和架构而异，但通常包括以下步骤。

①准备更新包。将要更新的内容打包成一个小型的更新包。

②服务器接收更新包。游戏服务器接收更新包后，进行必要的验证和安全性检查。

③动态加载更新包。服务器在运行时动态加载更新包中的内容，替换或修改原有的代码或配置。对于使用 Lua 脚本的游戏服务器，可以利用 Lua 的热加载功能，在不重启服务器的情况下更新脚本。对于 C++等编译型语言，可以将部分功能封装成动态链接库，更新时只需替换相应的 DLL 文件即可。

④通知客户端。如果更新涉及客户端的内容，则服务器需要通知客户端下载并应用更新。

许多游戏引擎（如 Unity、Unreal Engine 等）提供了热更新支持，可以利用这些功能来推送更新。

使用支持热更新的脚本语言（如 Lua）来编写游戏逻辑，部分代码如下。

```
-- 在游戏主循环或更新逻辑中调用热更新功能
function game_update()
    -- 游戏的常规更新逻辑……

    -- 检查是否有热更新脚本需要加载
    local hotfix_path = "path/to/hotfix.lua" -- 假设这是热更新脚本的路径
    local hotfix_applied = false

    -- 假设有一个简单的机制来检测热更新（例如，检查文件时间戳或哈希值）
    if needs_hotfix(hotfix_path) then
        print("Applying hotfix...")

        -- 加载并执行热更新脚本
        local success, error_msg = pcall(load_script, hotfix_path)
        if not success then
            print("Hotfix failed: " .. error_msg)
        else
            hotfix_applied = true
            print("Hotfix applied successfully!")
        end
    end

    -- 如果应用了热更新，则可能还需要执行一些额外的逻辑，如重新初始化部分系统、通知玩家等
    if hotfix_applied then
        -- 热更新后的处理逻辑……
    end

    -- 游戏的其余更新逻辑……
end
```

（4）灰度发布。

灰度发布是另一种无缝更新的策略，它允许将更新逐步推送给一小部分玩家，以验证更新的稳定性和性能。具体步骤如下。

①选择灰度用户。根据一定的策略（如地区、活跃度等）选择一部分玩家作为灰度用户。使用特征切换库（如 LaunchDarkly、FF4J 等）来动态控制新功能的开启或关闭，从而实现对特定用户的灰度发布。

②部署灰度环境。为灰度用户部署一个单独的更新环境。

③推送更新。将更新推送给灰度用户，并密切监控他们的反馈和性能指标。

- 利用内容分发网络（CDN）（如 Akamai、Cloudflare 等），将更新内容推送到边缘节点，以降低用户下载更新的延迟。

- 使用 A/B 测试框架（如 Optimizely、Google Analytics 等）来收集灰度用户的反馈和性能指标。

④问题修复与优化。如果发现问题或性能不佳，则及时修复并优化更新内容。

⑤全量推送。当灰度发布验证无误后，再逐步将更新推送给所有玩家。

（5）紧急回滚计划。

无论多么周密的计划，都有可能出现意外情况。因此，必须准备一个紧急回滚计划，以便在更新出现问题时能够迅速恢复到之前的状态。具体如下。

①备份旧版本。在更新之前，确保备份了旧版本的代码、配置和数据。可以使用 Percona XtraBackup、Veeam 等工具定期备份数据库。

②制定回滚流程。制定详细的回滚流程，包括如何停止更新、恢复旧版本、验证状态等。

- 使用版本控制系统（VCS）：如 Git，管理代码版本，确保可以快速回滚到之前的稳定版本。
- 通过 CI/CD 工具（如 Jenkins、GitLab CI 等）自动化构建和部署流程，包括回滚操作。

③确定紧急联系人。确定在紧急情况下能够快速响应的联系人，并确保他们熟悉回滚流程。

10.5 异地多活——多地区数据中心的部署策略

异地多活是一种高级的 IT 部署策略，它让公司的服务和数据在相隔很远的多个地方（通常是不同的城市甚至国家）都保持活跃和可用。

10.5.1 一张图看懂异地多活

想象一下，你在网上购物，突然你所在的地区发生了地震，导致网络中断。如果没有异地多活策略，你可能就无法完成购物，或者要等待很长时间才能恢复服务。但是，如果电商系统使用了异地多活策略，那么即使当地的数据中心受损，系统也可以迅速切换到另一个地方的数据中心，你的购物体验不会受到太大影响。

1. 异地双活

例如，某个电商系统为了提高稳定性和降低访问延迟，它在北京和上海都设有数据中心，这种布局就是"异地双活"，工作理如图 10-6 所示。在这个设置中，用户的请求会被智能地分配到离他们最近的数据中心，无论是北京还是上海，这样做都可以加快网页的加载速度，提升用户体验。

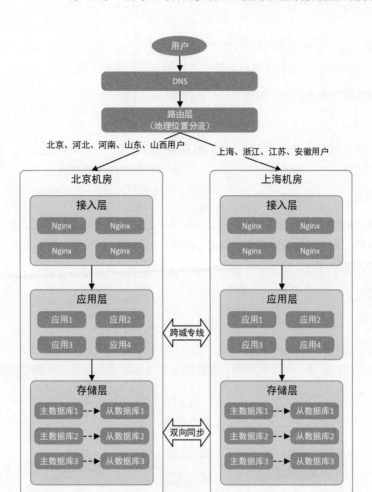

图 10-6　异地双活的工作原理

（1）DNS 和路由分流。

DNS（域名系统）是互联网上用于将域名转换为 IP 地址的系统。当用户输入一个网址时，DNS 服务器会将这个域名解析成对应的 IP 地址，以便用户的计算机能够访问该网站。

路由分流则是根据某种策略，如用户的地理位置，将用户的请求引导到最佳的目的地。在异地双活中，DNS 和路由分流技术共同工作，自动将用户的请求导向最近的数据中心，以降低延迟并提高访问速度。

（2）机房架构。

一个典型的数据中心机房架构包含接入层、应用层和存储层。

- 接入层主要负责处理用户的连接请求，如负载均衡和 SSL 终端。

- 应用层包含实现业务逻辑的服务器和应用。
- 存储层负责数据的存储和管理，通常包括数据库和文件存储系统。

这种分层架构有助于清晰地分配资源，优化性能，并且便于管理。

（3）跨城专线。

跨城专线是指连接两个或多个地理位置的数据中心的高速、安全的网络连接。它提供了一条私有的、低延迟的通信线路，确保数据中心之间的数据同步和通信能够高效且安全地进行。

（4）双向同步。

双向同步是一种确保两个或多个地点的数据保持一致的技术。在异地双活场景下，无论数据在哪个数据中心更新，双向同步技术都能确保这些更改实时地反映到其他所有数据中心。

这种同步机制对于维持数据一致性非常重要，特别是在涉及关键业务数据（如用户信息、订单数据等）的情况下。

2. 异地多活

异地多活架构通过引入中心机房的概念，进一步优化了数据同步和系统的稳定性问题，使得架构在保持高可用的同时，也具备了更强的扩展性和灵活性。异地多活的工作原理如图 10-7 所示。

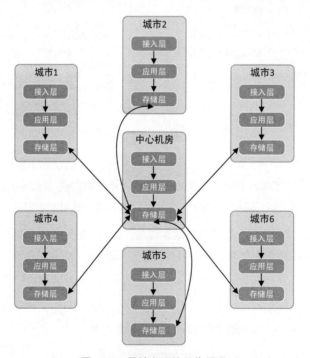

图 10-7　异地多活的工作原理

在这种架构中，所有机房之间的数据同步都是通过中心机房来进行的。具体来说，当任意一个机房发生数据写入操作时，这些数据首先同步到中心机房，然后由中心机房统一分发同步到其他机房。这样的设计大大简化了数据同步的流程，因为每个机房只需与中心机房进行数据同步，而不必直接与其他所有机房交互，有效减少了数据同步的复杂度。

中心机房的角色非常关键，它承担了数据分发和同步的核心任务，因此对其稳定性的要求极高。为了应对中心机房可能发生的故障，一旦中心机房出现问题，可以迅速将任意一个其他机房提升为新的中心机房，继续维持数据同步和服务的正常运行，确保系统的高可用不受影响。

10.5.2　异地多活与高可用、容灾的关系

异地多活不仅是一种高可用的体现，而且是一种有效的容灾策略。

（1）高可用的核心目标是，确保系统和服务能够在面临各种故障时仍然保持正常运行，最小化系统停机时间。这通常需要在同一地区或数据中心内，部署冗余的系统组件，例如增设服务器、网络设备和存储系统，并建立有效的故障转移机制。

（2）容灾侧重于在发生灾难（如自然灾害、重大硬件故障或网络攻击等）后，保证系统数据不丢失并能够迅速恢复服务。容灾策略通常包括在地理上分散的数据中心之间进行数据备份和恢复。

（3）异地多活则进一步融合了高可用与容灾策略。它通过在多个地理位置部署完整的服务和数据副本，不仅可以实现即时的故障切换，缩短甚至消除停机时间，还能在面对大范围灾难时保证业务的持续运行。每个地区的活动副本都能独立提供服务，同时通过数据同步保持状态的一致性，确保了数据的完整性和一致性。

借助异地多活，可以达到以下目的。

- 提高系统的可用性：即使某个地区的数据中心全面停摆，系统仍能通过其他地区的活动副本继续提供服务，从而实现真正的高可用。
- 加强容灾能力：异地多活策略能够有效应对广域范围内的灾难事件，保证关键业务的持续运作和数据安全。
- 优化性能和响应时间：通过在用户所在地附近的数据中心部署服务，可以降低网络延迟，提供更快的服务响应。

提示　异地多活是一种先进的架构策略，它通过跨地区部署系统和数据的副本，既实现了高可用，又增强了容灾能力，为企业提供了坚实的业务连续性保障。

第 4 篇
分布式系统项目设计

第 11 章

【项目实战】支持 5000 万用户同时在线的短视频系统设计

本章深入介绍如何构建和维护一个能够支持 5000 万用户同时在线的短视频系统。

随着用户数量的迅猛增长和内容消费形式的多样化，传统视频分享平台已经不能满足市场的需求，尤其是在用户访问量激增的高峰时段。因此，设计一个能够支持 5000 万用户同时在线的短视频系统至关重要，这样的系统能确保用户拥有流畅无阻的体验。

11.1.1　需求分析

短视频系统的具体需求如下。

- 高并发支持：系统需要能应对高峰时段的巨量请求，支持 5000 万用户的并发在线，且能有效调度和管理这些用户生成的数据流。
- 数据一致性和可用性：用户上传的视频内容需要快速处理并分发，保证全球用户都能在最短时间内访问到最新内容。
- 系统稳定性和扩展性：系统架构必须具备高度的稳定性和良好的扩展性，以应对快速增长的用户基数和不断变化的业务需求。
- 用户体验：提供流畅的视频播放体验、快速的内容加载，以及高效的数据交互能力，确保用户体验的一致性和满意度。
- 安全性：保护用户的隐私和数据安全，防止数据泄露和非法访问。

11.1.2　业务流程分析

用户上传和观看视频的业务流程如图 11-1 所示。

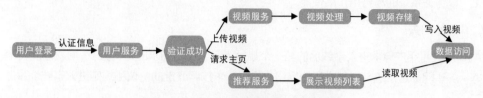

图 11-1　用户上传和观看视频的业务流程

（1）用户登录。用户输入认证信息，请求登录系统。

（2）用户服务。处理用户登录请求，验证用户信息。

（3）验证成功。如果用户验证成功，则流程分为两部分。

- 请求主页：用户请求主页，由推荐服务生成视频列表并展示给用户。
- 上传视频：用户上传视频，由视频服务处理。

（4）视频处理。对上传的视频进行处理，如转码、压缩等。

（5）视频存储。将处理后的视频存储到分布式文件系统/对象存储。

11.2　架构设计

短视频系统的架构设计需遵循高可用、高性能、易维护和可扩展原则，通常采用分层的设计方法，如图 11-2 所示。

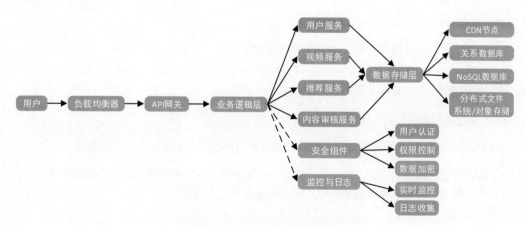

图 11-2　短视频系统的架构设计

（1）负载均衡器。

用户的请求首先到达负载均衡器，负载均衡器的作用是将大量的用户请求合理分配到不同的服务器上，以保证系统的高可用和高性能。

（2）API 网关。

API 网关是用户请求进入系统后的第一个接触点，它负责请求的路由分发、版本管理、限流、监控等。API 网关是系统与外界交互的枢纽，确保请求按照既定的协议和规则进入系统。

（3）业务逻辑层。

业务逻辑层是系统的核心，处理具体的业务逻辑。它由多个微服务组成，每个微服务都负责不同的业务功能。

- 用户服务：负责用户注册、登录、信息管理等与用户相关的业务。
- 视频服务：处理视频上传、转码、剪辑等与视频相关的业务。
- 推荐服务：根据用户行为和偏好，提供个性化的视频推荐。
- 内容审核服务：对上传的视频内容进行审核，确保内容合规。

（4）数据存储层。

数据存储层是系统存储数据的地方，包括以下部分。

- CDN 节点：存储缓存数据。
- 关系数据库：存储结构化数据，如用户信息、视频元数据等。
- NoSQL 数据库：存储非结构化或半结构化数据，如用户行为日志、搜索索引等。
- 分布式文件系统/对象存储：存储大量的视频文件，提供高吞吐量的读写能力。

（5）安全组件。

安全组件是系统安全性的保障，包括以下部分。

- 用户认证：验证用户身份，如通过用户名和密码。
- 权限控制：控制用户对系统资源的访问权限。
- 数据加密：保护数据在传输和存储过程中的安全。

（6）监控与日志。

监控与日志组件负责系统的运行状况监控和日志信息收集，主要分为以下两部分。

- 实时监控：监控系统的性能指标，如 CPU 使用率、内存使用情况、服务响应时间等。
- 日志收集：收集系统的日志信息，用于问题排查和系统优化。

11.3 存储设计

在设计短视频系统的数据库表结构时，需要考虑不同类型的数据存储需求。

11.3.1 使用 MySQL 存储视频元数据

MySQL 适合存储结构化数据，如用户信息、视频元数据等。

用户表（user）用于存储用户的注册信息，用户表结构如表 11-1 所示。

表 11-1 用户表结构

字段	数据类型	键	是否为空	默认值	注释
user_id	BIGINT	PRI	NO	–	用户 ID
username	VARCHAR(50)	–	NO	–	用户名
password	VARCHAR(255)	–	NO	–	密码
email	VARCHAR(100)	–	YES	NULL	邮箱
created_at	DATETIME	–	NO	–	创建时间
updated_at	DATETIME	–	YES	NULL	更新时间

视频表（video）用于存储用户上传的视频基础信息，视频表结构如表 11-2 所示。

表 11-2 视频表结构

字段	数据类型	键	是否为空	默认值	注释
video_id	BIGINT	PRI	NO	–	视频 ID
user_id	BIGINT	FK	NO	–	用户 ID
title	VARCHAR(100)	–	NO	–	视频标题
description	TEXT	–	YES	NULL	视频描述
created_at	DATETIME	–	NO	–	创建时间
updated_at	DATETIME	–	YES	NULL	更新时间

视频播放记录表（video_play_history）用于存储视频的播放记录信息，视频播放记录表结构如表 11-3 所示。

表 11-3 视频播放记录表结构

字段	数据类型	键	是否为空	默认值	注释
history_id	BIGINT	PRI	NO	–	播放记录 ID
user_id	BIGINT	FK	NO	–	用户 ID
video_id	BIGINT	FK	NO	–	视频 ID

字段	数据类型	键	是否为空	默认值	注释
play_time	DATETIME	–	NO	–	播放时间

11.3.2 使用 MongoDB 存储视频标签数据

对于短视频系统中的用户行为日志数据和视频标签数据的存储，在设计时需要考虑数据的存储效率、查询模式等。

1. 用户行为日志数据

用户行为是多维度的，包括观看、点赞、评论等，每种行为都有其特定的属性，如行为时间、视频 ID 等。NoSQL 数据库 MongoDB 比较适合存储用户行为日志数据，理由如下。

- MongoDB 的文档结构非常灵活，可以容纳结构不完全相同的数据，适合存储用户行为日志这种半结构化数据。
- 用户行为日志经常需要进行聚合分析，如统计特定时间段内的观看次数或点赞数。MongoDB 的聚合框架非常适合这类操作。
- 用户行为日志集合中的行为时间（action_time）字段可以用于时间序列分析，MongoDB 可以有效地存储和查询时间序列数据。

用户行为日志数据结构的代码如下。

```
{
    "_id": ObjectId("507f1f77bcf86cd799439011"),
    "user_id": "UserID123",
    "action": "播放",
    "action_time": ISODate("2023-10-10T09:30:00Z"),
    "video_id": "VideoID456"
}
```

用户行为日志数据结构如表 11-4 所示。

表 11-4 用户行为日志数据结构

字段	数据类型	注释
_id	ObjectId	唯一标识符
user_id	String	用户 ID
action	String	用户行为
action_time	ISODate	行为时间
video_id	String	视频 ID

2. 视频标签数据

视频标签数据不是以单个视频为中心的，而是将所有视频的标签汇总在一起，这样可以减少数据冗余，提高存储效率。NoSQL 数据库 MongoDB 比较适合存储视频标签数据，理由如下。

- 视频标签可能会随时间变化，需要动态更新，MongoDB 的灵活性适合这种需求。
- 视频标签常用于搜索和推荐系统，MongoDB 的索引可以提高这类查询的效率。

视频标签数据结构的代码如下。

```
{
    "_id": ObjectId("507f191e810c19729de860ea"),
    "video_id": "VideoID789",
    "tags": ["搞笑", "宠物", "日常"]
}
```

视频标签数据结构如表 11-5 所示。

表 11-5　视频标签数据结构

字段	数据类型	注释
_id	ObjectId	唯一标识符
video_id	String	视频 ID
tags	Array	标签列表

11.3.3　使用 Redis 存储视频缓存数据

Redis 作为一个高性能的键值存储数据库，主要用于存储频繁访问的数据，如用户会话、视频观看次数、热门视频列表和用户互动数据等。使用 Redis 可以减少对主数据库的访问，提高系统的响应速度。

使用 Redis 存储短视频系统中的缓存数据，优势如下。

- Redis 单线程的事件驱动模型和高效的数据结构使其具有极高的读写性能。
- Redis 的原子操作确保了在高并发环境中数据的一致性。
- Redis 不仅支持简单的键值对，还支持列表、集合、有序集合等复杂数据类型，适合存储各种缓存数据。
- 虽然缓存数据通常不需要持久化，但 Redis 提供了多种持久化选项，可以在需要时保证数据的持久存储。
- Redis 支持主从复制和哨兵系统，可以方便地进行水平扩展和高可用部署。

（1）用户会话缓存。

用户会话信息是用户登录系统后生成的，用于跟踪用户状态的数据。在高并发系统中，频繁的会话查询会对数据库造成较大压力。通过将用户会话信息存储在 Redis 中，可以快速验证用户状态，提高系统的响应速度。

用户会话信息的存储结构如下。

```
Key: 用户会话 ID (如 session:<session_id>)
Value: 用户会话信息, 通常序列化为 JSON 格式 (如 {"user_id":"UserID123", "expires_at":
"2023-10-10T10:00:00Z"})
```

（2）视频观看次数缓存。

视频观看次数是用户互动数据的一部分，随着用户观看视频，观看计数会不断增加。直接更新数据库中的观看次数可能会因为高并发而产生竞争条件。利用 Redis 的原子操作特性，可以有效地处理这个问题。

视频观看次数的存储结构如下。

```
Key: 视频 ID (如 video:views:<video_id>)
Value: 观看次数 (如 123456)
```

（3）热门视频列表缓存。

热门视频列表是推荐系统的一部分，通常会根据视频的观看次数或其他互动数据生成。将热门视频列表缓存在 Redis 中，可以减少实时计算热门视频的开销，加快页面加载速度。

热门视频列表的存储结构如下。

```
Key: 预定义的键名, 如 video:hot
Value: 按照观看次数排序的视频 ID 列表, 可以是一个有序集合 (如 ["VideoID456",
"VideoID789", ...])
```

（4）用户互动数据缓存。

用户互动数据，如点赞和评论，对于推荐系统和社交功能至关重要。将这些数据缓存在 Redis 中，可以快速响应用户的互动操作，提升用户体验。

用户互动数据的存储结构如下。

```
Key: 用户 ID 和互动类型组合 (如 user:likes:<user_id>)
Value: 用户点赞的视频 ID 列表, 可以是一个集合 (如 {"VideoID123", "VideoID456", ...})
```

11.3.4 使用 Elasticsearch 存储视频索引数据

作为全文搜索引擎，Elasticsearch 用于处理用户的搜索请求。通过适当的索引设计，可以实现高效的文本搜索、自动补全、模糊匹配等功能。

1. Elasticsearch 在短视频系统中的应用

Elasticsearch 在短视频系统中的应用流程如图 11-3 所示。

图 11-3　Elasticsearch 在短视频系统中的应用流程

　　用户通过 Elasticsearch 执行搜索操作，系统根据用户的搜索关键词返回相关的视频搜索结果。同时，用户的观看行为被记录并存储在 Elasticsearch 中，用于构建用户画像。基于用户画像，系统可以生成个性化的推荐视频列表。此外，Elasticsearch 还可以对用户行为数据进行实时趋势分析，快速发现和展示系统上的热门话题。

　　（1）视频搜索功能。

　　用户可以利用 Elasticsearch 进行视频搜索，包括根据视频标题、描述、标签等文本内容进行全文搜索。

　　例如，用户在搜索框中输入"搞笑宠物"关键词，Elasticsearch 会根据视频标题、描述和标签等文本内容，返回匹配的搞笑宠物视频列表。查询标题或描述中包含"搞笑宠物"的视频，代码如下。

```
GET /videos_index/_search
{
  "query": {
    "multi_match": {
      "query": "搞笑宠物",
      "fields": ["title", "description"]
    }
  }
}
```

　　（2）用户行为分析。

　　通过分析用户的搜索记录、观看历史、点赞和评论行为，Elasticsearch 可以辅助构建用户画像，为个性化推荐提供数据支持。

　　例如，Elasticsearch 可以聚合统计某段时间内用户搜索"舞蹈教学"视频的次数，分析用户的兴趣偏好。聚合统计过去一周内"舞蹈教学"视频的观看次数，代码如下。

```
GET /videos_index/_search
```

```
{
  "query": {
    "bool": {
      "must": [
        {
          "match": {
            "tags": "舞蹈教学"              // 假设"tags"字段存储了视频的标签
          }
        },
        {
          "range": {
            "created_at": {
              "gte": "now-7d/d",           // 过去 7 天，d 表示日期，包含今日
              "lte": "now/d"               // 今天
            }
          }
        }
      ]
    }
  },
  "aggs": {
    "total_views": {
      "sum": {
        "field": "views"            // 假设"views"字段存储了视频的观看次数
      }
    }
  }
}
```

（3）个性化推荐。

利用 Elasticsearch 的聚合和分析功能，结合用户画像，短视频系统可以为用户推荐个性化的视频内容。例如，根据用户观看"瑜伽教学"视频的历史，Elasticsearch 可以推荐其他用户的相似观看历史中热门的瑜伽视频。

（4）实时趋势分析。

Elasticsearch 可以实时分析搜索和观看数据，快速发现系统上的热门话题和趋势。例如，实时统计当前热门搜索词汇，代码如下。

```
GET /videos_index/_search
{
  "size": 0,  // 不需要返回匹配的文档
  "query": {
    "match_all": {}  // 匹配所有文档
```

```
  },
  "aggs": {
    "hot_search_terms": {
      "terms": {
        "field": "tags",        // 假设"tags"字段存储了视频的标签或搜索关键词
        "size": 10              // 返回最热门的 10 个词汇
      },
      "order": {
        "_count": "desc"        // 按照词频降序排列
      }
    }
  }
}
```

2. Elasticsearch 的索引设计

Elasticsearch 不是一个传统的关系数据库，因此它不使用"表"这个概念。相反，它使用"索引"来存储数据。在短视频系统中，Elasticsearch 可以用来存储视频和用户数据的索引，以提高搜索和数据分析的效率。

（1）视频数据索引。

视频数据索引（videos_index）用于存储视频的元数据和文本信息，以便进行高效的搜索和推荐。在 Elasticsearch 中存储的视频数据索引字段信息如表 11-6 所示。

表 11-6　视频数据索引字段信息

字段名	数据类型	是否分词	注释
video_id	keyword	否	视频唯一标识符
title	text	是	视频标题，用于全文搜索
description	text	是	视频描述，用于全文搜索
tags	keyword	否	视频标签，用于精确搜索
created_at	date	否	视频创建时间
views	integer	否	视频观看次数
likes	integer	否	视频获赞次数

说明：

- video_id 字段使用 keyword 类型，因为它们是用于精确匹配视频的唯一标识符。
- title、description 字段使用 text 类型，并且是分词的，这允许 Elasticsearch 对这些字段执行全文搜索。
- tags 字段使用 keyword 类型，因为它们用于聚合和过滤，不需要分词。
- created_at 字段使用 date 类型，用于存储日期信息。

- views 和 likes 字段使用 integer 类型，用于存储数值型数据。

（2）用户数据索引。

用户数据索引(users_index)用于存储用户的个人信息和行为数据，可以用于个性化推荐和用户行为分析。在 Elasticsearch 中存储的用户数据索引字段信息如表 11-7 所示。

表 11-7　用户数据索引字段信息

字段名	数据类型	是否分词	注释
user_id	keyword	否	用户唯一标识符
username	text	是	用户名，用于全文搜索
email	text	是	用户邮箱，用于全文搜索
bio	text	是	用户简介，用于全文搜索
joined_at	date	否	用户注册时间

说明：

- user_id 字段使用 keyword 类型，因为它们是用于精确匹配的唯一标识符。
- username、email 和 bio 字段使用 text 类型，并且是分词的，这允许 Elasticsearch 对这些字段执行全文搜索。
- joined_at 字段使用 date 类型，用于存储日期信息。

通过这种方式，Elasticsearch 不仅提升了短视频系统的搜索能力，还为个性化推荐和趋势分析提供了强有力的支持。

11.3.5　实现 MySQL 与 Elasticsearch 的数据同步

在实际应用中，MySQL 和 Elasticsearch 可以并存，并且它们存储的数据可以是互补的，并不冲突。每种数据库都有其擅长的领域和使用场景。

MySQL 作为一个关系数据库，非常适合存储结构化数据，尤其是需要进行复杂事务处理和数据关联操作的场景。视频元数据，如视频的基本信息、用户信息、视频的详细描述等，通常以结构化的形式存储在 MySQL 中。存储在 MySQL 中的数据如下。

- 视频的基本信息（如视频 ID、标题、上传时间）和视频的详细描述等。
- 用户信息（如用户 ID、用户名、注册时间）。

在短视频系统中，Elasticsearch 用来存储视频的索引数据，这些数据用于支持搜索、推荐和用户行为分析。存储在 Elasticsearch 中的数据如下。

- 视频内容的文本信息（如视频标题、描述、标签），用于全文搜索。
- 用户行为数据（如观看历史、点赞、评论），用于个性化推荐和行为分析。

- 视频的统计信息（如观看次数、点赞数），用于热门视频推荐和趋势分析。

为了保持 MySQL 和 Elasticsearch 之间的数据一致性，可以采用以下策略。

- 数据同步：在 MySQL 中更新视频元数据后，通过触发器、消息队列或日志监听等方式同步更新 Elasticsearch 中的相应数据。
- 定期更新：对于不经常变动的数据，可以定期批量更新 Elasticsearch 中的索引数据。
- 实时更新：对于频繁变动的数据，可以采用实时更新策略，每当 MySQL 中的数据发生变化时，立即更新 Elasticsearch。
- 读写分离：将 MySQL 作为主要的写入数据库，而 Elasticsearch 用于读取操作，如搜索和数据分析。
- 数据校验：定期进行数据校验，确保 MySQL 和 Elasticsearch 中的数据保持一致。

通过这种方式，MySQL 和 Elasticsearch 可以协同工作，MySQL 负责数据的持久化存储和事务处理，而 Elasticsearch 负责提供高效的搜索和数据分析能力。

MySQL 和 Elasticsearch 的协同工作流程如图 11-4 所示。

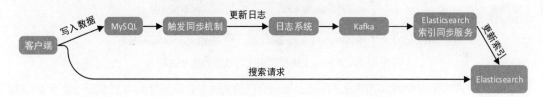

图 11-4　MySQL 和 Elasticsearch 的协同工作流程

（1）客户端首先把数据写入 MySQL 数据库。

（2）当 MySQL 中的数据发生变化时（如新增、修改或删除视频记录），根据数据变更，触发一个同步机制。

（3）同步机制将变更记录到日志系统中，如使用 binlog 日志。

（4）日志系统（如 Fluentd）收集这些变更日志，并将变更日志发送到消息队列，如 Kafka。

（5）Elasticsearch 索引同步服务（负责监听消息队列，可能是一个定时任务或实时服务）读取变更日志，并将这些变更应用到 Elasticsearch 中，更新其索引。

（6）客户端通过 Elasticsearch 执行搜索和分析请求。

这个流程确保了 MySQL 中的数据变更能够及时地反映到 Elasticsearch 的索引中，从而保证了搜索和分析的实时性和准确性。这种架构既利用了两种数据库的优点，又避免了它们的局限性，为短视频系统提供了强大的后端支持。

11.3.6 使用 HBase 和 HDFS 存储视频文件

HBase 和 HDFS 是 Hadoop 生态系统中的两个不同组件，它们在大数据处理领域中扮演着重要的角色。

1. 视频的存储和播放流程

对于视频文件的存储，可以将 HBase 和 HDFS 结合使用。

- 视频内容本身（二进制数据）被存储在 HDFS 中，因为它提供了高吞吐量和高可靠性的存储解决方案。
- 视频的元数据（如标题、描述、标签和文件路径等）被存储在 HBase 中，每个视频文件都由一个唯一的 ID 表示，该 ID 作为 HBase 表的行键。

用户从上传视频到视频播放的整个过程如图 11-5 所示。

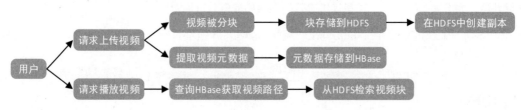

图 11-5　用户从上传视频到视频播放的整个过程

（1）用户请求上传视频。用户通过界面上传一个视频文件（假设文件大小为 500M），系统收到这个文件后，将开始处理。

（2）视频被分块。视频文件首先被分成多个块，假设使用 HDFS 默认的块大小，500MB 的文件将被分为四个 128MB 的块和一个较小的块。

（3）块存储到 HDFS。分块后的视频文件被存储在 HDFS 中，每个块根据配置可能存储在不同的数据节点上。

（4）在 HDFS 中创建副本。为了提高数据的可靠性和可访问性，HDFS 为每个块创建多个副本，存储在不同的节点上。

（5）提取视频元数据。系统从上传的视频文件中提取元数据，如视频标题、描述、标签等。

（6）元数据存储到 HBase。提取出的元数据被存储在 HBase 中，使用视频的唯一标识符作为行键。

（7）用户请求播放视频。当用户请求播放视频时，系统会查询 HBase 获取视频文件在 HDFS 中的存储路径。系统根据获得的文件存储路径，从 HDFS 中检索视频文件的所有块。一旦所有必要的视频块都被成功检索，视频就开始在用户设备上播放。

2. 视频的存储原理

视频在 HBase 中的存储原理如下。

- **数据模型**：HBase 的数据模型基于行键、列簇和列限定符。数据以表的形式存储，每个表由一个或多个列簇组成。
- **行键设计**：视频数据的行键可以是视频的唯一标识符，如视频 ID。行键的设计对 HBase 的性能至关重要，因为它决定了数据的存储位置和访问模式。
- **列簇**：视频的元数据（如标题、描述、标签）和用户交互数据（如观看次数、点赞数）可以存储在不同的列簇中。
- **时间戳**：HBase 允许每个单元格的值有多个版本，每个版本都有一个时间戳，这可以用来存储视频数据的历史记录。

例如，视频表名为 videos，列簇为 cf_meta 和 cf_interaction，视频表设计的代码如下。

```
Table: videos
Column Families:
 - cf_meta (video_id, title, description, tags)
 - cf_interaction (view_count, like_count, comment_count)
```

HBase 中的视频表设计如图 11-6 所示。

图 11-6　HBase 中的视频表设计

视频文件在 HDFS 中的存储原理如下，如图 11-7 所示。

- **数据块**：HDFS 将文件分割成一系列数据块，默认情况下每个数据块的大小为 128MB。
- **冗余存储**：每个数据块有多个副本（通常是三个），这些副本分散存储在不同的节点上，以提高数据的可用性。
- **NameNode 和 DataNode**：HDFS 架构包括 NameNode（管理文件系统的命名空间和客户端对文件的访问）和 DataNode（存储实际的数据块）。

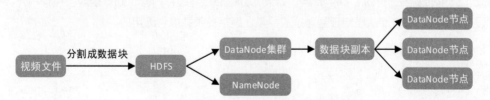

图 11-7　视频文件在 HDFS 中的存储原理

11.4 利用 CDN 提升视频访问速度

在短视频系统中，CDN 的设计至关重要，因为它直接关系到视频内容的加载速度和全球范围内的用户体验。优化 CDN 设计可以显著提高视频的访问速度，降低延迟，以及在面对高流量时保持服务的稳定性。

1. 处理流程

短视频系统 CDN 的处理流程如图 11-8 所示。

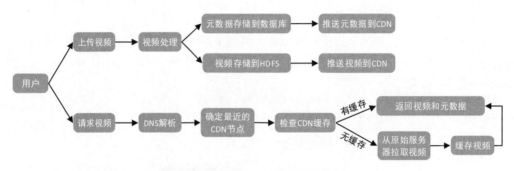

图 11-8　短视频系统 CDN 的处理流程

用户上传视频的 CDN 处理流程如下。

（1）用户上传视频文件到原始服务器。

（2）视频被分块、转码，并存储到 HDFS 或类似的大数据存储系统。

（3）视频的元数据和缩略图通过推模式推送到各 CDN 节点。

用户请求视频的 CDN 处理流程如下。

（1）用户发起视频播放请求。

（2）DNS 解析确定最近的 CDN 节点。

（3）请求转发到选定的 CDN 节点。如果 CDN 节点有缓存内容，则直接返回视频和元数据。如果没有，则 CDN 节点从原始服务器拉取视频，缓存视频并提供给用户。

2. CDN 配置策略

（1）多节点部署。

根据用户的地理分布，在关键地区设置 CDN 节点，如北京、上海、深圳等主要城市。这样做可以将内容靠近用户，缩短数据传输的距离和时间。

（2）内容复制策略。

CDN 的内容复制策略如下。

- 静态内容分发：将不经常更改的内容（如视频文件）预先推送到各个 CDN 节点。这些内容通常采用"推模式"（Push），一旦上传便分发到所有节点。
- 动态内容处理：对于经常更新或个性化的内容（如用户个人信息、评论等），使用"拉模式"（Pull）。当用户请求时，从最近的源站点拉取数据。

（3）智能路由策略。

CDN 的智能路由策略如下。

- 使用 DNS 解析技术或 HTTP/HTTPS 重定向，根据用户的请求位置，动态选择最近的 CDN 节点提供服务。
- 集成地理位置识别技术，确保内容请求总是被路由到最优的 CDN 节点。

（4）性能优化策略。

CDN 的性能优化策略如下。

- 内容压缩：在 CDN 节点上实施自动内容压缩，减少数据传输，提高加载速度。
- 使用 HTTP/2：HTTP/2 提供了多路复用、服务器推送等功能，可以进一步提高 CDN 的数据传输效率。
- 实时监控和分析：部署实时性能监控工具，监控 CDN 的效率和流量分布，及时发现并解决问题，如调整节点容量或更改路由策略。
- 安全性加固：利用 CDN 进行 DDoS 攻击防护和 TLS/SSL 加密，增强数据传输过程的安全性。

11.5 利用编码技术优化视频带宽

在短视频系统中，带宽优化是关键任务之一，因为带宽消耗直接影响运营成本和用户体验。有效的带宽管理不仅可以减少成本，还可以提高视频加载速度和播放质量。

1. 视频编码和压缩

有效的视频编码和压缩可以显著减少所需的带宽，同时保持视频质量。编码是一个将原始视频内容转换成特定格式的过程，涉及数据压缩和格式转换。压缩可以是有损的，也可以是无损的，但在大多数在线视频应用中，通常使用有损压缩以获得更高的压缩率。

视频编码和压缩的实现策略如下。

- 编码质量控制：通过调整编码器的参数，如比特率、帧率和分辨率，来平衡压缩率和视频质量。例如，可以降低直播视频的分辨率以适应实时传输的需要。
- 自适应比特率（ABR）编码：动态调整视频流的比特率，根据用户的网络条件自动选择合适的视频质量。
- 硬件加速：利用专门的硬件编码器来加速视频编码过程，减轻 CPU 的负载，提高编码效率。
- 云编码服务：利用云计算资源进行视频编码，可以提供可扩展的编码能力，并减少企业的硬件投资。云服务提供商通常提供多种编码选项和自动化工具，以支持大规模视频处理需求。

2. 适配不同设备

在短视频系统中，考虑到用户的设备多样性，如智能手机、平板电脑、笔记本和台式机，这些设备在屏幕尺寸、分辨率和网络连接速度等方面都存在巨大差异。为了优化用户体验并有效管理带宽使用，需要对视频内容进行适当的适配。

（1）多种分辨率。

在视频上传后，服务器对视频文件进行转码操作，生成多个不同分辨率的版本。这个过程被称为"多比特率编码"，常用的分辨率包括 1080p、720p、480p、360p 等。所有不同分辨率的视频版本都会被存储在 CDN 或服务器上，以便根据用户的设备和网络状况进行快速调用。对于使用低分辨率设备的用户，如智能手机用户，提供较低分辨率的视频可以显著减少数据传输，节省带宽成本。

（2）动态选择视频流。

使用 DCDN 技术，可以根据用户的设备类型动态选择最适合的视频流版本。根据用户设备性能和当前网络条件自动选择最合适的视频质量。例如，若检测到网络速度下降，则自动切换到分辨率较低的视频流以避免缓冲。

适配用户设备的视频流不仅减少了无谓的带宽消耗，还有助于减轻服务器的压力，提高服务的可持续性。

11.6 视频个性化推荐设计

在短视频系统上，个性化推荐是提升用户参与度和满意度的关键功能之一。通过为用户推荐其可能感兴趣的内容，系统可以增加用户的观看时间，提升用户黏性和活跃度。

11.6.1 数据收集与预处理

数据收集与预处理是构建高效视频推荐系统的基础。这一步确保了数据的质量和适用性，为后续的分析和模型构建提供支持。

1. 数据收集

视频推荐功能所需要收集的数据如下。

- 用户数据：包括用户的基本信息（如年龄、性别、地理位置）、注册信息、观看历史、搜索历史和交互行为（如点赞、评论、分享、收藏等）。
- 视频数据：视频的元数据（如标题、描述、标签）、统计数据（如观看次数、点赞次数、评论数等）和内容特征。
- 用户互动数据：用户与视频的互动记录（如观看时长、点击率、评分等）。

对于用户互动数据，可以利用 Web 跟踪技术如（Cookies 和 Session），结合前端 JavaScript 和后端 API 来收集这些数据。数据随后被汇总和存储在大数据系统（如 Hadoop）或实时处理系统（如 Kafka）中。

2. 数据预处理

数据预处理包括数据清洗、数据格式化和特征编码等步骤，旨在提高数据的质量和准确性。

（1）数据清洗。

使用 Pandas 库的 drop_duplicates()方法和 fillna()方法进行数据清洗。数据清洗主要是删除重复的数据条目，以减少冗余。填充或删除缺失的数据项。例如，缺失的年龄信息可以通过平均值或中位数填充。

（2）数据格式化。

数据格式化主要包括以下两部分。

- 统一格式：确保所有数据（如日期和时间戳）都遵循相同的格式。
- 数据类型转换：如将文本数据转换为数值数据，便于分析。

使用 Pandas 库提供的 to_datetime()方法和 astype()方法可以用来格式化日期和转换数据类型。

（3）特征编码。

特征编码主要包括以下两部分。

- 标签编码：将文本标签转换为模型可处理的数值形式。
- 独热编码：用于处理分类变量，将每个类别都分配一个二进制列。

可以使用 Scikit-learn 库中的 LabelEncoder 和 OneHotEncoder 进行标签编码和独热编码。

例如，使用 Python 进行数据预处理的代码如下。

```python
import pandas as pd
from sklearn.preprocessing import LabelEncoder, OneHotEncoder

# 示例数据
df = pd.DataFrame({
    'user_id': [1, 2, 3, 4, 5],
    'age': [25, 30, 35, None, 28],
    'gender': ['Male', 'Female', 'Female', 'Male', 'Male'],
    'video_title': ['Video1', 'Video2', 'Video1', 'Video3', 'Video2']
})

# 数据清洗
df['age'].fillna(df['age'].mean(), inplace=True)      # 处理缺失值
df.drop_duplicates(inplace=True)                       # 去除重复项

# 特征编码
label_encoder = LabelEncoder()
df['gender_encoded'] = label_encoder.fit_transform(df['gender'])

# 数据查看
print(df)
```

11.6.2 特征提取与用户画像构建

为了实现高效的视频推荐系统，理解和挖掘用户的行为模式至关重要。本节详细讨论如何从收集的用户数据中提取有用的特征，并构建精准的用户画像，以便更准确地预测和满足用户的视频观看需求。

1. 特征提取

特征提取是从原始数据中抽取信息的过程，目的是将这些信息转换为机器学习模型可以理解的格式。在视频推荐系统中，特征提取通常包括用户特征和视频互动特征两大类。

（1）用户特征提取。

用户特征数据如下。

- 基础特征：如年龄、性别和地理位置等，这些都是直接从用户基本信息中获取的。
- 行为特征：基于用户的观看历史获得，如常看的视频类型、平均观看时长、观看频率等。
- 时间特征：用户活跃的时间段，例如，晚上活跃的用户可能偏好娱乐和放松类型的视频。

使用 Python 的 Pandas 库进行数据处理，例如计算用户的平均观看时长，统计观看频率等，代码如下。

```
import pandas as pd

# 假设 df 是包含用户 ID 和观看时长的 DataFrame
# 计算平均观看时长
avg_watch_time = df.groupby('user_id')['watch_duration'].mean().reset_index()
avg_watch_time.columns = ['user_id', 'avg_watch_time']

# 加入用户画像 DataFrame
user_profile = pd.merge(user_profile, avg_watch_time, on='user_id', how='left')
```

（2）视频互动特征提取。

视频互动特征数据如下。

- 反馈特征：用户对视频的点赞、评论和分享行为，这些都是衡量用户喜好的重要指标。
- 参与度特征：例如，用户在观看视频时的跳过率、完播率。

要构建参与度特征（如跳过率和完播率），需要先从数据库中获取相关数据，然后使用 Python 进行计算。

假设有一个数据库表 watch_events，记录了用户观看视频时的各种事件（如开始观看、跳过、完播）。表结构包括 user_id、video_id、event_type（事件类型，如'start', 'skip', 'complete'）和 timestamp。

首先，从数据库中获取每个用户对每个视频的观看事件，SQL 代码如下。

```
SELECT
    user_id,
    video_id,
    event_type
FROM
    watch_events;
```

然后，使用这些数据来计算每个用户的视频跳过率和完播率，Python 代码如下。

```
import pandas as pd
import sqlalchemy as sa

# 连接数据库
engine =
sa.create_engine('postgresql://username:password@localhost:5432/mydatabase')

# 执行 SQL 查询并读取数据到 DataFrame
```

```
query = """
SELECT
    user_id,
    video_id,
    event_type
FROM
    watch_events;
"""
df = pd.read_sql(query, engine)

# 预处理：确保数据是按用户和视频 ID 排序的
df.sort_values(by=['user_id', 'video_id', 'event_type'], inplace=True)

# 计算跳过率和完播率
# 初始化计数器
skip_counts = df[df['event_type'] == 'skip'].groupby(['user_id',
'video_id']).size()
complete_counts = df[df['event_type'] == 'complete'].groupby(['user_id',
'video_id']).size()
start_counts = df[df['event_type'] == 'start'].groupby(['user_id',
'video_id']).size()

# 计算每个视频的跳过率和完播率
df_metrics = pd.DataFrame({
    'skip_rate': skip_counts / start_counts,
    'completion_rate': complete_counts / start_counts
}).reset_index()

# 合并跳过率和完播率到主 DataFrame
df = df.merge(df_metrics, on=['user_id', 'video_id'], how='left')

# 查看结果
print(df.head())
```

对代码的解析如下。

- 数据库连接：使用 sqlalchemy 创建一个到 SQL 数据库的连接。根据实际的数据库服务器和认证信息进行修改。
- 执行 SQL 查询：从 watch_events 表中获取每个用户对每个视频的观看事件数据。
- 数据预处理：对获取的数据按用户 ID 和视频 ID 排序，确保后续处理的一致性。
- 计算跳过率和完播率：
  - 使用 Pandas 的 groupby()方法和 size()方法统计每种事件的发生次数。
  - 跳过率定义为跳过事件次数除以开始事件次数。

- ■ 完播率定义为完播事件次数除以开始事件次数。
- 结果合并：将计算得到的跳过率和完播率合并回主数据集，以便进行进一步分析或展示。

2. 用户画像构建

用户画像是对用户特征的总结，反映了用户的偏好和习惯。在视频推荐系统中，用户画像的构建可以帮助系统更精确地匹配用户可能感兴趣的内容。

（1）聚类分析。

聚类分析是一种无监督学习技术，用于将数据点（此处是用户）根据特征的相似性分组。这样做可以识别出具有类似偏好和行为的用户群体。

使用 Python 的 Scikit-learn 库中的 KMeans 算法来执行聚类。首先，需要选择合适的特征（如观看历史、偏好类型、活动时间等），然后对这些特征数据进行标准化处理，最后应用 KMeans 算法。代码如下。

```python
from sklearn.cluster import KMeans
from sklearn.preprocessing import StandardScaler

# 假设 features_df 是 DataFrame，包含了用于聚类的特征
scaler = StandardScaler()
features_scaled = scaler.fit_transform(features_df)

# 应用 KMeans 聚类
kmeans = KMeans(n_clusters=5, random_state=0)
user_profile['cluster'] = kmeans.fit_predict(features_scaled)
```

在这段代码中，features_df 需要包含已经选择且对推荐系统有意义的用户特征。n_clusters 参数代表希望将数据分成的群体数量，这个值的选择通常需要依据数据的特性和业务需求。

（2）标签化。

一旦用户被聚类算法分组，下一步就是为每个群体定义清晰、描述性的标签。这些标签有助于识别和理解每个群体的特征。

可以通过分析每个群体的中心点或最常见的行为来生成标签。例如，如果一个群体的用户大多在夜晚观看喜剧类视频，则可能会被标记为"夜猫子喜剧爱好者"。代码如下。

```python
# 假设已经有了每个群体的统计数据
top_genre_by_cluster = {
    0: '喜剧',
    1: '戏剧',
    2: '行动',
    3: '纪录片',
```

```
    4: '惊悚片'
}
```

```
user_profile['persona'] = user_profile['cluster'].map(lambda x:
f"{top_genre_by_cluster[x]} Fans")
```

在这段代码中，top_genre_by_cluster 是一个字典，将聚类 ID 映射到该群体最喜欢的视频类型。

（3）动态更新。

用户的行为和偏好可能随时间而变化，因此定期更新用户画像是至关重要的。

可以使用批处理脚本定期从数据库中抓取新数据并重新聚类，实时数据流则可以用于即时调整和更新用户的行为记录，代码如下。

```
# 定期执行的更新任务
def update_user_profiles():
    # 获取最新数据
    new_data = fetch_new_data()
    new_features = extract_features(new_data)

    # 重新应用聚类模型
    new_clusters = kmeans.predict(new_features)

    # 更新数据库中的用户画像信息
    update_database_with_new_profiles(new_data, new_clusters)

# 假设这个函数每天运行一次
schedule.every().day.at("02:00").do(update_user_profiles)
```

第 12 章

【项目实战】日均订单量 8000 万的外卖系统设计

本章详细介绍如何设计和构建一个能够支撑日均订单量 8000 万的外卖系统，我们将深入了解该系统的技术架构、关键组件和性能优化策略等。

12.1　业务需求

该外卖系统服务覆盖全国多个城市，连接数十万餐饮商户与数百万消费者。系统不仅提供食品订单的配送服务，还涵盖订单处理、支付、用户管理和数据分析等功能。在双十一、国庆等各种促销活动期间，系统订单量会出现激增，对系统稳定性和处理能力提出了更高要求。

系统的具体业务需求如下。

（1）高并发处理能力。系统需要能够支持高峰期间每秒数十万次的请求量，处理日均 8000 万的订单，确保用户体验流畅无阻。

（2）实时订单处理和配送追踪。订单需要在几秒内完成处理，并实时更新配送状态，用户和商户可以实时跟踪订单进度。

（3）稳定的支付处理系统。支持多种支付方式，确保支付过程安全、快速，即使在高并发场景下也能保持高效和稳定。

（4）弹性的服务扩展能力。系统架构需要支持快速扩展，无论是增加新的服务功能，还是扩展现有功能以应对用户增长，都能迅速适应。

（5）高效的数据处理与分析能力。对数据进行实时处理和分析，为商户提供营销决策支持，为用户提供个性化推荐。

（6）故障恢复和备份系统。设计高效的故障恢复机制和备份策略，确保系统在出现故障时能快速恢复，减少业务中断的影响。

12.2 微服务架构设计

微服务架构为该外卖系统提供了必要的技术基础，支持其在面对极端业务压力时保持高效和稳定的服务。该外卖系统的微服务架构设计如图 12-1 所示。

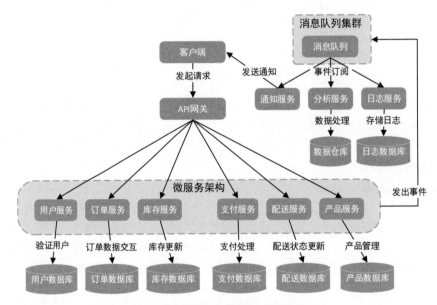

图 12-1 外卖系统的微服务架构设计

对微服务架构中各组件功能的解析如下。

- 客户端：用户通过 Web 或移动应用发起请求。
- API 网关：所有外部请求的入口点，负责路由请求到相应的服务。
- 用户服务：处理用户身份验证和用户相关的所有操作。
- 订单服务：管理订单的生命周期，包括创建、更新、查询和删除订单。
- 库存服务：管理商品库存，响应库存查询和更新请求。
- 支付服务：处理所有支付事务，包括支付授权和记录。
- 配送服务：管理订单的配送流程，包括配送人员分配和状态跟踪。
- 产品服务：负责产品信息的管理，如添加新商品、更新商品信息等。

- 数据库集群：各服务的数据存储，每个服务都使用独立的数据库以保证服务自治。
- 消息队列：服务间的异步通信机制，用于解耦服务并提高响应能力。
- 通知服务、分析服务和日志服务：分别处理系统通知、数据分析和日志记录的功能。
- 数据仓库和日志数据库：用于数据分析和日志数据的长期存储。

这种设计不仅提高了系统的可维护性和可扩展性，也确保了系统在高并发情况下的高性能。

12.3 数据库选择与设计

该外卖系统的数据库技术架构如图 12-2 所示。

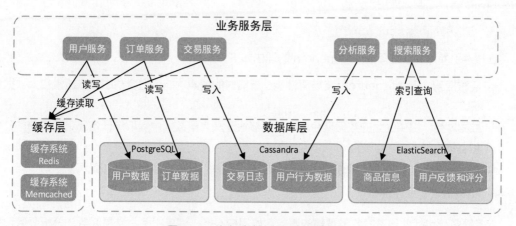

图 12-2 外卖系统的数据库技术架构

对数据库技术架构中各组件功能的解析如下。

1. 关系数据库 PostgreSQL

在关系数据库方面，选择 PostgreSQL 的理由如下。

- 事务性支持：PostgreSQL 提供强大的事务性支持功能，符合 ACID 原则，非常适合处理需要事务控制的订单处理系统。
- 扩展性强：支持先进的复制机制和分区技术，能够通过水平扩展来应对读写负载的增加。
- 高可用：具有成熟的高可用解决方案，如流复制和热备份。

在外卖系统中，PostgreSQL 负责存储需要强一致性和事务支持的数据，如用户数据（包括存储用户的账号信息、个人资料、权限设置等）和订单数据（包括订单的创建、状态更新、历史记录等）。

2. NoSQL 数据库 Cassandra

在 NoSQL 数据库方面，选择 Cassandra 的理由如下。

- 可扩展性强：Cassandra 的分布式架构设计使其非常适合大规模数据集的存储，能够通过添加更多节点线性扩展其性能和容量。
- 高可用：数据自动分布在多个节点之间，即使部分节点失败也不会影响数据的可用性。
- 提供优秀的写入性能：Cassandra 提供优异的写入性能，特别适合日志和事件数据这类写入频繁的应用。

在外卖系统中，Cassandra 负责处理大量写入操作和提供高可用的需求，如交易日志（如存储支付和交易的详细日志，这些日志数据写入频繁且体积庞大）和用户行为数据（如用户的浏览、搜索和点评数据，这些数据用于分析和优化用户体验）。

3. 搜索引擎 Elasticsearch

在搜索引擎方面，选择 Elasticsearch 的理由如下。

- 实时搜索：Elasticsearch 支持高性能、近实时的搜索功能，适合动态信息检索和大数据分析。
- 数据聚合：提供强大的数据聚合功能，能够快速从大量数据中提取统计信息，用于业务分析和决策支持。
- 水平扩展性：可以容易地通过添加节点来扩展资源，处理更多的数据和查询。

4. 业务服务层和缓存层

业务服务层包括处理不同业务逻辑的服务，如用户服务、订单服务、交易服务、分析服务和搜索服务。对于频繁访问的数据，使用 Redis 和 Memcached 内存数据库进行缓存，减少对主数据库的访问，提高数据访问速度。

12.4 缓存设计

对于一个日均订单量达 8000 万的外卖系统，其业务特点包括实时性要求高的订单处理、动态的配送调度及大量的用户交互操作，如搜索、订单状态更新等。针对这些特点，我们需要选择合适的缓存技术并制定相应的策略。

12.4.1 使用 Redis 和 Memcached 缓存数据

将 Redis 和 Memcached 结合进行系统数据的缓存，可以有效提升系统的性能和响应速度。

　　Redis 具备极高的处理速度，非常适合需要处理高并发请求的场景，如外卖系统的订单和配送管理。此外，由于 Redis 支持地理空间索引，非常适合处理与位置相关的数据，因此可以使用 Redis 缓存骑手的实时位置信息，这对于调度系统来说至关重要。使用 Redis 的 geoadd()方法和 georadius()方法来管理骑手位置，Python 代码如下。

```python
import redis

# 连接 Redis 服务器
r = redis.Redis(host='localhost', port=6379, db=0)

# 添加骑手位置
r.geoadd('riders_location', (116.397128, 39.916527, 'rider123'))
r.geoadd('riders_location', (116.397428, 39.916527, 'rider124'))

# 查询某个范围内的骑手
nearby_riders = r.georadius('riders_location', 116.397428, 39.916527, 100, 'm',
withcoord=True)
print(nearby_riders)
```

　　在这段代码中，首先连接 Redis 服务器，然后添加两个骑手的位置信息到 riders_location 键，最后使用 georadius()方法查询指定半径 100 米范围内的所有骑手及其坐标。

　　Memcached 是一种专注于高性能的内存键值存储系统，适用于缓存简单的键值对数据。由于其设计简单，处理速度快，非常适合用于缓存不需要复杂查询处理的静态数据。例如，将餐厅的菜单信息缓存在 Memcached 中，可以显著减轻每次用户浏览时对数据库的查询压力，从而快速展示菜单信息，提升用户浏览的流畅度，Python 代码如下。

```python
import memcache

# 连接 Memcached 服务器
mc = memcache.Client(['127.0.0.1:11211'], debug=0)

# 缓存餐厅菜单
# 设置菜单信息，key 为'restaurant123_menu'
mc.set('restaurant123_menu', {'item1': 'Sushi', 'item2': 'Sashimi'})

# 从缓存中获取菜单信息
menu = mc.get('restaurant123_menu')
print(menu)
```

　　这段代码展示了如何连接 Memcached、缓存特定餐厅的菜单信息，然后获取和显示这些信息。mc.set()方法用于添加数据到 Memcached，mc.get()方法用于从 Memcached 中检索数据。

12.4.2 构建外卖系统的缓存架构

下面利用 Redis 和 Memcached 构建外卖系统的缓存架构，以支撑高并发的业务需求，如图 12-3 所示。

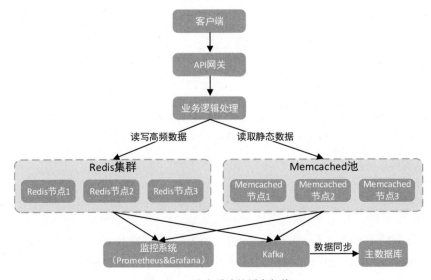

图 12-3 外卖系统的缓存架构

1. 层次化缓存架构

通过层次化缓存策略，利用不同缓存技术的优点，实现数据快速访问和备份恢复。第一级缓存使用 Redis，因为其支持复杂数据结构和持久化；第二级缓存使用 Memcached，用于处理大量的短生命周期数据。

具体实施方法如下。

- Redis 作为主缓存：负责存储高频访问的数据，如用户会话、实时订单状态、骑手位置等。这些数据需要快速读写和实时更新。
- Memcached 作为辅助缓存：存储静态内容和较少变动的数据，如菜单信息、用户偏好设置等，这些数据更新频率低，但读取频率高。

2. 分布式缓存部署

通过分布式缓存系统来分散请求压力，避免单点故障，提高缓存层的可用性和扩展性。

具体实施方法如下。

- Redis 集群：部署多节点 Redis 集群，实现数据分片和负载均衡。使用哈希槽来分配数据到不同的节点，保证数据均匀分布，提高访问效率。

- Memcached 池：创建 Memcached 池，利用一致性哈希机制分配数据，使得缓存服务即使在节点增加或减少时也能保持高性能。

3. 缓存同步和一致性策略

使用消息队列（如 Kafka）来同步缓存和数据库之间的数据更新。当数据库数据变动时，相关更新事件被推送到消息队列中，然后异步更新 Redis 和 Memcached。

Redis 利用其"订阅–发布"功能实现缓存更新通知，当关键数据更新时，相关服务通过订阅这些通知来更新本地缓存。

4. 缓存监控与故障恢复

使用 Prometheus、Grafana 等工具实时监控整个缓存系统的性能，包括响应时间、命中率和系统健康状况，及时发现并解决问题。配置 Redis Sentinel 或 Redis Cluster 的自动故障转移机制，确保在节点失败时能自动切换到备用节点，保持服务的连续性。

12.5　外卖员派单系统设计

在外卖系统中，外卖员派单技术实现是一个关键环节，它涉及订单分配、外卖员状态跟踪、实时通信等多方面。

12.5.1　实时更新外卖员的地理位置

由于外卖员需要实时上报自己的当前位置，因此外卖员 App 需要采用 TCP 长连接与后端系统进行连接。

1. TCP 长连接

选择 TCP 长连接的理由如下。

（1）相较于 HTTP 短连接，TCP 长连接可以维持持久的会话，减少频繁建立和断开连接的开销，这对于实时的派单系统来说是至关重要的。通过 TCP 长连接，可以实现实时的双向通信，使得派单指令能够迅速传达给外卖员，同时外卖员的状态更新（如位置更新、订单状态更改）也能即时反馈给服务器。

（2）TCP 长连接通过心跳机制来保持连接的活性，避免连接因超时被关闭，确保外卖员始终在线并接收最新的派单。

2. 派单系统的实现过程

派单系统的相关组件如下。

- 用户 App：用户下单的系统。
- 外卖员 App：外卖员接收订单、更新状态的系统。
- 订单管理系统：处理订单逻辑的后端服务。
- 派单系统：智能分配订单给外卖员的服务。
- 通知系统：向用户和外卖员发送实时通知的服务。

从用户的角度出发，派单系统的业务实现过程如图 12-4 所示。

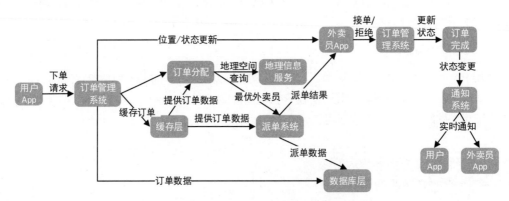

图 12-4 派单系统的业务实现过程

（1）订单生成。用户在用户 App 上下单后，订单信息被发送到订单管理系统。

（2）订单分配。订单管理系统根据订单的配送范围、外卖员的位置和状态、配送效率等因素，通过算法计算出最优外卖员。例如，使用高效的地理空间查询（如 GeoHash 或 R 树索引）来识别附近的外卖员。

（3）派单决策。派单系统收到订单信息后，执行派单逻辑，并将派单结果通过 TCP 长连接发送给相应的外卖员 App。

（4）外卖员接单。外卖员 App 收到派单信息后，展示给外卖员，外卖员可以选择接单或拒绝。如果接单，则外卖员 App 会通过 TCP 长连接向订单管理系统确认接单，订单状态更新为"已接单"。

（5）实时状态更新。外卖员在配送过程中，App 会实时更新外卖员的位置和订单状态，并通过 TCP 长连接发送回后端系统。

（6）订单完成。在订单完成后，外卖员通过 App 更新订单状态为"已完成"，并通过 TCP 长连接通知后端系统。

（7）通知用户。在订单状态变更时，通知系统会向用户发送实时通知，如订单已接单、配送中、已完成等。

从外卖员的角度出发，派单系统的时序图如图 12-5 所示。

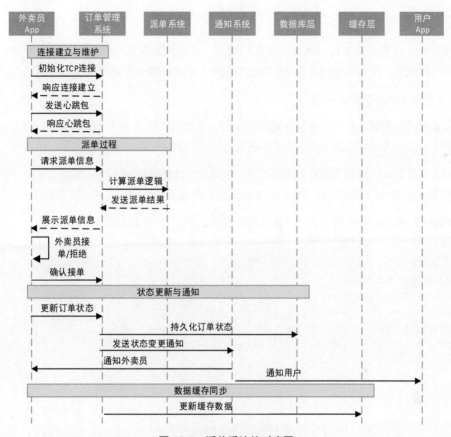

图 12-5　派单系统的时序图

（1）外卖员 App 与订单管理系统之间首先建立一个 TCP 长连接。

（2）通过定期发送心跳包来维护这个长连接的活跃状态。

（3）外卖员 App 请求派单信息，订单管理系统将请求转发给派单系统。

（4）派单系统计算派单逻辑，并将结果发送回订单管理系统。

（5）订单管理系统将派单信息展示给外卖员，外卖员可以选择接单或拒绝。

（6）一旦外卖员接单，外卖员 App 会确认接单，订单管理系统更新订单状态并持久化到数据库层。

（7）状态变更会触发通知系统发送通知给外卖员和用户。

（8）同时，订单管理系统也会更新缓存层以保持数据的实时性。

12.5.2 设计外卖员派单算法

派单算法在外卖系统中扮演着至关重要的角色，它影响着配送的效率和顾客满意度。除利用 Redis 进行优化外，还有多种派单算法可以结合使用，以提高整体的派单效率和质量。

1. 基于距离的派单算法

基于距离的派单算法是一个直观且常用的策略，主要目的是最小化外卖员到餐厅及客户位置的总旅行距离。这种方法能够减少配送时间，提高效率，同时降低能源消耗和成本。

此算法需要准确计算地理位置之间的距离，通常采用地图 API 来实现，如百度地图 API、高德地图 API 等。这些 API 能提供两点之间的实际道路距离或直线距离，并考虑实际路况。

使用基于距离的派单算法来选择最适合的外卖员，Python 代码如下。

```python
import math

# 外卖员和订单位置数据
riders = [
    {"id": 1, "location": (116.397428, 39.909654)},
    {"id": 2, "location": (116.398428, 39.919654)},
    {"id": 3, "location": (116.387428, 39.929654)}
]

order = {
    "id": 101,
    "restaurant_location": (116.397428, 39.916527)
}

# 计算两点之间的直线距离
def calculate_distance(loc1, loc2):
    # 简化的距离计算，在实际应用中应使用地图 API
    return math.sqrt((loc1[0] - loc2[0])**2 + (loc1[1] - loc2[1])**2)

# 基于距离的派单算法
def assign_order_based_on_distance(riders, order):
    closest_distance = float('inf')
    best_rider = None
    for rider in riders:
        distance = calculate_distance(rider['location'],
order['restaurant_location'])
        if distance < closest_distance:
            closest_distance = distance
            best_rider = rider['id']
    return best_rider, closest_distance
```

```
# 执行派单算法
best_rider, distance = assign_order_based_on_distance(riders, order)
print(f"Best Rider: {best_rider} with distance: {distance:.2f}")
```

对代码的解析如下。

- 数据结构：riders 列表包含每个外卖员的 ID 和位置坐标；order 字典包含订单信息及餐厅位置。
- 距离计算：使用欧几里得距离公式来计算两点之间的直线距离，这在实际应用中通常被替换为更准确的道路距离计算，通常通过调用外部地图 API 实现。
- 派单逻辑：遍历所有外卖员，找出距离订单餐厅位置最近的外卖员。

这段代码简化了距离计算，假设使用的是直线距离，在实际应用中应使用更精确的道路距离。这种基于距离的派单算法虽然简单，但非常有效，特别是在配送范围较小或城市密集区域。对于大规模应用，可能需要考虑更多因素，如交通情况、外卖员的工作负载等，来进一步优化算法。

2. 基于时间窗的派单算法

基于时间窗的派单算法是一个高效的策略，用于管理在特定时间内外卖员的订单接收情况。此方法主要考虑订单准备时间、送达时间及外卖员的地理位置和工作负荷。这种算法旨在优化订单的流程管理，减少客户等待时间，同时平衡外卖员的工作量。

基于时间窗的派单算法需要考虑以下几个关键技术点。

- 管理订单和外卖员的时间窗口：管理每个订单的预期送达时间窗口和外卖员可接单的时间窗口。
- 跟踪实时位置：使用 Redis 等缓存系统，持续跟踪外卖员的最新位置，以便实时更新可接单的时间窗口。
- 优化算法：结合外卖员的位置、订单配送地点和时间窗口，通过算法计算最合适的外卖员来接单。

使用 Python 实现基于时间窗的派单算法，代码如下。

```
import heapq  # 引入 heapq 库来实现最小堆（优先队列）

# 定义一个函数，根据时间窗口和距离分配订单给外卖员
def assign_order(riders, order):
    min_heap = []  # 初始化一个最小堆，用来按照距离存储外卖员

    # 遍历每个外卖员，检查他们是否在订单的时间窗口内可用
    for rider in riders:
        # 检查外卖员的下一个可用时间是否在订单配送窗口开始之前
```

```
        if rider["next_available_time"] < order["delivery_window"][0]:
            # 计算外卖员当前位置到餐厅位置的距离
            distance = calculate_distance(rider["location"],
order["restaurant_location"])
            # 将外卖员及其距离放入堆中，按距离排序
            heapq.heappush(min_heap, (distance, rider))

    # 检查所有外卖员后，确定最佳匹配
    if min_heap:
        # 从堆中弹出距离最短的外卖员
        best_match = heapq.heappop(min_heap)
        # 打印根据最短距离准则分配给订单的外卖员
        print(f"订单 {order['id']} 分配给外卖员 {best_match[1]['id']}")
    else:
        # 如果时间窗口内没有可用的外卖员，则输出没有找到可用外卖员
        print("时间窗口内没有找到可用的外卖员。")

# 这个函数用来计算两个地理点之间的距离
def calculate_distance(loc1, loc2):
    # 这里使用的是简化的距离计算，在实际应用中应使用更复杂的地理距离计算方法
    return abs(loc1[0] - loc2[0]) + abs(loc1[1] - loc2[1])
```

对代码的解析如下。

- 距离计算：这里简化了距离计算，在实际应用中可能需要使用更复杂的地理信息系统（GIS）工具或 API 来计算实际距离。
- 优先队列：使用最小堆（优先队列）来快速找到距离最短且符合时间窗口的外卖员。
- 时间窗口管理：考虑外卖员的下一个可用时间是否符合订单的配送时间窗口。

3. 动态规划派单算法

动态规划派单算法适用于解决外卖系统中复杂的订单分配问题，尤其是在需要考虑多个因素（如配送时间、路线优化、外卖员负载均衡和客户满意度等）的情况下。

动态规划派单算法通过将派单问题分解为多个子问题，然后逐步找到最优解的方法来实施。每个子问题都解决一部分订单和外卖员的最优匹配问题，通过累积这些子问题的解，最终形成全局最优解。

假设有一组订单和一组外卖员，算法的目标是最小化总配送时间，Python 代码如下。

```
from itertools import permutations

# 假设的外卖员和订单信息
riders = [1, 2, 3]              # 外卖员 ID
orders = [101, 102, 103]        # 订单 ID
```

```python
delivery_times = {                          # 每对外卖员和订单的预估配送时间（分钟）
    (1, 101): 15,
    (1, 102): 20,
    (1, 103): 10,
    (2, 101): 10,
    (2, 102): 25,
    (2, 103): 15,
    (3, 101): 5,
    (3, 102): 15,
    (3, 103): 20
}

# 动态规划找到最短总配送时间的派单方法
def assign_orders_dp(riders, orders, delivery_times):
    # 获取所有可能的外卖员和订单匹配方式
    all_possible_assignments = list(permutations(orders))

    # 初始化最短时间为无穷大
    min_time = float('inf')
    best_assignment = None

    # 遍历每一种可能的派单方式
    for assignment in all_possible_assignments:
        current_time = 0
        # 计算当前派单方式的总配送时间
        for rider, order in zip(riders, assignment):
            current_time += delivery_times[(rider, order)]

        # 更新最短配送时间和最优派单方式
        if current_time < min_time:
            min_time = current_time
            best_assignment = list(zip(riders, assignment))

    return best_assignment, min_time

# 执行派单算法
best_assignment, min_time = assign_orders_dp(riders, orders, delivery_times)
print(f"最优的派单方式：{best_assignment} 总配送时间：{min_time} 分钟")
```

　　这种动态规划方法虽然在理论上能够找到最优解，但在实际应用中，如果外卖员和订单的数量非常大，则算量将非常巨大。因此，通常需要结合启发式算法或者近似算法来实现更实用的解决方案。

4. 机器学习驱动的派单算法

机器学习驱动的派单算法可以利用历史数据来优化派单决策，提高配送效率和外卖员的满意度，同时降低操作成本。此类算法通过分析历史派单数据、外卖员表现、客户反馈等多种因素，预测最佳的派单策略。

使用 Python 中的 scikit-learn 库来构建一个简单的分类模型，该模型基于外卖员的历史表现和订单详情来预测哪个外卖员最适合接单，代码如下。

```python
# 导入所需的库
from sklearn.ensemble import RandomForestClassifier  # 导入随机森林分类器
import pandas as pd  # 导入 pandas 库处理数据
from sklearn.model_selection import train_test_split # 导入数据划分函数
from sklearn.metrics import accuracy_score  # 导入准确率计算函数

# 假设有以下模拟数据
data = {
    'order_id': [101, 102, 103, 104],              # 订单 ID
    'delivery_distance': [1.2, 3.5, 0.75, 2.2],  # 配送距离，单位为千米
    'estimated_time': [30, 45, 10, 25],        # 预估配送时间，单位为分钟
    'rider_experience': [2, 1, 5, 3],          # 外卖员经验，单位为年
    'rider_rating': [4.5, 4.0, 5.0, 3.5],   # 外卖员评分
    'suitable_rider': [1, 0, 1, 0]  # 是否为最适合的外卖员（1 是，0 否）
}

# 创建 DataFrame
df = pd.DataFrame(data)

# 定义特征和标签
X = df[['delivery_distance', 'estimated_time', 'rider_experience',
'rider_rating']]
y = df['suitable_rider']

# 划分训练集和测试集
X_train, X_test, y_train, y_test = train_test_split(X, y, test_size=0.25,
random_state=42)

# 使用随机森林分类器
model = RandomForestClassifier(n_estimators=100, random_state=42)
model.fit(X_train, y_train)  # 训练模型

# 预测测试集
y_pred = model.predict(X_test)
```

```
# 评估模型准确率
accuracy = accuracy_score(y_test, y_pred)
print(f'准确率: {accuracy*100:.2f}%')  # 打印准确率

# 实时预测
real_time_data = {'delivery_distance': [2.0], 'estimated_time': [20],
'rider_experience': [4], 'rider_rating': [4.8]}
real_time_df = pd.DataFrame(real_time_data)
prediction = model.predict(real_time_df)
# 打印预测结果
print(f'预测的最适合的外卖员: {"Yes" if prediction[0] == 1 else "No"}')
```

对代码的解析如下。

- 数据准备：构造一个包含订单 ID、配送距离、预计配送时间、外卖员经验和评分的数据集。此数据集还包含一个标签 suitable_rider，用于表示是否为最适合的外卖员。
- 数据划分：将数据集划分为训练集和测试集，其中测试集占总数据的 25%。
- 模型训练：使用随机森林分类器训练模型。随机森林是一个基于决策树的集成学习方法，它通过组合多个决策树的预测结果来提高预测的准确性和稳定性。
- 评估模型准确率：使用测试集的数据评估模型的准确率，这可以帮助了解模型在未见数据上的表现。
- 实时预测：构造一个实时数据点，使用训练好的模型进行预测，判断给定条件下哪位外卖员最适合接单。

这段代码提供了一个基础的机器学习应用框架，可以根据实际业务需求进行调整和扩展，以优化外卖系统的派单系统。

反侵权盗版声明

电子工业出版社依法对本作品享有专有出版权。任何未经权利人书面许可，复制、销售或通过信息网络传播本作品的行为；歪曲、篡改、剽窃本作品的行为，均违反《中华人民共和国著作权法》，其行为人应承担相应的民事责任和行政责任，构成犯罪的，将被依法追究刑事责任。

为了维护市场秩序，保护权利人的合法权益，我社将依法查处和打击侵权盗版的单位和个人。欢迎社会各界人士积极举报侵权盗版行为，本社将奖励举报有功人员，并保证举报人的信息不被泄露。

举报电话：（010）88254396；（010）88258888

传　　真：（010）88254397

E-mail：　dbqq@phei.com.cn

通信地址：北京市万寿路 173 信箱

　　　　　电子工业出版社总编办公室

邮　　编：100036